碱蓬生物学与作物化

邢军武　著

青岛出版集团 | 青岛出版社

图书在版编目（CIP）数据

碱蓬生物学与作物化/邢军武著. —青岛:青岛
出版社, 2023.12
ISBN 978 - 7 - 5736 - 1809 - 2

Ⅰ.①碱… Ⅱ.①邢… Ⅲ.①藜科—生物学
Ⅳ.①Q949.745.1

中国国家版本馆 CIP 数据核字（2023）第 249986 号

	JIANPENG SHENGWUXUE YU ZUOWUHUA
书　　名	碱蓬生物学与作物化
著　　者	邢军武
出版发行	青岛出版社（青岛市崂山区海尔路 182 号,266061）
本社网址	http://www.qdpub.com
责任编辑	郭东明　程兆军
封面设计	田瑞新
照　　排	青岛新华出版照排有限公司
印　　刷	青岛嘉宝印刷包装有限公司
出版日期	2023 年 12 月第 1 版　2023 年 12 月第 1 次印刷
开　　本	16 开（787mm×1092mm）
印　　张	22
字　　数	350 千
书　　号	ISBN 978 - 7 - 5736 - 1809 - 2
定　　价	198.00 元

编校印装质量、盗版监督服务电话　4006532017　0532 - 68068050

谨以本书献给贤妻曲宁

（1956 年 5 月 3 日—2022 年 10 月 9 日）

内容提要

《盐碱荒漠与粮食危机》于 1993 年由青岛海洋大学出版社(现中国海洋大学出版社)出版,是当时世界第一部有关碱蓬与盐碱荒漠的研究专著。书中系统论述了碱蓬等盐生植物和盐碱荒漠对人类应对未来粮食危机的作用,提出了碱蓬作物化以及盐碱农业的思想和技术路线,是碱蓬生物学与盐碱农业的奠基之作。其首创的碱蓬人工栽培及盐碱尘暴防治理论与技术,为我国盐碱荒漠及其尘暴的治理提供了技术支撑。通过对碱蓬与几十种优质食物的比较营养学研究,确定了碱蓬作为优质蔬菜、蛋白质和食用油来源及饲料的作物价值。对盐生植物作物化以及盐碱农业、盐土农业及海水灌溉农业等的研究与实践起到了推动作用。该书还概括了大饥荒的发生规律,指出无论社会如何现代化,预防饥荒都是头等大事,而碱蓬可以让辽阔的盐碱荒漠为应对饥荒做出贡献。

本书保留了《盐碱荒漠与粮食危机》的部分内容,进一步总结了《盐碱荒漠与粮食危机》出版以来的相关工作和研究进展,系统论述了有关碱蓬的研究史和研究现状,纠正了碱蓬属植物分类中长期存在的错误并增加了一个新种,对《中国植物志》碱蓬属相关错误进行了纠正,修订了中国碱蓬属分种检索表,对碱蓬属植物的分类、起源、进化与传播分布,碱蓬属的解剖、生理与生态,碱蓬属的营养生物学、栽培生物学、应用生物学及其产业化进行了全面论述。

王壬学序

军武是我的老朋友了。他嘱我写序,是不能拒绝的。

不过要申明,鄙人是没有资格写这个序的。但是,如今不是有句话吗?"说你行,不行也行……"于是就写了。

我说没有资格,绝非客气。因为按常规写序资格有二,一曰拉大旗作虎皮。和餐馆门头由名人题词是一个意思。名人都捧场,菜必定不错,进去吃吃看。餐馆的生意就来了。二曰内行看门道。就像食客,吃过一个菜,说"好",还能说出个一二三来。怎么好,好在哪儿,让人馋涎欲滴,也想去吃吃。这广告效应就来了。

没有这两个资格之任何一条,写序就有点儿勉强。惭愧地说,鄙人不是大红大紫之当潮明星,没有一身好皮可资招摇,加之老眼昏花,看不清门道,不能指引列位看官寻幽探胜。这序写来,就有些不自量力了。所以此书如不能大卖,我可不负责任,这全怪军武不按规矩办,所以理应由他自负其责了。

作者是我的同龄人。中小学是在上世纪书荒年代度过的。相信许多同龄人都有过类似的切肤之痛。那时喜欢读书的朋友,必定都有上蹿下跳到处找书而不可得之经历。可军武这厮,也不知是从哪儿找来那么多的书看。多年以后,他还能大段大段地背来。那个年代过来的人总是太把自己当回事儿,老摆出一副以天下为己任的架势。本书从耕地的盐碱化开篇,从盐碱化的历史记录,盐碱地在中国历史地理上的分布,到人类活动对土地盐碱化的影响,以及我们的祖先在盐碱地治理上的沿革和经验,到近代中国……虽非煌煌巨作,但内容丰富,涉及多个领域。只关心一己得失或超脱的人,特别是只关心自己赚钱的人,是不会费这个心做这个事的,也是写不出这本书的。

但是,土地的盐碱化,是我们不得不面对的现实。

作者告诉我们,盐碱地并非一定是不毛之地。作为盐碱地的先锋植物,碱蓬的许多性状,使其成为一个重要的候选农作物。可以充饥,可以榨油,可以入菜(干食、鲜食、热炒、凉拌皆可）。种植碱蓬,不仅可以促进盐碱地的改良,还可以作为食物的补充。

据我所知,这本书在好几个方面开碱蓬研究之先河。例如军武很早就有意识地把盐生植物碱蓬作为经济作物来研究。此书的最初版本（1993年）,可能是第一个以碱蓬作为作物的探索性报道。作者率先进行的碱蓬种植,碱蓬作物化、综合产品开发与产业化以及碱蓬用于盐碱环境的生态修复和盐碱尘暴的治理等方面的研究,取得了一系列的成绩并形成了新的研究热点。作为一个科研工作者,几个人能开辟一个新的研究领域呢?这是我们中的大多数人不能奢望的。

农作物的驯化乃人类社会进步一个里程碑,是先进生产力的代表。那么多的作物驯化了,那么多的人因了作物的驯化和生产,得以生存、繁衍。所以说,作物的驯化和种植是很伟大的一件事。

本书告诉我们,很多地方耕地的盐碱化,就是人为"折腾"出来的。在追求发展的同时,土壤的盐碱化往往会加速。

增加一种新作物,改造若干盐碱地,能有多大作用呢?这其实是一个骑士和风车的战争。悲观地说,没人会赢。乐观地说,没人会输。

但愿这本书,但愿碱蓬的开发,会给这无奈的现实引入一丝新的希望,也给我们丰盛的餐桌,增加一抹清新的色香。更希望在不久的将来,我们没有那么多的盐碱地要治理。

是为序。

温哥华肿瘤研究所研究员　王壬学博士

2011年8月3日于中国湖南至杭州旅途中

钦佩序

　　我和邢军武先生是在海滨重盐土研究领域认识的。他强调我们是"同志"，是研究盐生植物的志同道合的同行。如今，他研究的碱蓬，我研究的海滨锦葵，作为重盐土上具有高抗性的盐生植物，它们在盐度超过10‰的不毛之地常常成为伴生种，为盐碱滩添靓增色。盐生物种的结伴强化了两位研究者的共同兴趣和关注，增进了同行间的合作友情。他的大作准备出版，邀请作序，我也就欣然从命了。

　　伴随着土地的沙化，我国土地盐渍化情况也十分严重。未来100年，由于温室效应的主导作用，世界海平面将平均上升20～100cm，海滨盐土面积将愈发扩大，这是全人类必须认真关注的重要问题。

　　人类利用盐土向来采用各种使土壤脱盐的措施，努力使土壤的含盐度降到适合一般作物能生长的程度，这样做需要大量资金和淡水，难以全面推广。20世纪90年代初，美国国家研究委员会国际事务办国际科技开发部（BOSTID）组织多国专家小组正式提出了"盐土农业"的研究开发方向，提倡运用耐盐经济植物直接利用并改良盐土，推动了世界（特别是发展中国家）盐土资源的可持续利用。

　　既然将盐土作为资源来利用，筛选高抗性的盐生植物，使其在重盐土上适应生长，形成生物量，继而形成盐生植物产业，就是重盐土研究领域的研究者所追求的。

　　邢军武先生就是这样一位追求者，他选择了碱蓬，碱蓬也选择了他。他将三十余年的精力与热情奉献给了碱蓬，碱蓬也没有辜负他的努力与感召，以硕大的一个碱蓬产业回馈了他。在广袤无垠的盐碱滩上，一片碱蓬支起的绿色军团，一位正在其中使出浑身解数的汉子，他就是邢军武！朋友，你想丈量他的奋斗足迹吗？你想探知盐生植物产业的一二吗？你想品味碱蓬的清香吗？请随我打开他的杰作吧！

南京大学教授　钦佩

2011年夏于南京

李春雁序

　　应军武兄之邀,在此为仁兄之大作作序。吾与仁兄相识二十又七载,曾经同登浮山顶,作画于林间,共游汇泉湾,无论酷暑和寒天,行于八大关,漫步沙滩前。长谈临海屋,屡访书市无等闲。常常单车走青岛,赴湛山……随访随行,无私相助,从无弃嫌。犹记仁兄慈母下厨似我母,俭朴真挚难语言。仁兄慈父赐画,仍在他乡家中悬。仁兄不仅通古达今,知俗晓洋,诸子百家,古今圣贤,博才又多学……诗词作画,篆刻书法,无一不精。挥洒自如,随意成就,绝无做作。仁兄过目不忘,出口成章,从来博论即在谈笑间。仁兄大仁大义,疾恶如仇。正气凛然,尊老爱幼。吾久居海外,今夏回青省亲,与仁兄再叙往事,不胜感慨……仁兄既嘱我为其毕生之作,继往开来之作,大慈大悲之作作序,虽有不敢为之之念,而又有不敢不为之之感。有幸阅读此书者,如我兄弟姐妹,共同见证一代骄子之著作,愿与现在未来之同仁共同以仁兄为楷模,一起为继承和发扬伟大的思想和精神,不懈奋斗。

春雁

二〇一一年六月二十七日凌晨

于 K296 青沪直快 11 车 8 号厢 29 铺

孙北林序

今天早晨终于拿起笔写下了几个字,又被社会、国家和人类的诸多问题弄得心潮澎湃,浮想联翩。一次又一次的赤地千里、饿殍遍野,使祖先们真正懂得:人类最大灾难是什么?是没有饭吃!所以,才有《救荒本草》教人们怎样吃草自救。此时,又想起了军武的"我们离上一次饥荒越远,就离下一次饥荒越近"的命题。多年来除了对其深刻逻辑赞叹,更为这一灵感表达而欣赏。

据说,联合国世界粮食计划署每年向80多个国家9000多万人救济粮食。饥荒仍然是人类最大的灾难。为了保证人类吃饱肚子,需要大家都像军武这样为增加口粮出一把力。若有谁不信,以为这是在做文章,那就剥夺他的手机,给他药品和一点压缩饼干,将他投到东非,甚至重灾区索马里的南部,待上一个星期试试。

当然,要谈吃饭与饥荒问题,离不开对粮食产量的思考。我们将新石器时代至二十世纪初的农业看成一个系统,一个体系,可称为生态农业。

这种农业活动的特征是完全融入整个自然生态系统,其活动完全平行于大生态——取于自然,用于自然。它包含对各个环节功能的富集、优化——适应时令,优化土壤,优化种子,富集肥料,充足水源,以及收储、加工、转运等。这些活动实质上都是在不改变各个环节的结构与性质下进行的。这种农业养育了万千年来的人类,滋生了灿若烟霞的文化!它的孑遗仍在今天残酷的环境里生存着,许多有着一颗火热的心的学者与实践家仍在不倦地保存、光大这一火种。军武同志就是其中的一员。

其实人类早已意识到潜在的灾难了,便奋起将工业化成果,尤其是机械制造与化工,用到了农业上,一场"绿色革命"在20世纪六七十年代席卷了全球!它的标志就是农药、化肥以及农业机械。它一下子使人类从饿殍遍野的阴影中解脱出来,打碎了原生态链条上的多个环节,将许多人造的物质与方法加进农业中,人类第一次从大生态链条上打开了一个缺口。但是人总是好了伤疤忘了疼,今天很少有人去想想没有在饥荒中煎熬,没有死在逃荒的路上,是万幸!人们渐渐不满于农产品的口感,而土壤的板结,种子的退化,农业活动中大量无规、无序甚至无德的乱象更令人疾首痛心!

当然,更重要的是人口在沿着60亿、70亿向上攀升,至于90亿或者100亿以后的趋势如何,恐怕谁也不敢确定。那么,化学农业还能支撑多久呢?

　　突然,人类竟然可以移动我们称之为"基因"的东西了,几乎将农业从大生态中剥离出来。但这至少是对人与自然界联系的生命通道进行改道挖掘,弄不好生命会在这里翻车或受重创。当然,人是适应的产物。旧石器时代的茹毛饮血,且不谈它。新、旧石器时代交接时以肉食为主向以植食为主间以杂食的过渡,估计对人生命的运行也是一次大震荡,也需要上千年的适应。今天的人类是对七八千年农业社会适应的结果,人类的生命与自然交换的通道是近万年垒砌修筑的。今天我们快速地将其许多环节的组成与结构改变了,而物种间的阶梯也在模糊甚至消失。结果会怎样,上百年内恐很难搞清楚。但毕竟人(生命)是适应的产物!就是说我们这一代及其后来的五六代,甚至十几代,是要在适应新通道的路上经受颠覆考验的人了。

　　想了半天,猛然间想到这不就是军武的事业意义之所在吗!军武他们多年来在风起云涌的大潮中蹚着大潮涌来的浑水,思索、守护、耕耘着一座座生态孤岛。他们默默地任风吹雨淋,默默地听风声雨声海涛声,默默地向人们昭示着与生态共存的天律。他们是生态公式的谱写者,是英雄。他们的孤岛与他们的事业就是一代,甚至数代捐躯奉献者们最后的精神避难所!

　　又想了半天,似乎词穷。只好套用托尔斯泰对卢梭的赞词,来作为我的结语吧:军武他们是世界的良心!

孙北林
2018 年 5 月 22 日

自　序

　　1993 年青岛海洋大学出版社(后为中国海洋大学出版社)陈万青总编辑独具慧眼决定出版《盐碱荒漠与粮食危机》时，全世界关于碱蓬的文献还寥寥无几，作为世界第一部有关盐碱荒漠与碱蓬的研究专著，书的出版使碱蓬从鲜为人知的野草，迅速成为研究热点和国家有关部门纷纷立项支持的研究方向，碱蓬的研究文献也成倍地增加。修订的这本书，总结 1993 年以来新的工作和研究进展，增加了更新的内容和照片，特别增加了有关碱蓬的研究历史和研究现状，而其初衷和宗旨一如既往。希望本书更臻完善，继续为人类的生存发展做出有益的贡献，不辜负为我作序、助我出版、给我无数帮助和勉励的诸位师长贤达朋友同仁亲属以及读者们，是所望也。

　　这本《碱蓬生物学与作物化》补充了新的研究进展，以奉献给关心本书的读者和同仁，正是作者不能推辞的责任。为此，本书在原有基础上，补充了当年因经费不足而割舍的图片，增加了新的章节和新的文献资料与研究成果，对许多内容进行了全面改写和充实。所以，本书既是 1993 年版的继续，更是一部全新的专著。我所关注的目标一如既往：希望碱蓬等盐生植物和盐碱荒漠能为人类的生存健康和我们的粮食安全做出应有的贡献。

邢军武

壬寅庚子年六月十二日于青岛汇泉湾赤脚斋

前　言

为什么要改良盐碱地？

因为盐碱地不能长庄稼。

为什么要培育耐盐碱作物？

因为传统作物不能在盐碱地上生长。

人们企图让土地适应作物，人们又试图让作物适应土地。问题的本质在于我们需要食物，农作物则是食物的来源，而盐碱地尤其是含盐量很高的盐碱地，却不适合传统作物的生长。

如果能培育出一种不怕盐碱的作物，则土地盐碱化了也不怕。而如果能够改变盐碱化的土地，则作物怕盐碱也没关系。但迄今为止，这两方面的进展都极其缓慢。

几十年来，中国的可耕地在减少，而我国的粮食进口数量持续增长，甚至连中国的传统出口项目猪肉、牛肉、家禽肉等也转为依赖进口，使中国成为世界主要的粮食、肉类进口国。

中国的发展速度令世界瞩目，但是支撑社会可持续发展的农业基础却并没有能够同步增强，反而相对脆弱。村庄凋敝和空心化，土地撂荒，农业青壮劳动力流失，务农人口老龄化突出，农业危机已经逐渐显露。

当我们翘首期待现代化的时候，当我们憧憬美好未来的时候，当我们准备抛弃古老陈旧的一切，准备开始焕然一新的幸福的现代生活的时候，我们的肚子开始叫了，提醒我们要小心面对饥肠辘辘的危机。饥饿恰恰是人类最古老、最原始的痛苦。

事实上，任何所谓现代化的社会，如果竟不能摆脱这种最原始的痛苦的纠缠，那么，人们所期冀的一切都将是海市蜃楼。

因此，一切都是次要的，让我们先谈谈吃饭问题！

事实上，中华民族的确是一个无与伦比的伟大的智慧民族。千百年间，连百姓日常打招呼的语言都直指人类最根本的问题:"吃饭了没有?"

正是这遍及城乡朝野的一声声"吃饭了没有?"在随时随地提醒和强化着全民族和全社会的责任意识和根本思考:无论人们想做什么,都必须在吃上饭之后才行。"民以食为天""兵马未动,粮草先行",如果还没有吃饭,那么吃饭就是头等重要的大事。

今天,全社会正在用西化的肤浅的"你好"替代"吃饭了没有"的深邃问候,吃饭问题或者说饥饿问题,却比之前任何时代都更为严峻。

试问:当一场大规模饥荒降临的时候,这些白茫茫的盐碱荒滩来得及为应对食物短缺发挥作用吗?

如果它能够发挥作用,那么,让它发挥作用的途径到底在哪里?

目　录

上篇　欲就麻姑买沧海——中国的土地、水和粮食问题

下篇 天生我材必有用——碱蓬属植物生物学及其作物化

从来系日乏长绳,水去云回恨不胜。
欲就麻姑买沧海,一杯春露冷如冰。
——李商隐

上　篇

欲就麻姑买沧海——

中国的土地、水和粮食问题

人情于饱食暖衣之际多不以冻馁为虞，一旦遇患难则莫知所措，惟付之于无可奈何，故治己治人鲜不失所。

——《救荒本草》序

碱　蓬

枯荣红绿本一身，大漠茫茫到海滨。
斥卤无草君独茂，白碱万紫映丹心。
神农痛失数千载，救荒赖君活万民。
天生灵草无人识，唯君与我用情深。

邢军武
2016 年 8 月 23 日

第一章　土地问题

土地问题从一开始就与人类的生存问题联系在一起。

《大学》曰:"是故君子先慎乎德,有德此有人,有人此有土,有土此有财,有财此有用。"

事实上,在早期人类数量少的年代,人类面对的是耕种不完的土地,而缺乏的是人。圣贤论述了道德、人口、土地、财富和用途的相互关系,并清晰指出了土地是财富产生的前提。重视土地、重视农业是中国悠久的历史传统。

我们的地球,究竟有多少适合人类生存的土地呢?

第一节　地球表面的陆地与海洋

海洋占据着地球表面的 71%,从比例上看,大陆与其说是大陆,不如说是沧海中的岛屿(图 1-1)。

海洋作为最大的盐碱环境对地球尤其是地表径流、大气水文运动、温度与气候以及整个生命系统的流体动力学背景具有广泛和决定性的影响,在陆地的淡水、淡土环境中繁衍的庞大生物系统赖以生存的淡水在本质上也是来自海洋的蒸发和大气降雨。但是,养育了人类并为人类提供了衣食住行之根本的却不是海洋,而是总面积不过 1.49 亿 km^2 的陆地(表 1-1)。

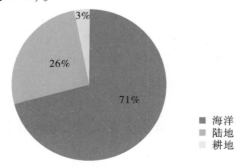

图 1-1　地球海洋与陆地以及耕地的比例(邢军武图)

全球生物圈有约 170 万种已知动植物和微生物,分布在海洋等盐碱环境中的生命种类约 20 万种,陆地上盐碱环境中繁衍的生物种类则仅有几千种(表 1-2)。

对生物来说,环境的盐含量,尤其是水的盐含量是一个极为重要的敏感因子。为什么盐碱环境拥有如此巨大的面积,繁衍的生物数量和种类却很少(表 1-3),而非盐

— 3 —

碱环境面积极小,繁衍的生物数量和种类却巨大?为什么含盐海水和咸水的水体数量巨大,依靠海水或咸水生存的生物种类却远少于依靠淡水生存的生物?

表1-1 地球表面盐碱与非盐碱环境面积对比(亿 km²)

名称	面积	名称	面积
全球	5.1	海洋	3.61
陆地	1.49	盐碱地	0.1
总耕地	0.15	内陆咸水水域	0.008223
不毛之地	0.51	盐碱环境(总)	3.718223

(邢军武,2001)

表1-2 盐碱环境与全球生物圈已被描述的物种数量(万种)

区域	动物	植物	微生物
全球	>100	>30	>10
盐碱环境	约15	约1	约1

(邢军武,2001)

表1-3 全球海洋与陆地净初级生产量比较

生态系统类型	面积($\times 10^6$ km²)	平均净初级生产力[g/(m²·a)]	全球总初级生产量($\times 10^9$ t/a)
海洋	361	152	55
陆地	149	773	115

(邢军武,2001)

2018年5月外国学者曾估算了地球的总生物量,即有机物的总重量。结果显示:剔除活生物体内的水分之后,地球全部生物量相当于5500亿 t 碳。其中植物4500亿 t,其次是细菌和古细菌,分别为700亿 t 和70亿 t,真菌为120亿 t,海藻、变形虫等原生生物为40亿 t,包括人类在内的全部动物不足20亿 t,且大部分来自昆虫、虾蟹等节肢动物以及鱼类。植物生物量主要在陆地,占地球表面积71%的海洋在全球生物量中所占的比例仅略高于1%。可见,海洋虽然很大,但它给人类提供的食物却相对少。所以,人类还是主要依靠陆地的养育而生存。

第二节　中国的土地状况与荷载

2007年赵其国、史学正等编著的《土壤资源概论》称:"我国耕地12244万 hm²(约合18.366亿亩),林地23505万 hm²,草地26271万 hm²,分别占土地总面积12.75%、24.48%及27.37%。此外,尚有不到1330万 hm² 的可开垦荒地和近40%的沙漠戈壁及高山地。我国耕地面积居世界第四位,但人均仅0.09 hm²(世界人均约0.22 hm²);我国草地总面积居世界第三位,但人均仅0.20 hm²(世界人均约0.75 hm²);我国林地总面积居世界第八位,而人均仅 0.18 hm²(世界人均约 0.52 hm²)。特别是随着人口的增长,中国土地资源对粮食增产的承载力问题显得日益突出。"①

书中还指出,发达国家 1 hm² 耕地负担 1.8 人,发展中国家负担 4 人,中国则要负担 10 人。当然,中国已经解决了温饱问题,但我国耕地在逐渐减少,地力也在不断减退,粮食单产仍徘徊不前。所有这些表明,只有通过合理利用土地资源及不断提高其对粮食增产的承载力,才是解决这一问题的正确途径。

表 1 - 4　全国土地资源调查的土地面积和各地类面积

单位	调查总面积	耕地	园地	林地	牧草地	居民点	交通用地	水域	未利用土地
亿亩	142.60	19.51	1.50	34.14	39.91	3.61	0.82	6.35	36.76
万 km²	950.67	130	10	227.6	266.06	24.07	5.47	42.3	245.07
千 hm²	950675.9	130039.2	10023.8	227608.7	266064.7	24075.2	5467.7	42308.8	245087.8

(据李元. 中国土地资源. 中国大地出版社,2000:6. 其中万 km² 栏数据系引用者换算补充)

我国土地面积总量居世界第三位;耕地占世界总耕地面积的 9.5%,居世界第四位。我国是人均耕地面积最少,而单位耕地面积负担人口最多的国家之一。我国土地资源的有关数据,参见表 1 - 4 至表 1 - 6。

表 1 - 5　中国土地类型与面积数据

土地类型	《中国农业区划要点》数据/万 km²	占总面积比例/%	《土壤资源概论》数据/万 km²	占总面积比例/%	《中国土地资源》数据/万 km²
内陆水域	26.7	2.8	—	—	42.3
沿海滩涂	2.0	0.2	—	—	—
耕地	99.3	10.4	122.44	12.75	127.67
园地	3.3	0.3	11.29	1.18	10
草地	316.7	33	262.71	27.37	266.07
林地	115.3	12.0	235.05	24.48	227.6
其他土地	396.7	41.3	—	—	—
其他农用地	—	—	25.53	2.66	—
建设用地	—	—	31.55	3.29	29.54
未利用地	—	—	271.43	28.27	245.07

①赵其国,史学正等. 土壤资源概论. 科学出版社,2007:13.

表1-6 中国土壤类型分布面积(11土纲)

土纲	土类	面积(万km²)	土纲	土类	面积(万km²)
富铝土(红壤) (亚热作、 旱作水稻)	砖红壤	4.01	岩成土 (林、果)	紫色土	14.37
	砖红壤性红壤	28.97		黑色石灰土	5.91
	红壤	73.02		红色石灰土	5.12
	黄壤	41.08		风沙土	63.48
	燥红土	0.35		小计	88.88
	小计	147.43	半水成土 (小麦、大豆等 旱作,畜牧)	黑土	6.55
淋溶土(棕壤) (林木、果、 小麦、玉米)	黄棕壤	29.82		白浆土	4.54
	棕壤	37.87		草甸土	26.18
	暗棕壤	38.98		潮土	30.42
	灰化土	10.77		灌淤土	7.69
	灰色森林土	2.25		砂姜黑土	3.2
	小计	119.69		小计	78.58
半淋溶土 (褐土)(果作)	褐土	37.68	水成土	沼泽土	7.09
	绵土	15.15		泥炭土	4.54
	㙍土	2.32		小计	11.63
	灰褐土	2.94	水稻土	水稻土	31.04
	小计	58.09			
钙层土 (半农半牧)	黑垆土	2.76	高山土	高山草甸土	36.86
	黑钙土	23.83		亚高山草甸土	37.63
	栗钙土	47.76		高山草原土	69.98
	棕钙土	28.48		亚高山草原土	17.83
	小计	102.83		高山漠土	22.20
漠土 (石膏-盐成土) (农牧均难)	灰漠土	6.58		高山寒漠土	18.28
	灰棕漠土	40.14		小计	202.78
	棕漠土	27.18	其他	45.2	
	龟裂土	1.81	总计	960	
	小计	75.71			
盐碱土 (农牧地)	盐土及碱土	18.38			

(赵其国等,2007)

第三节　中国面临的耕地问题

保持充足的粮食供给,对土地资源从数量和质量上都提出了更高的要求。然而我国土地资源却普遍存在地力减退、水土流失、土地沙化、土壤盐碱化、土壤沼泽潜育化以及耕地被侵占等突出问题。

在这些问题中,地力减退首先影响到单位面积的产量。而我国耕地不仅人均面积一直在持续减少,总面积也在减少,为提供足够的食物,我们不得不努力提高粮食单产。

在长期的西式耕作模式中耕地投入产出不能平衡,土壤养分入不敷出,导致养分普遍严重亏缺。据统计,世界土地养分亏缺面积占总面积的23%。热带地区表现为磷、钙、镁与硼的亏缺。南美洲的酸性土中,缺氮、磷的占90%,缺钾的占70%,缺锌的占62%。土壤中氮、磷、钾亏缺日益严重。

我国耕地中有2/3属中低产水平,年产量仅 $3 \sim 5t/hm^2$。据报道,在完全不施肥的情况下,土壤中各有效养分所能维持的期限大致是:氮 $20 \sim 40$ 年;磷 $10 \sim 20$ 年;钾 $80 \sim 130$ 年;开垦 $200 \sim 500$ 年的土壤与原自然植被下土壤的含氮量相比,均有明显降低(表 1 – 7)。

表 1 – 7　耕地和自然植被下土壤氮浓度(%)

土壤	自然植被下的	耕地(利用时间 200 ~ 500 年)
黑土	0.256 ~ 0.695	0.15 ~ 0.348
褐土、棕壤	0.064 ~ 0.145	0.03 ~ 0.099
红壤	0.101 ~ 0.340	0.05 ~ 0.115
砖红壤	0.09 ~ 0.305	0.07 ~ 0.183

(赵其国,1989)

此外,从 1949 年与 1983 年农田养分平衡对比看,我国粮食产量虽然增长近 3 倍,从 1131.5 亿 kg 增至 4000 亿 kg,但这主要是依靠养分投入所取得的结果(表 1 – 8)。

表 1 – 8　我国农田养分平衡(万 t)

	1949 年			1983 年		
	N	P_2O_5	K_2O	N	P_2O_5	K_2O
投入	162.2	79.0	187.3	1615.8	611.2	134.7
产出	291.2	138.0	306.3	1110.4	478.7	1184.6
盈亏	– 129.0 (– 44%)	– 59.0 (– 43%)	– 119.0 (– 39%)	505.4 (+ 45%)	132.5 (+ 27.7%)	– 549.8 (– 40%)

(赵其国,1989)

有人认为,只要大量施用磷钾肥与微量元素肥料,就能使单产大幅度持续提高。但不断加大的投入强度,必然导致生产成本的增加快于单位面积产量的提高,投入与产出不能维持一种正相关关系,在越过一个阈值后,投入的继续增加就不再引起产出的增加。同时,当投入的成本足够大时,又会超出人们和社会的负担极限,使之变为不可能。例如 2004—2014 年的十年间,我国小麦、稻谷、玉米三种粮食每亩生产成本由 395.5 元提高到 1068.57 元,名义增长率为 170.2%,其中物质成本增长率为 108.8%;而同期三种粮食亩均产量只增长了 16.34%,亩收益率由 33.2% 下降到 10.46%(表 1 - 9),充分证明了这一粮食生产的投入产出规律。

表 1 - 9　2004—2014 年我国谷物生产投入产出(元)

	2004 年	2007 年	2010 年	2014 年	备注
产量(kg)	404.8	410.8	423.5	470.93	据国家发改委价格司编《全国农产品成本收益资料汇编》
产值	592.0	666.2	899.8	1193.35	
成本	395.5	481.1	672.7	1068.57	
物资服务费	200.12	239.87	312.49	417.88	
人工费	141.26	159.55	226.9	446.75	
纯收益	196.5	185.2	227.2	124.78	
收益率(%)	33.2	27.8	25.25	10.46	

第四节　中国面临的土地与环境恶化问题

1. 土壤退化

土壤退化是指各种原因导致的土壤质量恶化和下降过程,而土壤质量对土壤的生产能力和作物品质具有决定性的影响。通常土壤退化将直接造成作物减产、绝收或因品质恶劣甚至有毒而不能食用。严重者致使土地被废弃。

土壤退化从成因上可分为物理退化、化学退化和生物退化等。物理退化包括板结硬化、沙化,化学退化包括酸化、碱化、元素失衡、毒化等,生物退化包括有机质含量降低和植物区系减少等(图 1 - 2)。

随着化肥、农药等的使用以及乡镇企业的发展和城市化进程,土壤中有毒物质积累,有的已严重超标,其对土壤性状、环境和人类健康所产生的广泛影响已引起关注。

我国土壤退化的发生区域广,全国各地都发生类型不同、程度不等的土壤退化现象。就地区来看,华北地区主要发生盐碱化,西北地区主要是沙漠化,黄土高原和长江中上游主要是水土流失,西南地区发生石质化,东部地区主要表现为土壤肥力衰退和污染。

总体来看,土壤退化已影响到我国60%以上的耕地土壤。

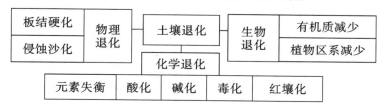

图 1-2　土壤退化分类(据赵其国等改绘)

2. 水土流失

除了地力减退,水土流失也是我国土地资源面临的问题。

全世界水土流失面积达 2500 万 km²,占总面积的 16.8%。在耕地中,有 2.7% 以上的土地发生水土流失。有人估计人类有史以来,耕地破坏量为目前总耕地的 1.33 倍。

随着森林被破坏,水土流失加剧,许多学者已发出了警告,如果最后一片森林从土地上消失,曾经优越的自然条件将不复存在。

3. 土地沙漠化

在世界范围里土地沙化现象也十分严重。土地沙化是干旱、半干旱地区土地退化的主要表现。它在根本上却是森林植被的长期破坏和人类的错误行为造成的。全球沙化、半沙化的面积占陆地总面积的 1/3。全世界每年有 7 万 km² 的土地变成沙漠。许多沙漠区域逐渐向周围扩展。撒哈拉沙漠南侵速度为每年 30～50km。

我国牧区中可利用的草山草坡约 30 亿亩,农区中可利用的也近 10 亿亩。但由于草原土地土层浅薄,下为沙层,大片草原长期遭受盲目开垦,曾导致草原退化面积近 1/4。

土地沙化是土地资源利用所面临的重大问题。如果任其发展,将祸及后代。

4. 土地盐碱化

全球所有干旱、半干旱地区都有盐碱土分布,其面积约占干旱、半干旱地区耕地面积的 39%。就世界范围看,盐碱土主要分布在亚欧大陆、北非、北美西部和澳大利亚。据联合国估算,全球每年约有 1200km² 灌溉土地因盐碱化而减产或丧失生产能力。中亚地区由灌溉引起的次生盐碱化耕地面积在 20 万～25 万 km²,占全部盐碱耕地面积的 1/3。美国也有 25% 的灌溉耕地受盐分危害。印度、伊拉克、埃及灌溉地区 50% 左右耕地受盐碱危害。

5. 土地沼泽潜育化

沼泽潜育化的土地面积在全世界占陆地总面积的 10%。其中以东南亚及澳大利亚所占面积最大。印度沼泽化土地面积达 40 万 km^2。荷兰有 1/3 的国土受沼泽化影响。美国密西西比河下游和大西洋沿岸约有 40 万 km^2 沼泽化涝洼地。

我国沼泽化土地分布也很广，以东北及西北高原较为集中。这类土地土体滞水，质地黏重，土性冷湿，大都不宜农垦，只能用作牧地。此外，我国现有的水稻土，近二三十年来，由于水稻种植趋向集约化，推行单一耕制，忽视排水系统建设，发生"次生潜育化"。全国现有次生潜育化水稻土面积约占水稻土总面积的 1/6，成为水稻增产的主要障碍因素。

6. 土地污染毒害化

化工污染排放造成耕地和地下水污染问题极其严重，耕地污染情况恶化。污染严重的耕地主要集中在土壤生产性状好、人口密集的城市周边地带和对土壤环境质量的要求应当更高的蔬菜、水果种植基地。

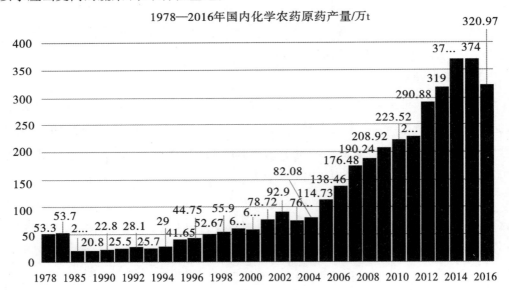

图 1-3　中国农药原药产量（据《中国统计年鉴》整理）

更令人担忧的是，长期以来，投放到环境中的农药对水土空气和生态系统以及人类的危害都既是空前的，也是持久和深远的（图 1-3）。

7. 耕地减少

土地面积的减少和品质的下降不仅限制着粮食产量的进一步提高，而且对维持粮食产量构成严重威胁。

在耕地质量日趋恶化的同时，大片肥田沃土在快速减少，而土地被侵占是耕地资源急剧减少的重要原因之一。

到 20 世纪 80 年代末,全世界居民占地约 1.5 亿 hm²。当时世界银行曾预计,到 2000 年全世界将有近 2 亿 hm² 肥沃土地成为非农业用地。美国和加拿大共有 48 万 hm² 良田用于建筑、道路及其他非农业方面。在 20 世纪末的 20 年里,荷兰每年占用耕地 10000 hm²。

由于多种复杂原因,中国耕地数据统计面临的困难和问题极多。不同时期统计方法、计量标准、单位、行政区划及隶属关系等的多变,往往造成不同时期土地数据缺乏可比性。例如我国 1980 年耕地面积的官方数据是 14.9 亿亩,1996 年变成 19.5 亿亩,2004 年减少到 18.4 亿亩。

房地产在中国持续兴盛以来的几十年间,许多地方一边大量占用优质高产农田搞城市建设和工业开发,一边将寸草不生的荒山劣地划成基本农田,甚至异地跨区置换,以次充好,保持基本农田总量不减少。此等数字置换对中国的粮食安全造成了极其严重的隐患。

耕地的生产能力在下降,优质耕地的比例变低。调查显示,全国耕地质量平均等别为 9.80 等,等别总体偏低。优等地、高等地、中等地、低等地面积占全国耕地评定总面积的比例分别为 2.67%、29.98%、50.64%、16.71%。全国耕地低于平均等别的 10 至 15 等地占调查与评定总面积的 57% 以上;全国生产能力大于 1000kg/亩的耕地仅占 6.09%。中国耕地质量总体明显偏低。

而且,我国的优良耕地仍在减少,加之地力减退、沙化、盐碱化、潜育化、污染毒害化等问题日趋严峻,若不切实采取措施,后果不堪设想。

进入 21 世纪以来,土地问题比以往任何时期都更为紧迫与严峻。

在这样的背景下,为避免 20 世纪曾出现在中国的特大饥荒重演于 21 世纪,15 亿亩盐碱地就具有了特别重大的资源价值和保障意义。

第二章　盐碱土及其成因

盐碱环境是指在水体、土壤、大气等各种宏观或微观环境中含有较高的盐分。盐碱土或曰盐渍土只是盐碱环境的陆地组成部分,特指土壤中含有较高的盐分。

第一节　中国盐碱土分布

中国拥有广袤的盐渍土资源,其面积在不同的文献中有多种不同的数据。王尊亲等 1993 年在《中国盐渍土》中认为,如果将潜在盐渍土类型计入在内,中国盐渍土面积可达 $1 \times 10^6 km^2$,赵其国等 2006 年在《土壤资源概论》中认为,中国盐渍土总面积约 1 亿 hm^2,赵可夫等 1999 年在《中国盐生植物》中引用的数据是中国盐渍土总面积约 $3.666 \times 10^5 km^2$,另有次生盐渍化土壤 $7 \times 10^4 km^2$。据此,中国盐渍土总面积数据应在 15 亿亩上下。

事实上,关于盐碱土或盐渍土面积的数字都是基于某种条件的估测而不是实测。长期以来,限于这项工作的难度,世界各国都缺乏国家层面的大规模详细普查和定期监测。

我国盐碱土大致在淮河—秦岭—巴颜喀拉山—念青唐古拉山—冈底斯山一线以北的干旱、半干旱、荒漠地带,以及东部和南部沿海低平原,海岸带和淤积成陆区以及滨海滩涂区。盐碱地遍及东北、西北、华北、华中、华东。

第二节　盐碱土的成因

事实上,不同区域的盐碱土和盐碱环境有不同的成因。通常可以将盐碱土的成因分为海洋性成因与非海洋性成因两大类。

1. 盐碱土的海洋性成因

海洋性成因又可分为现代海洋性成因和古海洋性成因。

1.1　盐碱土的现代海洋性成因

通常,海水含有 3.5% 的以氯化钠为主的可溶性盐类,这使海水所到之处都会留下明显的盐渍痕迹。

海洋性成因的盐碱土,典型特征是随着潮汐的涨落、风暴潮的进退、海陆变迁及海水倒灌或地下海水侵入而引起土壤含盐量的增高和盐渍化。海水 3% 以上的含盐量,使其覆盖之处的泥土成为盐渍土。

从这个意义上说,整个海底几乎都是盐渍土和盐渍环境。因此,我们完全可以把海底看作一个盛满海水的巨大的盐渍土的盆地(图 2 - 1)。

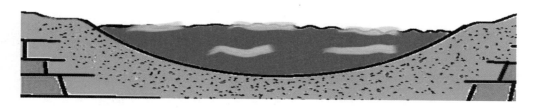

图 2 - 1　海底是一个盐渍化的盆地(邢军武图)

因此,沧海桑田其实是一个水土的演变转化问题。一切刚从海水中出露的土地(泥土)都必然是咸的盐渍化的,而在以后的历程中,如果有合适的地理气候条件,这些盐渍化泥土才会在降雨或地表径流的淋溶下逐渐淡化,从而转变为桑田。而没有这种转化条件的地方,则变成了盐湖或盐矿。

1.1.1　海水直接造成的盐渍土

盐碱土的成因,最显而易见的是海洋对土壤的直接与间接影响。

我们的祖先很早就知道海水是咸的。但首先认识到海水对土壤盐渍化的影响,目前能见诸文献的最早记载,可能是中国的《禹贡》。

《禹贡》不仅有"海滨斥卤"的清晰记载,还详细划分了盐碱地的土壤等级和赋税等级。这说明早在夏代之前,中国人已经对盐碱土有了相当深入的了解和科学的认识,并达到了很高的水平。

由于海水是咸的,所以在海水的直接影响下,沿海形成了广阔的盐渍滩涂和盐渍土。

海水的化学组成十分复杂,几乎含有一切元素。在 1kg 海水中含量在 1mg 以上的元素有 14 种,叫主要元素。这些元素依次是 O、H、Cl、Na、Mg、S、Ca、K、Br、C、Sr、B、Si、F,它们在海水中的相对浓度大致一定,其中 O、H 元素主要以 H_2O 形式存在,组成海水主体,其他元素以离子、分子或络合物的形式溶解于水中。

海水是复杂的化学成分和有机体的综合物。溶解于海水的元素绝大部分以离子形式存在。

海水中某些离子会随着海水物理、化学、生物等条件的不同而转变为其他形式,有的从离子转变为分子,有的由这一种形式的离子转变为另一种形式的离子,有的则由金属离子转变为金属。

海水溶解的化学成分复杂,其变化也极为复杂。虽如此,海水具有如下三个基本特点:

(1)所有海水均含有显著的溶解盐类,除个别海区外,一般含有 3.5% 的盐类;

(2)所有海水的化学组成均极其相似且恒定。不管溶解盐类在海水中的浓度如何,海水中含量较多的化学成分其相互比值是恒定的;

(3)所有海水的离子组成不大受时间及空间变化的影响。

1.1.2 海洋间接造成的盐渍土

海洋潮汐周期性的涨落会沿着海岸形成一个潮间带,潮间带的土壤是盐渍土。在潮间带以上的地带也因海水在大潮或风暴潮时的浸润而形成盐渍土。海水泡沫水花的喷溅会在很宽的地带形成盐渍土。在地势平缓的低地平原,海水可以沿河倒灌深入内陆形成盐渍土。而在离海很远的地方,也会由于特殊的地形条件和气候条件形成盐渍土。

例如风可以携带大量海水盐分降落在一些距海数百公里的内陆地区,从而使这些远离海洋的地方也受到海洋的影响而发生盐渍化。

风从海洋带走的盐分,大部分沉降在大陆,其他则被带至大气高层。

研究表明,大气高层含有钠离子,可能是来自海洋的盐分中的一小部分,这意味着海洋盐分中的钠可能参与地球气圈中离子的形成。经测定,它在大气中一直伸展到86 公里的高度,尽管密度相对很低,但仍可以观察到。一些学者在研究了风对海洋盐分的携带作用之后认定:风从海面携运出的盐分数量非常巨大,可以成为盐渍化地区现代盐分积累的形成原因,因此,海洋在现代大陆积盐过程中起重要作用。

1.2 盐碱土的古海洋性成因

地球不断因地壳运动造成海陆变迁,一些历史上的海洋区域因上升运动而成为陆地。如果这些新形成的陆地缺乏足够的淡水,对海洋遗留的地表可溶性盐类进行有效的稀释,或者新形成的陆地没能将原来的海水排泄到海洋中,这些海水被封闭在陆地上,就成为海相盐湖或地下卤水。它们在蒸发量大于降雨量的气候条件下浓缩或保持海水中原有的盐分,甚至形成盐矿或天然卤水。例如我国有四大古盐矿区,分布在中南、西南、西北、东北地区,每个古盐矿区都有海相盐矿。

2. 盐碱土的非海洋性成因

现在已经知道,岩石在风化过程中逐渐破碎,其化学成分溶进雨水河水之中,转变为地表径流和地下水,一部分重新蒸发,一部分向低洼处汇集,一部分流入海洋。在一些气候干旱、年蒸发量大于降雨量的地区,这种最初溶有可溶性盐类的淡水在低洼处形成湖泊,随着强大的蒸发,将淡水汽化带走而使盐分逐渐浓缩,河流不断携带着盐分流入,而蒸发不断地将淡水大量蒸走,日积月累,湖水的味道越来越咸,渐渐变成盐水湖。(图 2-2)

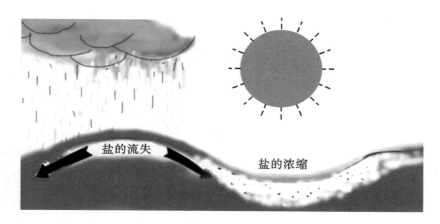

图 2-2 盐随降雨或地表径流淋溶并在低洼处汇集蒸发浓缩成盐渍土或盐矿(邢军武图)

我国西北干旱地区的内陆湖泊,大都为河流尾闾汇集洼地的内陆盐湖。内蒙古的吉兰泰盐池、柴达木的茶卡盐池、察尔汗盐池以及青藏高原的青海湖、纳木湖、奇林湖、唐格拉攸湖、班公湖等,观测表明,这些湖泊的盐度还在逐年增高。

3. 盐碱土的水盐运动、矿化度与表土集盐过程

土壤中的盐分是由水带来的,"水曰润下,润下作咸"。这种含有可溶性盐分的水,在干旱半干旱地区强烈的蒸发下,"久侵其地"就会"变而为卤","卤味乃咸"。而在地下水位很高(也就是距离地表很浅)的地区,这种带有可溶性盐分的地下水,也会在强烈的蒸发下沿土壤细孔上升至地表,淡水汽化离去将盐分留在土壤表层,经年累月,形成盐渍土。地下水位越高,也就是距离地表土层越浅,毛细作用越强烈,沿细孔上升至地表的水量越大,盐分在地表聚积得就越多,其土壤剖面越往表层盐分含量也就越高。

盐必须借助于水的携带向一些区域集中。在内陆干旱地区,盐渍土大多分布在地势较低的河流冲积平原和低平盆地、洼地边缘、河流沿岸、湖滨周围以及部分灌区,在地势较高的岗地及坡地则很少盐渍土(图 2-3)。这是因为岗地和坡地地势较高,坡度较陡,地下水较深,不能通过毛细作用将盐带至地表,排水通畅,所以不容易发生盐渍化。低平的冲积平原和封闭盆地,承受高处来水,由于地势平缓,地下水径流坡度小,流速缓慢、排水不畅,地下水位较高,土壤水分处于上升运动状态,有明显的季节性积盐和脱盐过程,如旱季积盐,雨季在雨水淋溶下脱盐。

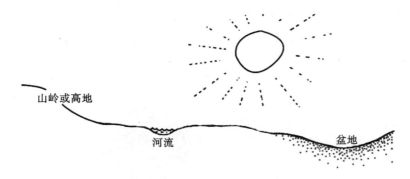

图 2-3　盐渍土大多分布在地势较低的冲积平原和低平盆地及河流湖沼边缘(邢军武图)

地下水位深浅变化随地段而不同,因此不同地段有盐斑形成。在常年积水的低洼湖泊地区,则在其边缘的坡地或二坡地带形成盐渍土。因为洼地积水,建立了淡水层,在洼地中产生了脱盐条件,含盐地下水向洼地四周顶托,使四周地下水位升高,地面蒸发强烈,一般积盐较重。从小地形看,在低平地区中的局部高起处,蒸发快,水和盐分由低处移至高处聚集。往往在相距只有几十米或几米,高差仅为十几厘米的地方,高处的盐分含量可比低平处高出几倍,成为斑状盐渍土形成的条件。

4. 我国盐渍化与盐矿盐湖的形成和分布

除了上述气候、地下水位及其矿化度(盐含量),地势与地形以及土壤质地及其结构等因素导致盐渍化以外,含盐的母质也是一些特定地区盐渍化的重要原因。在地质历史时期积聚下来的盐分,不管是海相成因还是陆相成因,只要具备适当的地形和气候条件,就会形成古盐土、含盐地层、盐岩或盐层以及地下卤水。

我国由此形成的盐矿床资源极为丰富,初步查明的地质储量达 4.5×10^4 亿 t,几乎遍布全国。其中现代盐湖区分布于西藏、青海、新疆、内蒙古、陕西、甘肃、吉林等省区。我国盐湖数量之多,规模之大,资源之丰富都是世界上少有的。仅西北某盆地就有数十个盐湖,有"盐世界"之称,蕴藏着数百亿吨盐矿石,伴生着钾、镁等盐类矿物。

我国盐湖多为内陆盐湖,远离海岸,面积大小悬殊,小的几 km^2,大的几千 km^2。储量从几百 t 至几十亿 t。湖水成分也有差异。除了现代盐湖区,我国还有分布广泛的古代盐矿区,内地许多省份都发现了大盐矿,既有天然卤水,也有古代固体岩盐矿,其分布之广,矿层累积之厚,储量之大,极为惊人。

5. 盐碱土可溶性盐与气候影响

盐渍土的成因非常复杂,但是归根结底,要有含盐的物质和携带这些盐分的水。这些物质或者是岩石,或者是泥沙尘土,或者是海水、盐湖水、卤水等,这些物质中的盐分一旦溶于水中,就会随着水的流动浸润而到达水能够到达的一切地方。在那些地方,它们是否能形成盐渍土,就要由天(气候)和地(地形地貌)来决定了。如果那里气候干旱,蒸发量很大,降雨量不足,地形低洼,水没有可以排泄出去的地方,则在强烈的蒸发下,水会将其所溶解携带的盐分留在地表,水分子则腾空而去。盐渍化的过程在这些地方发生,盐分子就会在这些地方逐渐累积起来。

所以,盐随水来,盐随水走,水散盐留。水对盐的迁移具有决定性的作用。

不同的盐类在水中的溶解度不同,碳酸盐、重碳酸盐的溶解度小,硫酸盐次之,氯化物最大,而在迁移过程中,溶解度小的盐类将最先沉淀析出,在较近地区聚积,因此从山麓平原到冲积平原到滨海平原,土壤及其地下水的盐分种类一般是由重碳酸盐到硫酸盐再逐渐过渡到氯化物,表现出比较明显的水平分布规律。

第三节 盐碱土的分类

盐渍土通常可以分为盐土与碱土两大类。盐土又可分为滨海盐土、草甸盐土、沼泽盐土、洪积盐土、残余盐土及碱化盐土六个亚类。

盐土不仅含有可溶性盐,而且一般都含有大量石灰质($CaCO_3$),干旱荒漠地区的盐土石灰质含量为 20% ~ 30% 以至更高。硫酸盐含量高的土壤中还含有石膏($CaSO_4$),含量为 10% 左右,有利于防止土壤碱化并有利于碱化盐土的改良。

由于盐土中的盐类大多都是中性盐且常含有大量石灰质,其饱和平衡溶液的 pH 不超过 8.5,一般在 7.5 ~ 8.5 之间,呈微碱性。一些盐土有机质含量较少,一般在 1% 左右。沼泽盐土含有机质 2% ~ 4%,其成土母质大都是河流沉积物、洪积冲积物或湖积物,土层极厚,有几百米至上千米,质地粗细不等,随沉积条件及河流夹带物而异。除洪积盐土和残余盐土外,其他几种盐土其地下水位都高,土壤常有返潮和夜潮现象。土壤比较冷浆,开垦种植作物时,不发小苗。在新土或底土层中有潜育化现象,出现锈斑、锈纹或铁锰结核,严重时还出现青灰层。

土壤盐分组成不同,常表现出不同的特性。以氯化物为主的盐土,因其 $CaCl_2$ 和 $MgCl_2$ 吸湿性强,地表经常潮湿,呈现暗黑油脂色泽,民间称之为"万年潮""黑油碱""油碱"或"卤碱"。含硫酸盐高的土壤由于有大量 $Na_2SO_4 \cdot 10H_2O$,干燥失水时体积收缩,土体内留下空隙使表层蓬松,针状盐晶如同白毛,则被称为"白毛碱""毛拉碱"

或"扑腾碱"。民间所称的这些"碱",往往都是盐。

程度较轻的盐土通常被称为"盐化土壤",程度较重的盐土则被称为"盐土"。

土壤盐化程度的分级有不同的标准。农业上常常根据含盐量的高低来区分盐化土壤和盐土,但是由于各地土壤含盐量、盐分组成及所种作物耐盐能力都不相同,所以对盐化程度的分级标准就有很大差异。如河北 0～20cm 表层土壤含盐量在 0.4% 以上为重度盐化土壤,河南则是 0.6% 以上,新疆更在 2% 以上。这个标准只适用于含氯化物和硫酸盐混合型的盐土。

第三章　盐碱土的改良

为什么要改良盐碱土？因为盐碱土不能长庄稼。

人们开发耕地的目的是生产和收获粮食，盐碱土不能满足这一需求。早期人类没有土地不足与人口压力，似乎没有必要关心盐碱地的利用问题，更没有必要去改良。但若因此认为改良盐碱地只是近代的事情，那就完全错了。

第一节　中国古代对盐碱土的改良利用

世界上最早关于盐碱地及其农业利用的记载可能来自中国的夏代，在随后的漫长历史中，盐碱地的农业利用从未中断。

北魏崔楷认为，沥涝、河道变迁以及河流出路堵塞，使得地下水位提高，因而导致土地盐碱化。据此，他提出整治河道，排除涝水，治理盐碱地的正确建议。可惜其建议未能实行。

淹水种稻洗盐，是利用、改良相结合并被证明很有成效的措施之一。这一措施很可能从尧的时代即已实行，西周、战国以至秦汉直至现代，皆被广泛采用。大禹确定冀、青二州盐碱地的高田赋，其所依据的可能就是这一措施的成效。倘若不是种稻，盐碱地的粮食产量何以能是头等？太公封齐、史起治邺、贾让三策、崔瑗改良汲县种稻以及崔楷等人的综合治理措施之中，都有种稻这一方法。

在有丰富水源的低洼地区，土质较黏，具备栽培水稻的有利条件，加上种稻期间，土壤长期受淡水淹灌，含盐量显著降低。今天在华北平原与渭河平原以及所有具备上述条件的低洼地区，放淤、排水、种水稻，仍是改良和利用盐碱土的可行与可靠措施。

尧舜时，盐碱地为主的冀州、青州，农作物产量分别是"上上"和"中上"。我们不知道这一产量维持了多久，也就是治理效果维持了多久。

及至西周太公封齐，齐的辖区就有舜时冀、青二州的地盘，那时盐碱地仍然需要太公重新治理以获取高产，显然是恶化过，经过治理，又是一派丰产的景象。这一景象维持了多久是一件没有查明的事。

到了战国初年，西门豹治邺，又是在古冀州的地盘，盐碱又威胁着这一地区的农业,不得不治理,这一次治理效果可以确知不佳,由于灌渠湮废,地下水位抬高,土壤复趋于盐碱化,所以到了战国末年,史起不得不在这里重新引水灌溉、洗盐并挖沟排水、种植水稻,效果较好。

在古冀州、青州这片区域内,盐碱地似乎总在治了又废,废了又治,波动的态势绵延不绝,这块区域大体是现在的华北平原。渭河平原也有类似的情况。

凡是能够形成盐碱地的地方,就其地理条件来看,往往都是很好的平原或盆地,包括滨海盐碱地也几乎都是辽阔的平原。如果没有盐碱,那是最理想的耕地。也正是因为如此,除了海滨新形成的盐碱地和内陆荒漠区之外,许多盐碱地区往往是古老的农作区,有着悠久的农耕历史。

虽然盐碱地是有严重缺陷的土地资源,但在四千多年漫长岁月中,我国人民用惊人的耐心和毅力,一遍又一遍地治理着这片土地,而不肯舍弃它。这片土地也就一遍又一遍地从废到治又从治到废,周而复始。这里面有一种生命力,还有一种自然力,令我们感动,也令我们肃然。

对盐碱地治理的粗略历史考察足以证明:我们伟大祖国无与伦比的历史文明真正苍茫如海,浩瀚无际。关于盐碱地的真知灼见散见于无数典籍之中,有待我们寻求发掘,继承光大。

第二节　中国近代对盐碱土的治理

我国四千多年盐碱地改良的辉煌历程与宝贵经验,是一笔无法估量其价值的伟大财富,在今天仍有不可忽视的重大意义。

四千多年过去了,华北平原又用"厥土惟白壤"接纳了一个新的时代。这个洋溢着激情的时代,试图用社会制度的优势,创造旷古未有的奇迹。面对历经数千以至上万年风雨沧桑的盐碱地,当时"人定胜天"的口号无比豪迈。但人们既缺乏对具体区域盐碱土复杂成因的了解,又无视历史的经验,结果一度重演了二千四百多年前西门豹治邺的悲剧。

数千年间,盐碱地的治废其实只在"天""地""水"三个字之间。正是这三个字决定了一切,而不是主观意志。顺天应命即顺应自然法则的时候,才能取得成功。这种成功其实是人对自然的顺从与和谐。这本来是非常浅显的古老道理,可惜现代人既很难接受,又很容易忘记。

我们已经知道,一个区域盐碱地的治与废,往往取决于水能否排泄。水具有溶解盐分的性质,这一性质既能用于改良盐碱土,又能导致盐碱化的程度加剧。冲洗盐碱还是积累盐碱取决于水的运动状态,而水的运动状态又受制于气候背景和地形条件。

盐碱地区多为蒸发量大于降雨量的气候。这种天时背景,一般具有相当的稳定性。例如对黄淮海平原来说,这种气候背景至少已有五千年以上的历史,而在短时间内,这种干旱半干旱状态不会有根本变化。随着盐碱化程度的加重,这种气候还会进一步强化。

盐碱地区又具有低洼排水不畅的地形条件,这是盐碱形成的地形因素。水不断将盐分带到这种地区积聚起来,得不到排泄。在强烈的蒸发下,水中的盐分在地表富集浓缩,而水则蒸发离去,这样周而复始,盐分越积越多。

天和地是难以改变的,我们能直接施加影响的就只有水了。水能溶解盐,这既成为盐的来源,也将成为盐的去路。如果能为水提供一条出路,水就能将盐从土壤中带走。

用井水浇地,可以解决干旱和水源不足的问题,水将土壤表层的盐分溶解并向下淋洗,带离了地表,这就使地表的盐分降低。而由于抽出的井水用于浇地,在强烈的蒸发下,必然有很大一部分井水被蒸发掉,水出去的多,回来的少,从而可以有效地、明显地、持续地降低地下水位,切断毛细作用,使盐分不能向地表富集。

同时,地下水位降低又使地下"库容"增加,在降雨集中的季节可以有效地贮存来水,防止洪涝成灾。所以井既是灌溉和淋洗盐的水源,又提供了淋溶水的排泄去路,这就是著名的"井灌井排综合治理旱、涝、盐碱措施"。

虽然我们在黄淮海平原这块中国最大的农业区,投入了半个多世纪的人力物力,取得了举世瞩目的成效,但仍未能从根本上解决其潜在的"先天性"盐渍化问题,仍面临许多新问题和潜在危险。

后面我们还会讲到,大规模长时间的井灌井排,加上城镇和工农业生产过度抽取地下水,对大范围内的地下水系所产生的深远影响及其严重后果。

经验表明,井灌井排不仅对整个平原内陆具有重大影响,而且波及平原沿海地带。虽然这种影响是缓慢的,但其作用却是持久的。

第三节　盐碱地治理技术概述

在降雨缺乏、地表径流很少,又因地势低洼不易排水的地区,井灌井排是迄今所能采取的最好措施之一。

在水源充足但排水不畅的地区,灌溉面临着许多困难和危险,明沟灌溉排水治理盐碱地事实上比井灌井排还要富于成效,但它的缺点也是显而易见的,这就是巨大的工程投入和过多的占地面积,以及水土流失的加剧和沟渠维护的困难。古老的渠道能够很好地留存下来的很少,大多塌废或淤死了,若得不到很好维护,二三十年前所修建的沟渠都是如此。

放淤改土无疑是很好的古老方法,黄河等一些河流有巨大的泥沙量,可以形成很厚的肥沃土层并能耕作很长时间,但必须有可靠的排水措施,所以大范围运用面临许多问题。

还有一些改良盐碱地的方法,有些是自古就有的,有些则是近代发明的。

(1)刮盐碱法。这是老百姓使用了数千年的古老方法。在盐碱大量积聚地表形成结皮的时候,将这层盐碱结皮刮走,能有效地降低土壤盐分,还能利用盐碱生产化工产品。直至20世纪中叶,许多盐碱地区的老百姓仍用此方法生产碱或者食用盐以获取收益。但在地下水位和矿化度很高、补充很快的地区,不能根本解决表土积盐问题,且工作量较大。

(2)换土法,亦称"客土法"。此法历史亦很久远,系将盐碱地的表土全部换成非盐碱土。但在地下水位高和矿化度高且通透性良好的地方,效果不能持久。大范围运送土源也成问题,工程投入太大。20世纪90年代以来,随着中国房地产业发展和城市化,许多沿海城市不惜工本进行园林绿化,即大规模采用此方法在城区盐碱地种树种花种草。

(3)铺设隔离层法。在表土下面铺设塑料薄膜及沙子或煤渣以隔断土壤中的细孔,使地下水不能上升至地表。小范围使用尚可,大范围则工程投资太大,且效果不能持久。但该方法与换土法结合,近几十年来大规模用于沿海城市的园林绿化。

(4)垫沙改良法。在滨海盐碱地用贝壳沙混合原盐碱土,结合修台田沟渠排水,效果尚可,但工程量较大,时效长短取决于降雨量。

(5)暗管排水法。用管壁具有通透性的管子或留有缝隙透水的管子埋入地下,以阻断毛管水上升地表并将灌溉水从管中排出,从而淋洗土壤盐分。效果较好,但工程量大,技术较复杂,成本高且时效不长,极易报废。

(6)滴灌地膜法。可节约淡水资源,有效减少蒸发,降低土壤表层盐含量。效果较好,但投入较大。

(7)化学改良剂法。投入大量酸性物质如石膏等,据报效果尚好,但也有因过量而发生问题的,且投入成本高,难以大面积应用,效果亦不稳定。

(8)电磁法。成本高,实用价值较低。

以上改良措施,实施中往往需要结合起来应用,例如使用客土的同时铺设隔离层并结合暗管排盐等工程配套措施。

生物手段主要是通过施肥和微生物等改善土壤结构。

事实上,对特定区域的盐碱地改良往往不是采用单一的手段与方法,而是综合采用工程手段与生物手段中适合本地情况的多种方法,才能收到较好的效果。

第四节　盐碱地治理成效的稳定性

盐碱环境是一个重要的自然地理单元,也是地球表面不可或缺的结构组成。在不同的地区,其形成和消失都具有必然性。从历史上看,盐碱地的人工治理效果往往都很脆弱,一旦借助于人工维持的水盐运动平衡被打破,治理区域往往又会恢复盐碱地的本来面貌。在较大的时空尺度上,现代科技也并不能使盐碱地彻底摆脱治与废的循环。

1. 盐碱地的治废交替

中国许多古老的农牧业盐碱地区经常处于治废交替中。不仅古冀州这片盐碱地仍然处于治与废的交替之中,新疆和青海、内蒙古与陕西、吉林与河北、山东与江苏以及许多分布着盐碱的省份也是如此。

2. 传统农业区的盐碱地的农业开发史

盐碱土是一个自然的历史结果,又处于现代的进程中。

盐碱地分布在干旱半干旱的气候区域。这些干旱半干旱地区,从滨海到内陆,从低地到高原,由于土壤和母质现代强烈的盐渍化和历史上残留的盐渍化,形成了广泛分布而程度不同的盐渍土。面积广大的耕地或草原因为盐渍化而蒙受危害与损失。

我国农业的历史至少已有万年之久,这些古老的农牧业地区是中国文明的发源地。大量证据表明,这些古老的农业区域曾经是茂密的原始森林,无边无际。农业推动人口增长的同时,也破坏了森林。随着耕种面积的日渐扩大,森林面积则越来越小。

在这一过程中气候也发生了变化,从湿润向半湿润以至干旱半干旱转化。气候的改变迫使农业更多地依赖灌溉,这导致了地下水位的抬高以及矿化度的提高。而蒸发强烈、降雨不够,地下水携带溶解盐类经毛管向地表运动,于是土壤开始了次生盐渍化。

据联合国粮农组织提供的资料,全世界 50% 以上的灌溉耕地程度不同地存在盐渍化问题。这一问题同样发生在古代,发生在森林植被消失之后,气候转向干旱的早期农业区域,同时,盐碱化又加剧了气候的进一步干旱与恶化。

盐渍化的发生以及农业的发展,促使人们采取更多的水利措施,但在大规模破土动工之后,在干旱的气候与特定的地形条件下,水利措施给人们带来的往往又是水害。

这种教训从古至今,比比皆是。

从根本上说,次生盐渍化既是一个自然的过程,又是一个人为的过程。如果我们不能恢复茂密的森林植被,就不能最终改变干旱的气候,也就不能最终改变盐渍化赖以产生的天时。事实上,热带雨林或降雨充足的地区往往较少产生盐碱地,因为那里的雨水有足够大的量将土壤中的盐分冲走稀释。

可以这样说,许多区域的盐碱地既是人类农业活动的一个伴生物,也是人类破坏自然环境所收获的一个历史苦果。盐渍化与农业的过度开发所具有的伴生关系表明,如果人不注意与自然的和谐,农业发展本身也会直接创造出限制其自身发展的障碍。

第四章 海水入侵与盐渍化

海水入侵是海水对内陆地下淡水水系的逆向侵染,导致地下淡水盐度增高,丧失饮用和灌溉功能并使土地盐渍化。

中国的海水入侵区主要分布在环渤海和黄海沿岸带,是 20 世纪 70 年代黄渤海平原沿海与内陆大规模抽取地下水引发的次生灾害。该灾害既与沿海地区的地下水位下降有直接关系,也与内陆大规模井灌井排改良盐碱地,造成华北平原地下水位大范围持续下降关系密切。同时,由于中国北方沿海和内陆地区工业、农业与城镇用水皆极度匮乏,不得不长期超采地下水,由此形成大范围地下漏斗区,加之降雨不足,地表径流与淡水资源贫乏,地下水得不到及时补充,造成地下水位持续降低,遂首先在沿海地区引发大规模海水入侵灾害。

第一节 海水入侵形成的机制与条件

现代人类几乎总是在为解决问题而制造更多更难解决的新问题。海水入侵就是这样引发的人为灾害。当初,人们为克服干旱和改良盐碱地而抽取地下水,又因过度抽取地下水导致地下水位下降引发了大规模的海水入侵。海水入侵的产生取决于干旱缺水的气候背景、通透性的地层结构与地下淡水储水层,加上人的活动提供的诱发动能。

除了古地质时期形成的原始水,地下水通常是由地表径流和降水渗入地下储水层而累积形成的。地下水需要依赖大气降水补给才能维持稳定的水位和储量。而气候干旱将会使补给受到影响,在此背景下,地下水如果被过度开采,就会引起水位下降。

地下淡水层如果与海洋并不连通且有很好的封闭隔离,那么这种陆地的水位下降并不会引起海水入侵,然而实际上沿海一带与海洋完全隔绝的地层很少。黄淮海平原,由于其特殊的成因,其整块平原从内陆到沿海都是由数百至上千米厚的冲积泥沙淤积形成,其地层通透性良好,从而使这里的地下水系与海洋直接连通。因此,黄淮海平原的地下淡水事实上也像地表的江河或溪流一样,从古到今一直这样从透水的地层由内陆流入海洋。但随着近半个世纪以来人类对地下水开采的加剧,致使这种状况发生了逆向转变,变成不是地下淡水流向海洋,而是海水从地下流入了内陆。

地下水位是否下降取决于两个因素:一是人类的开采量,二是自然的补给量。只有当开采量持续大于补给量的时候,地下水位才会下降。

如果地下淡水与海洋相连通,就会存在一个咸水淡水的混合带和一个咸水淡水的压力平衡界面。在通常情况下,这一界面的位置是稳定的。而如果地下淡水的水位升高,平衡界面会在淡水的压迫下向海洋移动。相反,如果地下淡水的水位降低,界面又会在海水压力的推动下向内陆一侧移动。所谓海水入侵,就是指这种因海水压力大于淡水压力而导致的界面向陆地一侧的推进。

在通透性良好的区域,海水向内陆的推进会在什么地方停止,完全取决于咸淡水的压力会在什么地方达到平衡。也就是说,什么时候海水的压力与淡水的压力相等了,咸淡水界面才会不进不退达到稳定。

而即使在通透性不太好的区域,只要形成了这种地下水位的负值区,并且得不到及时的补给,至少在理论上,海水也会迂回侵入,只不过所需时间会长一些而已(图 4-1)。

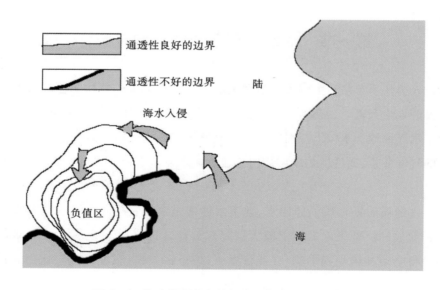

图 4-1　海水迂回侵入地下水位负值区(邢军武)

所以,切莫以为沿海平原某些地区尽管已经形成了很大的负值区也没有出现海水入侵,就认为海水不会侵入到这里。如果没有其他足以改变这一趋势的变化,这一灾害的出现只是时间问题。

第二节　黄淮海平原的机井与海水入侵

1991 年我们曾为黄淮海平原这一特定区域沿海地带海水入侵的成因,提供了一个内陆的整体背景[1],文中指出:如果该平原的地下水不能获得有效的补给并持续减少,我国这块最大的冲积平原有可能陷入空前的困境。

1. 黄淮海平原的底层结构

黄淮海平原东临黄海渤海,北西南三面环山,怀抱山东半岛,是我国最大的冲积平原,海拔高度除山前极小部分在 50m 以上百米以下之外,绝大部分在 50m 以下,其中海拔 30m 以下者占平原总面积的 2/3,海拔 20m 以下的约占总面积的 1/2。坡比一般在 0.11‰ ~ 0.13‰,极为平缓。

黄淮海平原在地质构造上为第三纪沉降区和广泛的第四纪停积区。据物探资料,本区第四纪地层沉积很厚,平均为 300 ~ 400m,最厚到 900m(靠近渤海湾附近)及 1300m(临清);位于其下的第三纪红色泥质砂岩、砾岩等厚度为 1000 ~ 3000m;平原西部边缘与太行山接触处有无数大断层,倾没幅度为 2000 ~ 3000m。平原西部山前地带之第四纪沉积层中,有许多河流形成的复合冲积扇,其顶部及中部由粗屑洪积、冲积沉积物组成,在平原中部及滨海部分,有许多横贯平原的河流三角洲冲积沉积,其中也有湖相冲积沉积。在第四纪松散地层中普遍存有潜水,承压水亦广泛分布在平原区较深的第四纪松散地层中,其隔水层顶板和底板大致平行,而且坡度很小,承压水第一个主要含水层顶板的埋藏深度,从山前带到滨海地带在 70 ~ 150m。这说明地层不仅透水,而且含水。

以从莱州湾到黄淮海平原腹地的鲁北平原为例,该平原地质构造体系属华北台坳的东南部,聊城东明大断裂和齐河广饶断裂分别在西南和南边通过,划本区为两个构造单元,断裂的东面和南面为鲁西中台隆之泰沂穹断束的淄博茌平坳陷。平原的西北部以沧东断裂为界和沧县隆起相连,北部以羊二庄边临镇断裂为界,和黄骅坳陷相连,构成由北东转为北北东的近于弧形的窄长地带,环绕于鲁西中台隆的北缘。这个窄长地带包括无棣隆起、济阳坳陷和临清坳陷。这些构造形成了鲁北平原的基底和轮廓,

---

①Xing Junwu(邢军武),Song Jinming(宋金明),Liu Duan(柳端),Li Chunyan(李春雁), Tian Yuchuan (田玉川). The inland factors of the sea encroachment in the coastal area of North China Plain:Fifth International Conference on Natural and Man-made Hazards. 1993:77 ~ 78.

同时也深刻地影响着新生代地层的形成和近代地貌的发育。由于隆起和坳陷相对沉降不均，第三系和第四系的建造厚度很不一致，在平原中部一般都在1000m以上，局部地区大于3000m，覆盖于中生代或古生代地层之上。

第三纪时，沉积了内陆湖相红色碎屑岩系，岩性为粉砂岩、砂砾岩和泥岩。厚度很不一致，局部地区缺失下第三系。第四纪以来（或第三纪末），黄海开始通过山东辽东隆起经剥蚀后的鞍部侵入内地，成为渤海。海水时进时退，与河流相角逐，在东部沿海地区形成了浅海相和海陆交互相的沉积。

山前地区，在较大的淄河、弥河的山口处形成冲洪积扇，由厚度较大的砂砾石层组成。扇间地区主要为黏土或黏质砂土一类的物质。这些山前冲洪积物的分布范围大体以小清河为界，分布在其南面。

第四系总厚300～400m，初步分为两部分。

上部：底板为180～250m，相当于全新统。在乐陵、滨县（现为滨城区）西部地区，主要为近代河流冲积物，以浅黄、土黄色的黏质砂土为主，夹有8～10层粉砂、粉细砂层，下部的砂层见有1厘米左右粒径的砾石，并常见有2～3层淤泥层。沉积物结构疏松，有明显的水平层理，夹有少量姜石，底部为一层较粗的砂或胶结砂砾岩。在乐陵、滨县以东，浅部（200米以上）见有海生贝壳，应为滨海相或海陆交互相沉积。

下部：底板深度在350～390m，局部更深一些相当于更新统，以棕红色、灰绿色黏土或黏质砂土为主，结构坚硬，夹有3～5层粉砂、粉细砂和细砂，砂层底板多有胶结砂岩或砂砾岩。在黏土或砂质黏土中常含有大量的姜石和铁、锰质结核。在聊城地区240m处见有砂砾土层，砾径3～5cm，具有较好的磨圆度。

2. 黄淮海平原地层的渗透性

从表4-1和表4-2可以看出前述部分沉积物的渗透系数相当良好，而且实测渗透系数值远大于《普通水文学》中的近似值四五倍，同样的沉积层在整个黄淮海平原广泛分布，尽管复杂多变但仍在广大的范围内形成从内陆至海洋的地下疏松透水通道。

表4-1 《普通水文学》中各种沉积物的渗透系数（近似值）

	黏土	亚黏土	亚砂土	粉砂	细砂	中砂	粗砂	砾石砂	砾石
渗透系数 kr/m/d	<0.001	0.001～0.1	0.1～0.5	0.5～1.0	1～5	5～15	15～50	50～100	100～200

（河北师大地理系等编. 普通水文学. 人民教育出版社,1979）

表4-2　河北平原实测水平渗透系数

	黏土	亚黏土	亚砂土	粉砂	粉细砂	细砂	中细砂
平均粒径/mm	0.027	0.042	0.071	0.119	0.169	0.206	0.318
水平渗透系数 Kr/m/d	0.83	1.3	2.5	5.0	8.1	10.7	20.0
	中砂	中粗砂	粗砂	砂砾石	砾石	卵砾石	
平均粒径/mm	0.647	1.314	1.9625	4.0	17.975	38.75	
水平渗透系数 Kr/m/d	52.6	123.5	187.1	343.8	773.2	975.2	

（陈望和，1990）

这些含水层通道在纵向、横向、垂直方向上都有复杂的变化规律，其中尤以纵向变化最为明显。从山前到滨海，从平原上游到平原下游，其含水层层数由少到多，厚度由厚到薄，岩性由粗颗粒到细颗粒，结构由简单到复杂，水位由深到浅，含水层埋深则由浅到深，岩层富水性也由大变小。上下相邻含水层之间并非绝然隔断，而是可以通过弱透水层越流补给，其实越流不仅可以通过弱透水层，还可以通过水井裂隙等其他渠道发生。这些性状既有利于人们开采地下水资源，也有利于海水对内陆地下水层的侵入补给。

3. 黄淮海平原的地下透水层

事实上黄淮海平原地下淡水与海洋从来就是相通的，并且一直呈动态平衡状态。在大规模人为干预之前，界面甚至呈向海推进趋势。

本区地下水与海洋的直接联系，人们很早就从内陆水井的水位与海洋同步变化得到印证。20世纪50年代初，在黄淮海平原距海25km远的水井，即可明显地观察到井水水位随海洋潮汐的涨落而升降，只不过时间上滞后了一些，大约推后1.5天[1]，可见海洋与平原陆地地下水系始终直接连通。

事实上，已经发生的海水入侵灾害本身也已充分证明了其地层具有良好的通透性。

而对与海洋相连通的地下含水层来说，其咸水淡水界面的变化通常只有三种情况存在：

（1）淡水水位或压力大于海水，从而有向海冲淡水流发生。

---

①B. A. 柯夫达. 中国之土壤与自然条件概论. 科学出版社，1960：152.

这种情况下海水既不会直接入侵,也不会发生浓度扩散侵染。如果淡水水位或压力足够大,界面还将降低并向海洋方向后退;如果只够抵御浓度扩散,则可以维持动态平衡,不进不退。

(2)淡水不能形成向海流而只能与海水压力持平,则由于海水盐度高于淡水,盐分将由海向内陆方向持续扩散,对淡水进行全面侵染,直至浓度差消失。

(3)淡水水位下降不能抵御相对增强的海水压力,则引发海水直接侵入。侵入将在咸水和淡水重新达到平衡的地方中止。

由此可见,在自然状态下,不发生入侵的机会只有1/3,而入侵或侵染的机会却占了2/3。对黄淮海平原来说,自然本身在漫长的岁月中曾经选择了这仅有的1/3的机会,并把它传了下来,而我们却轻易地将其破坏并造成了海水入侵的灾害。

4. 黄淮海平原的地下淡水平衡水位及其变化

一位美国地质学家曾写道:地下水有一个极限供应量,虽然地下水体正在不断地为降水所重新补充,但是地下水的运动是如此缓慢,以致要把潜水面抬高到它在水文系统中从前的平衡位置,可能要花好几百年。[①]

另一位美国环境学家写道:降雨量的约70%蒸发掉了,其余大部分顺地表流进河流和湖泊中,最后回到大海。但是还有一部分水通过土壤慢慢渗到地下,直到被一层不透水的岩石隔住为止。这些水贮留在不透水岩石上面的一切缝隙中以及砂石和岩石的细孔中,而形成一个水平面,称作"地下水位"。这些水也在非常缓慢地流向海洋……地下水是十分重要的水资源,它提供目前抽提水量的22%。但是地下水的开发也存在着很多困难,因为地下水的补给过程非常缓慢,以至于它被认为是一种不可更新的资源。[②]

20世纪70年代中期以来,沿海加速超量开采地下水,沿海平原打井越来越多,密度越来越大,一般由每 km^2 10眼发展到25眼,甚至每 km^2 60~70眼。由于内陆地下水位迅猛降低,形成许多辽阔的负值区,从而使地下水入海流减弱以至消失,有的甚至发生逆流。这导致沿海地区地下淡水水源补给越来越少,越来越困难。

事实上,如果没有内陆地下水位大幅度降低的影响,沿海地区的地下淡水也不至于如此供不应求并枯竭,海水入侵也就不至于如此迅速和严重。

由此可见,对黄淮海平原这一特定地区来说,其沿海地带的海水入侵不仅有沿海的原因,还有内陆的原因,沿海的作用是在内陆作用上的叠加。由于沿海位于咸淡水

---

①W. K. 汉布林. 地球动力系统. 地质出版社,1980:158.
②G. M. 马斯特斯. 环境科学技术导论. 科学出版社,1982:86.

界面附近,所以沿海的作用更明显,其变化更直接而迅速。但是内陆的作用却是更隐蔽、更持久和深远的。

密布的机井,成片的漏斗,发达的地下含水层,低于压力平衡高度以下的淡水水位,所有这些都会成为沿海地区海水向整个黄淮海平原腹地纵深侵入的可能途径与动力。

因此,如果所有因子不变,海水从地下经沿海各地下漏斗区继续向位于腹地纵深的北部、西部、南部诸漏斗区逐级侵入的可能性,随着时间的增长会逐渐变大。

尽管这一过程可能是缓慢的,然而缓慢的后果又往往是难以挽回的。

第三节　海水倒灌与风暴潮盐渍化灾害

面对干旱与缺乏淡水,更大规模的引水和超采地下水已成必然。地下水入不敷出又加剧了干旱。各河流入海水量也日渐减少以至长期断流,没有抵御的海水则沿低平的河床向内陆纵深倒灌,使地下水变咸,土壤盐渍化加重。三角洲海岸侵蚀剧烈,而在风暴潮的侵袭下,危害将更加严重(见表4-3)。潮水直接侵入内陆,形成广泛的盐渍土和地下咸水。这种风暴潮是由强烈的大气扰动而在海岸附近浅海水域呈现的一系列海面异常升高或异常下降现象,前者称"正风暴潮",后者称"负风暴潮",皆可造成灾害。风暴潮灾分布极广,几乎遍及所有海洋国家,且发生频繁。我国风暴潮灾的发生频数及危害程度都居世界前列,而渤海莱州湾风暴潮水位最高达3.55m,居全球温带风暴潮水位之首。华北沿海,特别是山东沿岸更是风暴潮的高发区(表4-4、表4-5)。

表4-3　风暴潮引起的最大增水值

	天气系统	最大增水值/m	时间	地点	原因
中国	台风	4.57	1956.8.2	杭州湾	风速达50米/秒,由台风登陆引起
美国	台风	4.50	1954.8.31	新英格兰	强飓风袭击
孟加拉国	台风	3.90	1970.11.12	孟加拉湾	强飓风袭击
日本	台风	3.41	1959.9.26	伊势湾	台风
中国	寒潮	3.55	1969.4.23	莱州湾	寒潮大风,最大风力达12级
英国、荷兰	寒潮	3.00	1953.1.31—2.1	英国和荷兰沿海	强低压系统

(河北师大地理系等编.普通水文学.人民教育出版社,1979)

由于缺乏地表水,而地下水也不能向海排泄,倒灌的海水不能有效地被淋溶冲释排泄入海,致使土壤盐渍化加重,地下水盐度猛增,种田而五谷不生,掘土而甘泉不出。

地表海水倒灌与地下海水入侵的协同作用,还将进一步促使沿海经济区陷入更严重的困境。

表4-4 山东沿岸历史风暴潮灾统计

	受灾年份	风暴潮灾次数	重灾次数
汉	前48—公元173	5	
晋	公元301—417	2	
南北朝	505	1	
唐	676—816	4	3
宋	1022—1053	2	1
元	1206—1368	0	
明	1397—1616	18	4
清	1644—1903	57	23
民国	1912—1949	7	2
总计	公元前48—公元1949	96	33

(据刘安国原表,转引自赵德三.山东沿海区域环境与灾害)

表4-5 山东沿岸实测风暴潮最大增水值

地点	富国	羊角沟	龙口	烟台	乳山口	青岛	古镇口	石臼所
时间	1964.4.6 09:00	1969.4.23 16:00	1953.1.10 09:00			1952.9.3 05:00	1981	
增水值/m	2.52	3.77	1.54	1.07	1.11	1.47	1.05	1.21

(来源同表4-4)

第四节 历史的经验和教训

"兵马未动,粮草先行"在中国是妇孺皆知的常识,然而事实上水比粮草还重要,无水即为绝地。任凭金城万里,屯粮如山,雄师百万,及至无水,其溃尤速!军事如此,生活亦然。"丝绸之路"上那一座座古城遗迹,那繁荣昌盛的西域文明,不都是因为水绝流断而消亡了吗?

罗布泊的故事并不只是一个故事,因为故事是可以重演的。罗布泊最终消亡了,而那里曾是一块理想的地方,有着丰富的水源,繁衍过古老的文明……

　　事实上，人们要想在这块土地上按照今天的生活方式和生活观念，照今天的样子生活下去，不引外水已无可能，所以只能靠南水北调解救干渴的华北。

　　但是，引来外水的后果呢？

　　对黄淮海平原沿海地区海水入侵的治理还在进行，许多方案和措施已取得良好效果，但在大的时间尺度上这些效果究竟能保持多久还不清楚。全面恢复入侵前的地下水位无疑将是最有效的措施，但由于极度的缺水也根本无法做到。跨流域引水仍面临水量不够的问题，而回灌淡水的方法又首先面临水源问题，如果有足够的水源人们就不必超采地下水，也就不会发生海水入侵。正是淡水的贫乏导致了地下水的过度开采，所以只有两条途径，一是引外水，二是回灌废水污水。回灌废水污水后果将不堪设想，其危害之大甚于海水。

　　黄淮海平原的海水入侵不仅有沿海本身的成因，还有内陆因子的叠加，内陆大规模的地下水位亏空，不是仅从沿海回灌或形成所谓淡水帷幕和分水岭就能根本制止的。由于海水一侧压力大而内陆一侧空虚，淡水帷幕必将在海水推动下向内陆漂移，虽然海水入侵的速度会有所减缓，但恐难从根本上解决问题（图4-2）。

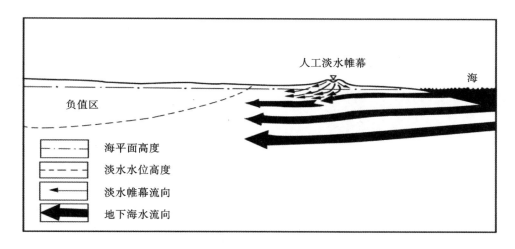

图4-2　海水压迫淡水帷幕内移（邢军武）

　　这块古老平原上的盐渍化问题，"按下葫芦浮起瓢"，正如熊毅先生说的那样具有"先天性"，但也同时具有人为性。

　　盐碱地通常分布在干旱半干旱地区，其地形一般十分平坦开阔，除具有盐碱过度积累的不利因子外，都是很好的适农地区。

　　就中国的情况看，这些地区大都是农业开发历史悠久的古文明发源地。先是森林植被因农业的破坏而最终导致气候的变迁,气候的变迁迫使人们不得不发展灌溉,灌溉与土地过度的农业利用引起了盐渍化并破坏了地下水矿化度的平衡,为治理盐碱对抗干旱人们发展了井灌从而大规模降低了地下水位,而地下水位的降低又破坏了海陆间咸淡水界面的平衡,引发了海水入侵与海水倒灌,形成滨海盐渍土与地下咸水向内陆的侵入。盐碱化的发展,将使植被进一步破坏,气候进一步恶化,也会使灾害更为频繁。

土地的命运,当然掌握在人的手中。然而,我们知道该怎样行动以及这些行动的长远后果吗?

第五章　另一条思路:提高传统作物耐盐性状

为什么要提高作物的耐盐性状?因为普通作物不能在盐碱地上生长。

的确,改良作物和改土都并不是目的,收获食物才是目的。

改土是为了长庄稼,改得好坏要看庄稼长得好坏。庄稼能够茁壮生长的土地就是好土,庄稼不能正常生长的土就是恶土。但是同一种土地种上不同的作物,其生长情况也会有很大差别,这说明不同作物对土的适应性很不一样。

既然改土的目的是为了种庄稼,那么只要庄稼能够正常地生长,人们能够正常地收获,土就不必再改了,或者说改到了某种程度就可以了。

由此,人们很早就开始了提高传统作物耐盐能力的研究。

第一节　传统作物的耐盐性驯化

作物的耐盐性是一个非常复杂的问题。

在人类漫长的农业生产史上,人们以人工的方法对栽培植物与家养动物施加巨大影响,并从其形态、产量、抗病、耐干旱等诸多方面进行符合人类意愿的改良,使之更适于人类的需要,而且取得了无数令人惊叹的成就。

例如,从湖北江陵两千多年前的西汉墓中出土的保存完整的稻穗,其颗粒大小与今天的几乎完全相同,每千粒种子的重量与现在的也大致相等,但当时的稻穗粒数远比现代粳稻为少。

而在耐干旱方面,水稻原本是喜水作物,但中国人很早就培育出一种旱稻,可以不在水田而在旱田里种植。

对旱稻的培育历史究竟始于何时尚不明确,估计年代应较久远。这里值得注意的是,水稻等作物对水多水少的适应能力远高于对盐多盐少的适应能力。

第二节　影响生理性状的可塑与不可塑遗传因子

水稻从水生到旱生意味着生长环境中水量的巨大变化,这样巨大的变化对植物生理无疑带来极为复杂的连锁反应,这说明水稻的旱涝生理其可塑性是很大的。

同样,传统作物在个体形态、高矮、重量、种子多少、抗病虫害、食用部位的成分和味道等方面,都早已被漫长的农业实践证实其可塑性是很大的,传统作物大多具有很好的可塑性。但在对盐碱的耐受能力方面,许多植物则表现出一种非常稳定的几乎是不可塑的生理性状。这一点在水稻用于盐碱地改良的数千年农业实践中,已经表现得非常清楚。

现代植物生理学研究发现,盐环境下的植物,其脯氨酸含量较高,可以比淡土植物的脯氨酸水平高出 10 倍,而淡土植物在人为高盐环境中也可诱发高含量的脯氨酸。

虽然学界普遍认为脯氨酸的含量在抗盐机制中可能具有重要的作用,但其机制目前尚不清楚。有人认为由于脯氨酸的高水溶性所产生的渗透效应,使植物细胞能耐受土壤中高盐分所造成的渗透压。但后面我们将会看到这种耐盐渗透调节是以很高的能量消耗为代价的。由于耐干旱植物中也有高含量的脯氨酸积累,人们又认为抗旱和抗盐可能具有共同的机制。但是至少对水稻来说,其抗旱机理与抗盐机理看来是完全不同的。人们能够在几千年前就培育出陆生的抗旱水稻品种,却迄今都不能使它的耐盐能力得到明显提高。

由此可知,植物的基础生理习性在基因层面上,是由可塑与不可塑两大部分控制的。对不同的物种来说,其可塑与不可塑的部分可能很不相同甚至完全不同。但对同一种生物来说,则是非常稳定或固定的。

因此,人类只能改变有可塑性的生理性状,而不能改变不可塑的生理性状。无论人们在遗传领域中使用多么先进的手段,也只能在具有可塑性的领域内工作,只能改变那些可以改变的方面和内容,而不能改变那些不可改变的东西,否则我们将收获完全相反的结果。

区分不同生物的可塑与不可塑性状,划分可塑度、可塑率和可塑途径将是遗传学与生物育种领域中一件非常有意义的工作。

在可塑性领域中一个最突出的成功例子,或许是我国在上千年的时间里,对金鲫鱼形态的持续人工遗传塑造,这可以说是人类在遗传学领域的杰作。

品种繁多、形态色泽千差万别奇异非凡的金鱼,与其祖先金鲫鱼在外观上似乎已有天壤之别。但与金鱼外观颜色和形态的巨大可塑性相反,它对淡水的适应性却几乎没有发生什么变化。这固然或许是因为人们没有着意于金鱼的海水驯化,但也表明金鱼在这方面的可塑性很差,即便进行这种驯化,其成功率也会极低。

第三节　基因的稳定性与易变性

基因的稳定性是一个非常复杂的问题,如果一个基因是易变的,那将是不稳定的;而如果一个基因是稳定的,又将是难以诱变的。

一个生命体的基因组成毫无疑问是由稳固基因与易变基因两大部分构成的。一般来说前者是不可塑的,而后者则是可塑的。前者对应的性状是不能改变的,后者对应的性状则是可以改变的。

在我国,水稻种于盐碱地的历史至少已有五千年之久,任何一个培育耐盐作物的学者都应对这段漫长的时间予以充分的注意。本地水稻今天所具有的一定程度的耐盐能力,肯定已经凝聚了这数千年的漫长适应。但水稻这种不耐盐习性却始终没有发生本质的变化。陈受宜等人 1991 年报道的在含盐 0.5% 时可以生长结实的突变体,当时连实验室里的传代算上才不过 9 代,能在 0.5% 盐度上抽穗结实才不过 4 代,且不要说 0.5% 的盐分是不是能够算作水稻耐盐的一个界限,就算是个界限吧,这个突变体能把这个耐受能力保持多久也还是个严峻的问题。一般可以预料其在生产实践中这一性状的退化将会很快,正像它获得这一性状时很快一样。

而从 1991 年陈受宜等人发表上述成果到现在,过去了三十多年,这个水稻耐盐突变株系似乎悄无声息地从科学界和人们的视野中消失了。如果对相关文献持续追踪将会发现,全世界类似提高作物耐盐能力的报道往往这样不了了之。看来此类报道,只是增加了已发表论文的数量而已。

如果只看全世界大量关于作物耐盐成果的文献报道,你会认为作物的耐盐问题早已解决。但直到今天,还是没有一个传统作物形成的耐盐品种能真正经受高盐环境的考验并进入生产环节。在陈教授之后,山东师范大学又用转基因方法,将从盐地碱蓬植物分离的"抗盐基因",转进拟芥楠植物体内并称获得表达,且提高了该植物的耐盐能力[①]。但作者如何确定和证实其从盐地碱蓬植物中分离的基因是所谓"抗盐基因"?又如何确定该基因能够控制其他植物的耐盐性状且能正常遗传传递? 这都是令人费解的事情。时至今日,人们还是没有见到这个"成功"转入了所谓"耐盐基因"并获得表达的"耐盐"拟芥楠植物,其后代耐盐性状的持续报道。因此,人们有理由怀疑其不过是世界上无数声称提高了作物耐盐能力的报道的重演而已,并无实际价值和意义。

的确,我们渴望看到通过这一工作能产生一个耐盐的拟芥楠品系,并将在高盐环

---

①仲崇斌等. 盐地碱蓬基因工程研究进展. 中国生物工程杂志,2005(增):78~81.

境里生长,而不是仅在实验报告中存活。但迄今为止,人们对究竟有哪些基因控制着植物的耐盐性状仍一无所知,在这种情况下去分离并鉴定一个确切的耐盐基因,尚且是个有待解决的重大科学问题。而在不知道何为耐盐基因之前,来奢谈"克隆""转移"和"表达"则犹如瞎猫碰死耗子,其成功率无疑是极低的。

所以,就该领域研究的合理顺序来说,当务之急本来应是首先搞清楚究竟有哪些基因参与控制一种植物的耐盐生理,其次是了解这些基因的具体功能和作用机制,最后才是分离并将这些基因转入其他非盐生植物使其获得表达并提高其耐盐性状。

但长期以来,本末倒置、急功近利的人盲目进行这种跟风式的所谓转基因研究,除了制造论文数量,很难取得有价值的成果。

其实,早在1993年作者就在书中指出:真正的耐盐基因毫无疑问应当从真盐生植物中去寻找和分离。以往在非盐生作物(如水稻)中找到的那些应激性物质或基因,不可能使这些作物成为正常的盐生植物并在真正的盐碱地上正常生长。在那样的高盐环境里,盐胁迫将导致植物生长停止或死亡。对一个稳定的盐碱环境来说,作物依靠应激性功能去适应将是难以持久的。而到目前为止,如前所述,所有的耐盐作物培育工作,除了近年来时兴的一些盲目的转基因工作,其余几乎都是这种胁迫应激反应的结果。

第四节 所谓"海水稻"及其问题

最初的"海水稻"是20世纪80年代广东湛江陈日胜先生从湛江遂溪滩涂芦苇荡里发现的一株野生稻种,陈因不了解何为海水而称之为"海水稻",并进行了长时间的繁育和推广。但其实际能耐受的含盐量可能只有0.4%左右,距离海水盐度还相差甚远,称作"海水稻"不仅名不副实且极易造成误导,使人误以为该水稻真可以浇灌海水或在海里生长。陈先生就此申报的品种名称是"海稻86"。

值得注意的是,该稻种其形态、习性、产量与生境皆与遂溪城月河两岸的建新镇、城月镇及麻章区太平镇种植已逾百年,祖辈代代相传,农户留种自种,当地古已有之的特产栽培品种"长毛红米"或曰"长毛谷"非常相似,当地群众则认为它们就是同一种稻谷。鉴于长毛谷已有长期的栽培历史,又是遂溪地方特产,不能排除陈日胜在河滩芦苇荡发现的植株系栽培长毛红米的溢出种或溢出后的野化种,甚或系其原始野生种也未可知。对此应进行系统的比较研究。长毛谷也能适应所谓"海水稻"的咸淡混合水,产量为每亩150kg左右,陈日胜的所谓"海水稻"也是这一产量。本来,作为一个能耐一定盐度的当地特产稻种,在水源充足适宜其生长的低盐环境推广栽培还是很有意义的。

自 2016 年以来，有杂交稻专家及其相关公司宣称其"海水稻"可用海水生产，在相关学者指出其所谓"海水"非海水的事实后，又称"海水稻"是各种"耐盐碱水稻"的"统称"，并称其"海水稻"在含盐量为 0.6% 的咸水灌溉下，亩产高达 621kg。因语焉不详且缺乏基本的科学证据，令人难以置信。而所谓"海水稻是各种耐盐碱水稻的统称"一说，则完全不是科学语言，既不合逻辑，在科学上也是错误的。因为"耐盐碱"可以包括耐各种不同程度的盐碱，但"海水"则只能是海水，即含盐量在 3% 左右的水体，所以耐盐碱水稻可以包括"海水稻"，"海水稻"却不能泛指其他水稻。如果连这一基本逻辑常识都不遵守，其成果的可信度也就丧失殆尽了。

无论是陈日胜的"海水稻"还是遂溪特产长毛谷，在含盐量为 0.4% 左右的河道滩涂种植，且经常有河流淡水灌溉，其产量也不过每亩 150kg 左右。而有人涉足耐盐碱研究不过几年，据报竟有几十种耐盐碱水稻进行了大田实验，又能以大田规模将水稻的可耐受含盐量提高到 0.6% 以上，且产量翻了好几番，有 600 多 kg，还能在如此短的时间里进行全国范围的大规模推广种植，这都是令人惊异的超常现象。

事实上，正如本书前面介绍的，古人早在四千多年前就利用盐碱地栽培水稻，但那是在有充足的淡水资源的前提下，如业内专家所熟知的那样。如果上述专家的水稻真是用含盐量为 0.6% 的咸水全生长过程灌溉，即便不是海水且远低于海水的盐度，也是一个了不起的进展，可以称之为水稻栽培史上的一个"里程碑"。但目前还不能肯定其真实性，也缺乏关于这项工作的可靠研究报告和验证。相反，所谓"海水稻"在各地使用的灌溉水仍然是淡水而不是什么海水或咸淡混合水则是众人皆知的事实。青岛、东营等地都是采用淡水灌溉，而东营的所谓"海水稻"更是先用黄河水淡水泡田。而且，有消息称 2018 年在新疆盐碱地连续两茬种植皆未成活。所以，对这个被过分夸张地称之为"海水稻"的所谓"耐盐碱水稻"的真实耐盐能力和具体栽培情况，还需要深入观察及可靠验证。

第六章　第三条道路

纵观历史,我们可以清楚地看到:无论是对盐碱土的改良还是对传统作物耐盐性状的改良,都是一个旷日持久的艰难历程,倾注了不知多少代人的艰辛努力。人们迄今仍满怀希望,企图使盐碱土变淡,或者使作物耐盐。然而时至今日,人们在这两个方面虽取得过一定成效,却没能实现根本改观。

不仅如此,与改土相比,改作物的努力似乎更为渺茫。

我国盐碱荒漠与盐渍化耕地的面积达15亿亩,其中近6亿亩分布在农业区和耕地中。尽管某些区域的盐碱地面积通过治理已在迅速缩小,但从整体上看,盐碱地的总面积却在稳定增长着。许多已经改良了的盐碱地,也仍然潜伏着返盐的危机,面临治理时效问题。由于今天的淡水资源已经极度贫乏,大规模水利措施又将面临地下水枯竭、地面沉降和次生盐渍化问题。海水入侵灾害更是在相对繁荣发达的沿海经济区投下了阴影。

第一节　饥荒从未消失

历史表明,一切人类的饥荒,其发生的原因部分是天灾,更多的则是人祸。远离饥荒是幸运的。但在一个丧失理性和道德的物欲世界,一个被资本奴役的世界,战乱和杀戮,掠夺和盘剥,操纵和胁迫每时每刻都在这个世界不同的角落进行着,饥荒就是这种背景下的必然结果,只不过它在贫穷落后地区出现得更频繁。当人类丧失道德而疯狂追逐金钱和物质享乐的时候,就已经种下了饥荒的种子。而一旦出现世界规模的饥荒,将连国际援助都难以得到。例如世界范围的新冠疫情发生以来,很多粮食出口国宣布禁止粮食出口。

因此,对未来的考虑与其建立在能够提供足够的食物上,不如建立在不能提供足够的食物上,与其建立在风调雨顺上,不如建立在天灾人祸上。居安思危,生于忧患而死于安乐,国计民生岂能基于一厢情愿的理想呢?

第二节　饥荒周期律：距上一场饥荒越远则离下一场越近

当饥饿问题比以往更严峻地摆在我们面前的时候，当进口粮食比重越来越大，粮食增产已面临很大困难、难以承受天灾人祸的时候，当耕地继续减少，土地越来越接近其承载极限的时候，尤其当一个国家的农业生产者都是老年人，没有年轻人从事农业并乐于务农的时候，我们距离上一场饥荒已经越来越远了，但类似的灾难却可能越来越近了。如果饥荒与饥荒之间正如历史所展现的那样有一段繁荣的区间，那么今天的繁荣不正是在接近一场新的饥荒吗？

饥荒的发生取决于多种自然因素，但政治因子却更具决定性。一个时代的错误行为和治理失策，往往是饥荒发生和加重危害的重要因子。能否发生饥荒不仅取决于灾害程度，危及范围和持续时间，还取决于社会状况、防御能力及贮备多少。如果有深远谋划、得力措施和雄厚贮备，即使受灾也未必成害。

徐光启在《农政全书》中讲到了农业生产、生活的几乎所有方面之后，在讲到了如何获取丰产之后，又用最后整整十四卷的篇幅讨论灾荒、荒政以及救荒问题，将《救荒本草》收录其中。其用心远矣。

我们一直是一个重农的国家。这一最基本国策的正确性，在数千年漫长历史岁月中从未有人怀疑过。但近百年间尤其近半个世纪以来，却经常有人认为这是中国落后的原因。改革开放之初，这种看法还曾盛极一时。然而事实一直在说明而且将继续说明：重视农业是中国富强稳定的根本基础。对农业的轻视带来的只能是灾难性的后果。

今天，我们的人口已达 14 亿，人均耕地只有 1.3 亩左右，而优良耕地多分布在城镇周边，在城市化的过程中急剧减少。农业事实上相当脆弱，很难承受天灾震动。在此背景下，即使只看眼前，寻找足够的食物来源也是紧迫的现实需求，它甚至决定了国家的安危。

到哪里去寻找足够的食物来源？

第三节　盐生植物用于防止饥荒

我国虽然有面积广大的盐碱地，但对盐碱地的治理一直徘徊不前。次生盐渍化土地面积没有减少，反而在扩大，黄淮海平原盐碱地治理取得了举世瞩目的伟大成绩，但也引发了淡水枯竭、地面沉降、海水入侵及重新返盐等诸多严重问题。

面对辽阔的盐碱荒地,如何使其生产食物?

饥饿的威胁紧随在我们走向现代化的身后,我们需要更多的粮食,需要盐碱地为我们提供食物。千百年来,人们在改土降盐和提高作物耐盐能力这两条路上艰难跋涉。但除了这两条路,是否还有别的途径?

在植物由海至陆的演化历程上,位于海陆过渡带的滨海盐碱滩涂是必经之地。因此,无论由海至陆还是由陆至海,滩涂盐生植物都是不可或缺的环节。若由海至陆,第一批陆生植物首先是滩涂盐生植物。而若由陆至海,则第一批海洋植物也首先是滩涂盐生植物。

假如从海洋植物到盐生植物到耐盐植物到淡土植物在进化序列上是连续的,在自然生态环节上也应该是连续的。(图6-1)

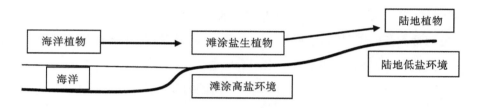

图6-1 植物从海洋向陆地进化的盐环境变化途径

所以,如果生命源于海洋,则陆地植物必先是盐生植物。这些盐生植物是盐碱环境的适应者,盐碱土壤是其适宜的生长环境,不需人为改变土壤的含盐量;盐生植物对盐碱土来说则是最适宜的植物,也不需人为提高其耐盐能力。

内陆荒漠因淡水资源贫乏经常导致土壤和水体盐碱环境的发育,这种低渗透势、高含盐量的自然地理背景,成为干旱半干旱地区传统农业的致命限制。一般在较大尺度上,企图以工程手段改变这种自然地理背景往往是徒劳甚至是有害的。而传统作物由于历史的原因,几乎全部来源于淡土植物,这又导致面积广大的盐碱环境不适合传统作物的生长,从而限制了传统农业的自然地理分布,使传统农业难以满足日益增长的需求。

对天然盐生植物的作物化筛选和驯化利用,促进了盐生作物和盐碱农业的产生与发展。这种崭新的区域农业显示出其深远的社会经济意义和自然地理功能,在沿海和内陆荒漠区的实验研究与开发推广,将对未来的食物安全保障以及荒漠生态系统的恢复或重建具有重大价值。

因此,如果某些盐生植物能够成为食物并被开发成新的经济作物,则将导致革命性的变化,对缓解人类的粮食短缺做出贡献。

这些盐生植物可以直接替代部分粮食,可以作为副食品、蔬菜、营养品以及油料、饲料和其他经济作物,从而腾出淡土资源种植更多谷物,收获更多的粮食。它也可以作为饲料对食物增产做出间接贡献。

如果盐生植物能成为人类的食物,就不必花费巨大人力物力和时间,去改造盐碱地或强迫传统作物适应盐碱环境了。

天然盐生植物的确具有多种利用价值,有的营养价值高,可供食用,有的可做饲料,有的可做药材,有的则可开发出多种经济产品或具有不可替代的生态环境功能。

盐生植物生长在传统作物无法生长的高盐碱环境,不与传统作物争地,甚至不需淡水灌溉,有的则可灌溉咸水和海水,从而不与传统作物争水。盐生植物的这些生理特性,使其具有巨大潜在价值和优势。只要加以作物化利用,解决栽培、管理与产品加工技术,这些盐生植物就能直接利用面积巨大的盐碱地,提高人类的粮食供应能力。

值得庆幸的是,经过长期的不懈努力,我们找到了一些这样的植物,其中碱蓬属的两个种碱蓬和盐地碱蓬,已经初步实现了作物化并形成了一定的产业基础。

第四节 《救荒本草》的历史远见

能长庄稼的土地就是好土地。

在农业出现之前,所有的作物都不过是些野草,土地也没有好坏之分。神农氏尝百草而有农医,农业的发端就是从种植那些可食用的野草开始的。

因为能吃、好吃且有一定的产量和营养,人们就选择了它们,栽培了它们,一代一代地改良了它们,经过上万年的农业实践,今天的作物与它们当年的亲本已经相差甚远了,它们的性状也更符合人类的期望。有意思的是,古今中外的所有作物,不管它们在形态和习性上有多么巨大的差异,它们适于生长的土地却都是淡土。正是这一点注定了盐碱地的命运,注定了它在数千乃至上万年的岁月中始终被视为荒漠,因为它不能长庄稼,而人们对庄稼的理解往往限定为传统的淡土植物。

神农氏没有选择一种可食用的盐生植物作为作物,可以说是个历史性的失误。随着人口增多,耕地减少,盐碱地面积不断扩大,其不良后果也就越来越严重了,因为它使人类的食物来源受到限制,使辽阔的盐碱荒漠不能为抗拒饥饿发挥应有的作用,使人们的目光始终局限在传统的淡土作物上。

提供更多、更充足的粮食是每个农民的愿望,也是国家领导人的愿望,更是时代的愿望。人们可以把这种愿望和着汗水心血一代一代地种在土地上,但是愿望能不能长成果实就不完全由人决定了。

在古代,人们认识到灾荒年景是不可避免的,所以善治国善持家者,都要在丰年时留下尽量多的贮备,以防不测。但是凭借这一常规做法,有时也并不足以自保。人口负荷越来越重的时候,耕地匮乏,产量有限,一日三餐又不能缺,若管理不善,贮备拮据,应付饥荒的能力也就愈加降低。一遇规模较大、时间较长的灾害,就难免出现无粮的困境。在这种情况下,家无存粮,作物不能依靠,我们吃什么呢? 我们靠什么维持生命呢?

正如卞同所说,"于饱食暖衣之际,多不以冻馁为虞,一旦遇患难,则莫知所措,惟付之于无可奈何。故治己治人,鲜不失所"①。六百多年前,贵为周王的朱橚②,身为太祖朱元璋第五子,封有邦域,国于开封,衣食不愁,却心忧天下。

这位皇子深入乡野,四处访问老农,广泛搜集可食野菜,一一加以验证。他亲自栽培观察,详加论述,请人绘成图形,集四百余种植物,于永乐四年(1406年)刻版问世。这部书就是《救荒本草》。

《救荒本草》分上下两卷,收植物414种,每种植物都附有插图,其中取自前代本草著作的138种,新增276种。分草部245种,木部80种,米谷部20种,菜部46种,果部23种。对每种植物先述分布地点,次言生态特征、形状,最后是救荒食用方法。有的植物还列有治病项目。书自问世以来即被反复刊印。嘉靖四年(1525)晋人李濂再刻,嘉靖三十四年(1555)晋人陆柬三刻,嘉靖四十一年(1562)四川胡乘刊印收录植物112种的缩减本,万历十四年(1586)四刻,收草木411种,万历二十一年(1593)胡文焕刊行《新刻救荒本草》收录其中112种植物,崇祯十二年(1639)《农政全书》收录《救荒本草》全书。明清以来,《救荒本草》在历次渡荒救饥中发挥了难以估量的作用。它还对植物学、药物学产生了广泛而深远的影响。

德川幕府统治时期的日本大饥荒不断,《救荒本草》的传入为日本人民渡荒自救提供了有效的指南,受到日本人民的广泛欢迎,对日本的学术界更是产生了深远的影响。《救荒本草》于1690年前传入日本,不但内容符合陷入饥饿中的日本救荒的迫切需要,而且以"记事适切,绘图精致"的植物学描述受到日本学者的强烈关注③。

卞同在《救荒本草》初版序中说:"植物之生于天地间,莫不各有所用,苟不见诸载籍,虽老农老圃,亦不能尽识。"

作者深刻洞察到凡天下的植物都有它的用处,如果不予以记载,就连老农老圃也不能都认识或知道。因此辨别并记载那些好植物,使它们的用处能为人所知,一旦见用于灾荒年景,给人带来的功利就不是药物所能相比的了。这是人类历史上第一部为

①见《救荒本草·卞同序》。
②朱橚,约生于1362年,洪武三年(1370)封吴王,十一年改封周王,十四年就藩于开封,卒于洪熙元年(1425),谥定,《明史》卷一百十六有传。
③罗桂环.《救荒本草》在日本的传播.中华医史杂志,1985(1):60~62.

那些因粮食绝收、贮备告罄而陷入饥饿中的人们提供的自救指南,是一部关于没有了粮食靠什么活下去的实用经典。只要人类不能永远根除饥荒,这部书就将超越时代,具有永久的价值。不仅如此,这部伟大著作收载了丰富的可食植物,使它事实上成为一部栽培作物的后备种质资源。筛选这些野生植物,使之成为新的栽培作物,会给未来的农业带来无穷的利益。在饥荒的时候,它是一部求生宝典,在太平年景又是一座扩展农业领域的资源宝库。既然所有的栽培作物都源于野生,那么《救荒本草》所记载的四百余种"野草",如果条件适宜,又有什么理由不会成为作物呢?

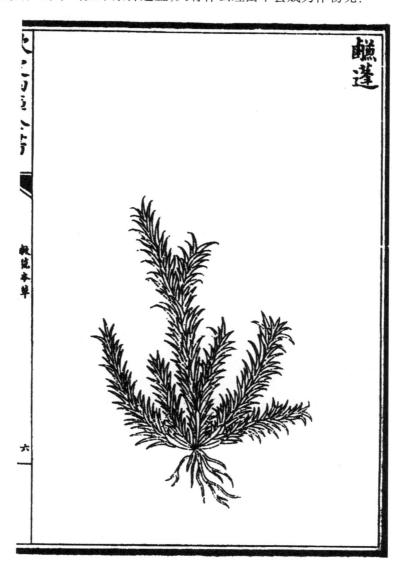

图6-2　《救荒本草》中的碱蓬图

　　如果说神农没有选择一种盐生植物作为作物栽培是一个历史性的失误,那么朱橚记载了碱蓬这一种真正的盐生植物,以解救人民的饥苦,却是一个极富历史远见的行动。这一被民间长期食用的野草,第一次进入文献,一方面在历次饥荒中发挥着自己的作用,一方面又在默默等待着一次机遇。这次机遇将是一场历史性的转折,从此,盐碱地被视为荒漠的历史也许将永远结束。

植物之生于天地间，莫不各有所用。

——《救荒本草·序》

下 篇

天生我材必有用——

碱蓬属植物生物学及其作物化

第七章　碱蓬研究概述

第一节　关于碱蓬的早期记载

关于碱蓬的文字记载见于宋朝曾巩《隆平集》："西北少五谷……其民则春食鼓子蔓、酸蓬子……"其中"酸蓬子"或系碱蓬籽。

碱蓬味咸，各地叫法颇多。若"酸蓬"是碱蓬别名，则自宋至今已近千年，可见其民间食用史之悠久。但因该记载既无具体植物描述，更无图形，尚难定论。

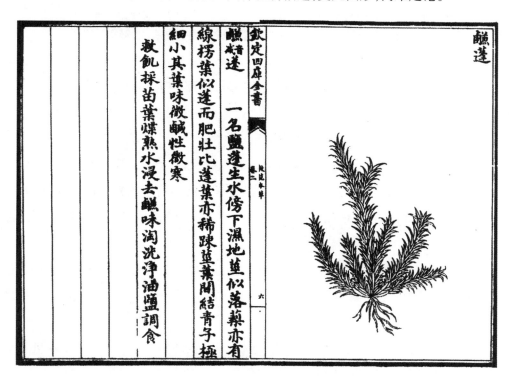

图 7-1　《救荒本草》的记载与碱蓬图

永乐四年（1406）周王朱橚《救荒本草》初版，首次对碱蓬进行了较全面的描述并绘制生物图形，成为世界上第一篇关于碱蓬的科学文献和准确记载，也才有了世界第一幅碱蓬形态图。《救荒本草》首次报道："碱蓬，一名盐蓬。生水傍下湿地，茎似落藜,亦有线楞。叶似蓬而肥壮,比蓬叶亦稀疏。茎叶间结青子,极细小,其叶味微咸,性微寒。救饥:采苗叶煤熟,水浸去咸味,淘洗净,油盐调食。"这是人类史上第一篇关于碱蓬的科学文献。

此后近六百年间,关于这一植物的文献记载十分罕见。

而《本草纲目》引自《救荒本草》的植物很多,未收录或因《救荒本草》对碱蓬只有"叶味微咸,性微寒"和可"油盐调食"的记述,而没有具体医学应用的记载。直至清赵学敏著《本草纲目拾遗》,才收录了碱蓬,并增"清热、消积"四字。

清道光二十八年(1848)吴其濬著《植物名实图考》第十二卷湿草类收"碱蓬",但无《本草纲目拾遗》的药效记载,增加了"山西碱地多有之"的分布记录。其所绘图画临摹自《救荒本草》,失真较大。

至《药性考》则增加了更为详细的资料,称"盐蓬、碱蓬二种,皆产北直咸地,土人割之,烧灰淋汤,煎熬得盐,其叶似蒿,圆长,至秋时茎叶俱红。烧灰煎盐,胜海水煮者"。此处的盐蓬、碱蓬当是《中国植物志》碱蓬属植物中的盐地碱蓬和碱蓬。

第二节　现代碱蓬研究进展

民国十年(1921),谢观等人编著《中国医学大辞典》第四卷中收录碱蓬,称:"盐蓬、杂草类,产于直隶海滨地。叶似蒿,圆长,至秋时,茎叶俱红。采之烧灰煎盐,胜海水煮者。性质:咸凉无毒;功用:清热、消积。"这里所述的植物据特征应是盐地碱蓬。其产地缩小到河北滨海,但增加了"无毒"二字,其余皆《救荒本草》《纲目拾遗》《药性考》之引述。

昭和十五年(1940)《日本植物图鉴》(牧野富太郎著)碱蓬条下还有可供食用的记述(图7-2),反映了《救荒本草》在日本影响之深远。其所绘之图乃碱蓬,而非盐地碱蓬。

对碱蓬的早期研究主要集中在分类、地理群落、生理和化学分析领域,20世纪五六十年代还有几篇碱蓬用于猪饲料的研究论文。

1972年《中国高等植物图鉴》第一册出版,共收录3种碱蓬,但将盐地碱蓬误为"翅碱蓬(黄须菜)",碱蓬则误用"灰绿碱蓬"的异名。因发行量巨大,该错误传播甚广。虽然1982年在其补编中的"碱蓬属植物的分种检索表"中删除了"翅碱蓬"和"灰绿碱蓬",代之以"盐地碱蓬"和"碱蓬"的正确名称,但因未对正编直接修正,没有起到应有的纠错作用。

1979 年《中国植物志》第 25 卷第二册第一次全面记述了中国碱蓬属植物 20 种 1 变种，并编制分种检索表，绘制精美图形，对中国碱蓬属植物进行了详细的分类和分布研究，辨析并纠正了前人的一些种的分类鉴定错误，奠定了碱蓬分类研究的基础。但仍遗留了一些问题有待进一步研究解决。例如硬枝碱蓬是一年生还是多年生，纵翅碱蓬与刺毛碱蓬的关系，高碱蓬与碱蓬的关系等。

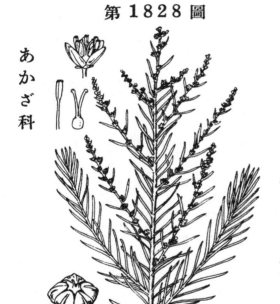

第 1828 圖

あかざ科

まつな（鹹蓬？）

Suaeda asparagoides *Makino*
(=Salsola asparagoides *Miq.*;
Schoberia maritima *C.A.Mey.*
var. asparagoides *Franch.et Sav.*)

暖地ノ海邊砂地ニ生ズト雖モ又時ニ圃中ニ栽培セラルル緑色無毛ノ一年生草本ナリ。莖ハ直立シテ分枝シ、圓柱形ヲ呈シ能ク成長セシ者ハ頗ル大形ト成ル、高サ凡1mニ及ビ枝ハ細長ニシテ斜出或ハ開出ス。葉ハ多数ニシテ密ニ互生シ、狭線形ニシテ長サ1-3cm以外、其他鮮緑其觀頗ル美ナリ。夏秋ノ間、上部ニ穗ヲ成シテ多数ノ緑色小花ヲ着ク。花ハ短梗ヲ有シ、單生或ハ双生シ、花下ノ三苞ハ膜質ニシテ微小ナリ。萼ハ五深裂シ、裂片ハ長卵形ナリ。五雄蕊アリテ萼ヨリ長シ。卵圓形子房ノ頂ニ二花柱アリ。胞果ハ略ボ球状卵形ニシテ宿存萼ヲ伴ヒ萼背ハ稜脊ヲ成ス。種子ハ黒色ニシテ碁石状ヲ成シ螺回セル胚ヲ有ス。嫩葉ヲ採リ茹デテ食用ニ供ス。和名ハ松菜ノ意ニシテ其葉状ニ基キテ斯ク云フ。

图 7-2　《日本植物图鉴》有关碱蓬的记述

1980 年《辞海》生物分册记载：“碱蓬（*Suaeda glauca*），藜科。一年生草本。叶肉质，线形，甚密。秋季开花，花小型，簇生于叶腋。果实包于多汁、有隆脊的花被内。产于我国北部，亦见于朝鲜、日本和苏联西伯利亚东部。为碱土指示植物。可烧灰提碱；种子可榨油。”

1986 年的《中药大辞典》汇集历史文献，收录并增加了现代分类及分布方面的记述：

“碱蓬【异名】盐蓬（《救荒本草》）【基原】为藜科植物灰绿碱蓬的全草。【原植物】灰绿碱蓬 *Suaeda glauca* Bge. 一年生草本，高 30 ~ 150 厘米，茎直立，有条纹，上部多分枝；枝细长，斜伸或开展。叶无柄，线形，长 1.5 ~ 5 厘米，宽 1.5 厘米，先端尖锐，灰绿色，排列稠密，光滑或微被白粉；茎上部的叶渐变短。花两性，单生或通常 2 ~ 5 朵，有短柄，排列成聚伞花序；小苞片短于花被；花被 5 片，长圆形，先端钝圆，肥厚，背部有隆脊;雄蕊5,花丝很短;雌花的花柱伸出较长,雌花所生的果实完全包于多汁有隆脊的花被内,两性花所生的果实呈球形,顶端露出,花期7—8月,果期9—10月。生长于海滩、河谷、路旁、田间等处盐碱土壤上。分布东北、西北、华北和江苏、山东、河南等地。"①其余仍与《救荒本草》《本草纲目拾遗》《药性考》记述相同。

其中"灰绿碱蓬 *Suaeda glauca* Bge."的名称沿袭了1972年出版的《中国高等植物图鉴》的名称,实际应是《中国植物志》第25卷第二册的"碱蓬 *Suaeda glauca* Bge."的异名。

2018年,邢军武报道了碱蓬属植物一个新种:垦利碱蓬 *Suaeda kenliensis* J. W. Xing(2018)②。

同年,邢军武对碱蓬属植物的碱蓬与高碱蓬、刺毛碱蓬与纵翅碱蓬进行研究,发现其为同物异名,进行了纠正与合并③。

2019年,邢亦谦、邢军武对碱蓬属植物研究中的分类学错误进行了系统梳理和纠正④。

第三节　碱蓬属植物的作物化

碱蓬第一次见诸文字记载,就是基于其可食性,它是民间长期食用的野菜和救荒时的野生食物来源。但长期以来,碱蓬仍然停留在野生植物资源的行列。虽然陆续有零星文献报道了其作为野生油料、饲料植物的利用价值,甚至有相关营养成分分析,却始终未能使其摆脱野生资源的身份,完成向作物化转变。

1988年,邢军武在中国植物学会五十五周年年会发表文章,提出碱蓬属植物的作物化利用和生态应用⑤。

1991年,邢军武提出在海水入侵区域治理中直接利用盐碱地栽培和发展碱蓬作物。⑥

---

①江苏新医学院.中药大辞典.上海科学技术出版社,1986.
②邢军武.垦利碱蓬——碱蓬属植物一新种.海洋科学,2018,9:51~54.
③邢军武.中国碱蓬属植物修订.海洋与湖沼,2018,6.
④邢亦谦,邢军武.中国碱蓬属植物研究中的分类学错误.海洋科学,2019,5:97~102.
⑤邢军武.胶州湾碱蓬属植物的经济价值和生态意义//中国植物学会五十五周年年会论文摘要汇编.1988:490.
⑥邢军武.碱蓬植物在海水入侵区域治理中的作用//论沿海城市减灾与发展.地震出版社,1991.

1993 年,邢军武著《盐碱荒漠与粮食危机》出版,对碱蓬属植物的作物化进行了全面研究,通过盐地碱蓬与优良动植物蛋白及其营养价值的比较研究,确定了其优质食物的地位,开展了作物化研究,提出了盐碱农业的产业方向以及碱蓬植物用于生态及盐碱尘暴治理的技术①。

1996 年,邢军武在青岛市火炬计划项目支持下,实现碱蓬大规模作物化生产并取得成功。研发了碱蓬、盐地碱蓬系列蔬菜、保健食用油、亚油酸制剂等综合产品产业技术②。上述成果经青岛市科学技术委员会主持鉴定,获国际领先鉴定结论。

①植株的一个小枝;②两性花;③两性花所结果实;④雌花;⑤雌花所结果实。

图 7 - 3　碱蓬(*Suaeda glauca* Bge.)

1997 年,邢军武申请了"野生碱蓬的人工栽培方法"发明专利,成为世界首个有关碱蓬的专利,建立了碱蓬作物化的人工栽培技术。

1999 年、2001 年,邢军武分别发表《新农业革命——盐碱农业的现状、前景和未

---

①邢军武. 盐碱荒漠与粮食危机. 青岛海洋大学出版社,1993.
②时任中国科学院海洋研究所党委书记、副所长李光友,党委委员、室主任刘发义携邢军武研究资料至海洋局一所组建活性物质实验室和公司生产共轭亚油酸。

来》《盐碱环境与盐碱农业》两篇论著,定义并建立了以盐生作物碱蓬为代表的盐碱农业的理论与技术体系。

自此,碱蓬与盐地碱蓬作为真正意义上的盐生作物进入农业领域,成为高盐环境盐碱农业的先锋作物。它可以像传统作物一样,在人类控制下栽培、繁殖和收获,为人类提供食物、药物和工业原料。

第四节 碱蓬的产业开发

从北宋《隆平集》以来,有文字可考的碱蓬食用历史已近千年。明代更是将碱蓬作为备荒野菜,列入《救荒本草》并详细记载了其形态习性和具体的加工食用方法。这也是最早的碱蓬加工技术记录。此后的文献则增加了用于制取食盐的技术,并称用碱蓬灰煮盐胜海水煮者。可知当时河北、河南、山东一带的百姓可用盐碱环境生长的碱蓬植物烧成的灰生产食用盐和碱。

此外,西北地区历史悠久的拉面,则是用碱蓬灰作为面粉改性剂获得足够的抗拉性。华北民间还将碱蓬属植物的盐地碱蓬、碱蓬作为补充饲料,用于喂猪和饲喂牛羊。在20世纪60年代,从辽河口到黄河口、淮河口,从河北、山东到江苏,无数沿海和内陆盐碱地区的百姓曾靠碱蓬战胜大饥荒。

图7-4 碱蓬蔬菜和高级食用油等系列产品(邢军武摄)

许多盐碱地区的百姓还用野生碱蓬籽榨油食用,榨油后的粕饼则作为重要饲料和肥料。有零星文献提到碱蓬作为饲料、油料和碱蓬油用于制肥皂、油漆等。20世纪50年代至90年代陆续有一些关于碱蓬成分的分析报道,其中比较重要的有:张普庆等测定了盐地碱蓬的脂肪酸成分,梁寅初测定了盐地碱蓬的氨基酸及其分子量。在此基础上,1993年邢军武对盐地碱蓬所含的人体必需氨基酸与多种优质动植物蛋白质进行了比较,发现盐地碱蓬所含的氨基酸比多种优质动植物蛋白更符合人类的营养生理,也更优秀。

图 7 - 5　碱蓬加工车间（邢军武摄）

图 7 - 6　2017 年 6 月 8 日《日本农业新闻》对本书作者的报道

1996—1997 年邢军武完成了碱蓬与盐地保鲜蔬菜、脱水蔬菜、腌渍蔬菜、蔬菜粉等蔬菜系列产品和保健食用油、亚油酸产品的研发,探索了盐地碱蓬所含的必需氨基酸制剂的研发。碱蓬蔬菜产业先后在江苏、山东、山西、河北、辽宁、内蒙古、新疆等省区得到推广并形成了产业。

第五节　生态和环境治理的应用推广

20 世纪 80 年代赵柯夫等通过实验室受控实验证实了盐地碱蓬可以显著降低土壤的含盐量。因此,碱蓬属盐生植物可以用于盐碱地的生物改良,使土壤含盐量降低到传统作物能够生长的程度。该结论已在高盐区域和土地整理方面获得应用。

1991 年邢军武报道盐地碱蓬在海水入侵区域用于次生盐渍化的治理和作物化利用。

1993 年邢军武提出了碱蓬属植物在高盐环境生态修复、环境绿化、盐碱荒漠治理和盐碱尘暴的防治以及高盐环境污染治理、生态修复、石油污染修复等方面的应用。

随后,碱蓬属植物用于高盐环境污染治理和高盐环境重金属污染的研究日益增多。2003 年以来,邢军武关于碱蓬属植物用于盐碱尘暴治理的技术也在内蒙古、河北、新疆等省区裸露的盐碱荒漠区和干涸盐湖盆地得到大规模推广应用,对控制盐碱粉尘形成盐碱尘暴起到了不可替代的作用。与此同时,盐地碱蓬的人工栽培也在辽河口红海滩修复中发挥作用,使海洋生态景观得以维持。

2014 年以来,盐地碱蓬和垦利碱蓬在我国沿海潮间带滩涂和海湾湿地生态修复、碱蓬红海滩植物景观构建方面获得大规模推广应用。

第六节　相关研究文献的增多

由粗略的文献统计即可看出,关于碱蓬属植物的研究文献,从 20 世纪 90 年代末开始迅速增多。其中一个主要原因是自《盐碱荒漠与粮食危机》第一版于 1993 年出版以来,许多地方和国家级的科研计划,包括海洋 863 计划等项目,均对有关碱蓬属植物的研究给予支持,使得碱蓬属植物研究迅速升温,有关碱蓬的研究从罕为人知的冷门一变而为显学。进入 21 世纪以来文献数量增加迅速(图 7 - 7),这说明碱蓬属植物正在受到应有的重视,它的价值正在被认可并得到广泛开发。

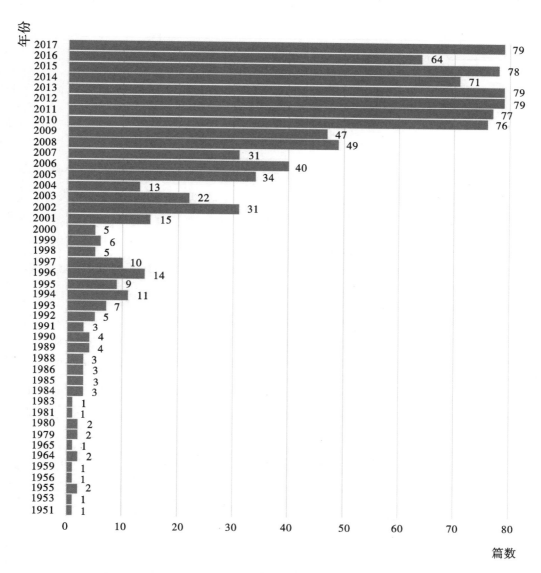

图 7-7　自 20 世纪 50 年代以来有关碱蓬属植物的中文文献粗略统计

第八章　碱蓬属植物分类

以往认为藜科(*Chenopodiaceae*)碱蓬属(*Suaeda* Forsk. ex Scop.)植物 100 余种,分布于世界各地的海滨、潮间带、盐碱荒漠、内陆盐湖与咸水湖边、干涸盐湖盆地及各种盐碱环境中。1979 年出版的《中国植物志》第 25 卷第二册记录了中国碱蓬属(*Suaeda*)植物共有 20 种和 1 变种。主要生长于新疆、西藏和北方各省以及南方的广东、广西、福建、台湾、江苏、浙江和海南等地[①]。2018 年邢军武对《中国植物志》碱蓬属(*Suaeda*)长期存在的一些分类错误进行了纠正。将其中的高碱蓬 *S. altissima*(L.)Pall. 合并入碱蓬 *S. glauca*(Bunge)Bunge,纵翅碱蓬 *S. pterantha*(Kar. et Kir.)Bunge 合并入刺毛碱蓬 *S. acuminata*(C. A. Mey.)Moq. ,同时增加了垦利碱蓬(新种)*S. kenliensis* J. W. Xing sp. nov. [②]。由此将中国碱蓬属(*Suaeda*)植物从原来的 20 种,变更为 19 种。同时重新修订了中国碱蓬属(*Suaeda*)植物的分种检索表,使中国碱蓬属(*Suaeda*)植物的系统分类趋于完善。为《中国植物志》的修订和碱蓬属(*Suaeda*)植物分类及其深入研究与开发利用提供了依据[③]。

我国的碱蓬属植物全部是盐生植物,具有重要的生态和经济价值。如其中的盐地碱蓬 *Suaeda salsa*(L.)Pall. 和碱蓬 *S. glauca*(Bunge)Bunge,已被中国科学院海洋研究所于 20 世纪末成功筛选为盐生作物,从而形成了以盐生作物为栽培对象的新兴盐碱农业产业和盐碱环境生态修复产业[④]。

第一节　碱蓬属植物的分类特征

该属植物一年生或多年生;草本、亚灌木或灌木。一般无毛,稀有短柔毛,或有蜡粉。叶肉质,圆柱形或半圆柱形,稀棒状,无柄或具短柄。花两性或兼有雌性,常数个团集,生叶腋,每花下各具 2 鳞片状膜质小苞片。花被球形或坛状,稍肉质,5 深裂或

---

①中国科学院中国植物志编辑委员会. 中国植物志(第 25 卷第二册). 科学出版社,1979:115~135.
②邢军武. 垦利碱蓬——碱蓬属植物一新种. 海洋科学,2018.
③邢军武. 中国碱蓬属植物修订. 海洋与湖沼,2018,6.
④邢军武. 盐碱环境与盐碱农业. 地球科学进展,2001,16(2):257~266.

浅裂,裂片常兜状,果时背面膨胀,增厚或延伸成角状或翅状突起,雄蕊与花被裂片同数,花丝扁,花药长圆形或近球形,先端无附属物;柱头2~3,稀4~5,丝状,稀锥状,花柱很短。胞果,果皮膜质,与种子贴伏。种子横生或直立,双凸镜状,肾形、卵形或近圆形;种皮薄壳质或膜质;胚平面盘旋状,细瘦,无外胚乳或少量胚乳。染色体基数 x = 9。

第二节　中国碱蓬属植物种的修订

自从孔宪武等人(1978)及《中国植物志》第 25 卷(1979)给出了碱蓬属(*Suaeda* Forsk. ex Scop.)植物的分种检索表,并记载了中国共有碱蓬属植物 20 种 1 变种以来,由于碱蓬属(*Suaeda*)植物作为盐碱荒漠的特有植物类群,其生长环境的特殊性和植物形态的变异性,以及采集观察的不便,分类专家多依赖不完整的干标本进行鉴定,给分类工作造成很大困扰。因此,1979 年出版的《中国植物志》虽然已经初步完成了中国的碱蓬属(*Suaeda*)植物的基础资料整理和种类鉴别,纠正了很多前人的错误,取得了突出的成就,但仍存在和遗留了很多问题。其中,硬枝碱蓬 *S. rigida* Kung et G. L. Chu 是否一年生没有定论,高碱蓬 *S. altissima*(L.)Pall. 和纵翅碱蓬 *S. pterantha*(Kar. et Kir.)Bunge 作为独立的种证据不足。2018 年邢军武发现并报道了碱蓬属(*Suaeda*)植物的一个新种(邢军武,2018),并对中国碱蓬属(*Suaeda*)存在的上述分类错误予以纠正,同时对中国碱蓬属(*Suaeda*)植物的分种检索表做了修订。

1. 高碱蓬 *Suaeda* altissima(L.)Pall.　合并于碱蓬 *Suaeda glauca*(Bunge)Bunge

高碱蓬 *S. altissima*(L.)Pall. 与碱蓬 *S. glauca*(Bunge)Bunge 的区别是:前者种子直立,直径不超过 1.5mm,花被果时不呈星状;而后者则种子横生或斜生,直径约 2 毫米,花被果时呈五角星状。

但碱蓬 *S. glauca*(Bunge)Bunge 的果实并非只有五角星状,其种子也有小于 2mm 和 1.5mm 的。从《中国高等植物》的碱蓬 *S. glauca*(Bunge)Bunge 分类图可以清楚看到不同形态的碱蓬被果,其中有五角星形,也有与《中国植物志》高碱蓬 *S. altissima*(L.)Pall. 相似的被果(图 8 - 2)(傅立国等,2000;邢军武,2018)。

此外,2014 年在中国科学院 STS 高耐盐经济植物筛选与规模化繁育基地对这两种碱蓬属(*Suaeda*)植物进行了实际种植,经过对比也未能发现可区分的特征,应属同一种植物。

因此,我们认为应将高碱蓬 *S. altissima*(L.)Pall. 并入碱蓬 *S. glauca*(Bunge)Bunge。

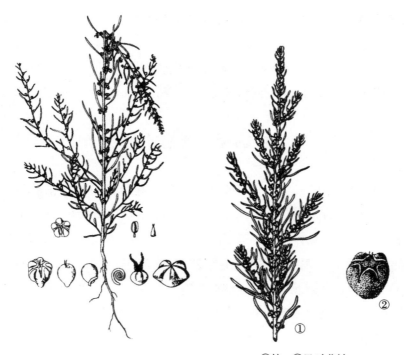

①枝　②果时花被

图 8 - 1　碱蓬 *S. glauca*（Bunge）Bunge（左图）与高碱蓬 *S. altissma*（L.）Pall.（右图）

（左图引自《中国高等植物》,右图引自《中国植物志》）

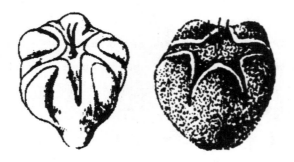

图 8 - 2　图 8 - 1 中碱蓬 *S. glauca*（Bunge）Bunge 的非五角星花被（左）

与高碱蓬 *S. altissima*（L.）Pall. 的花被（右）放大对比

2. 纵翅碱蓬 *S. pterantha*（Kar. et Kir.）Bunge 并入刺毛碱蓬 *S. acuminata*（C. A. Mey.）Moq.

纵翅碱蓬 *S. pterantha*（Kar. et Kir.）Bunge 与刺毛碱蓬 *S. acuminata*（C. A. Mey.）Moq.,都有花被裂片的背面具翅状纵隆脊的特征;其区别是:

（1）纵翅碱蓬 *S. pterantha*（Kar. et Kir.）Bunge 无刺毛,刺毛碱蓬 *S. acuminata*（C. A. Mey.）Moq. 则有易脱落的刺毛;

（2）纵翅碱蓬 S. pterantha（Kar. et Kir.）Bunge 翅状纵隆脊纵贯花被全长，刺毛碱蓬 S. acuminata（C. A. Mey.）Moq. 翅状纵隆脊仅位于花被裂片近先端，并向前倾。

对此，《中国植物志》（1979）曾指出："近来苏联学者将本种并入刺毛碱蓬 S. acuminata（C. A. Mey.）Moq.，但 Kar. et Kir. 的原始记载记有：花被片背面具纵贯花被全长的翅状隆脊，叶先端尖（未提有刺毛），这两点特征都与刺毛碱蓬明显不同。因此，我们认为本种仍应独立。"

但《中国植物志》显然忽略了刺毛碱蓬 S. acuminata（C. A. Mey.）Moq. 具有易脱落的刺毛这一特点。考虑到刺毛碱蓬 S. acuminata（C. A. Mey.）Moq. 的刺毛容易脱落，标本采集、运输和保存过程中难免使标本失去刺毛。而纵翅碱蓬 S. pterantha（Kar. et Kir.）Bunge 的翅状纵隆脊纵贯花被全长，与刺毛碱蓬 S. acuminata（C. A. Mey.）Moq. 仅位于花被裂片近先端，并向前倾的特征，可以因所采标本处于不同发育阶段而造成差异（图 8 - 3）。

图 8 - 3　**刺毛碱蓬 S. acuminata（C. A. Mey.）Moq. 形态①和花被②，③为纵翅碱蓬**
S. pterantha（Kar. et Kir.）Bunge 的花被（引自《中国植物志》）

图 8 - 4 照片清楚显示刺毛碱蓬 S. acuminata（C. A. Mey.）Moq. 的肉质花被和成熟花被其纵翅状纵隆脊皆纵贯花被全长而不是仅位于花被裂片近先端。因此，我们认为纵翅碱蓬 S. pterantha（Kar. et Kir.）Bunge 缺乏作为种的分类依据，现有与刺毛碱蓬 S. acuminata（C. A. Mey.）Moq. 相区别的特征是不可靠和不充分的。同时，《中国植物志》只描绘了纵翅碱蓬 S. pterantha（Kar. et Kir.）Bunge 的一个花被图，而该图与刺

毛碱蓬 *S. acuminata*(C. A. Mey.) Moq. 的花被图也没有显著差异(图 8-3)。据此,纵翅碱蓬 *S. pterantha*(Kar. et Kir.) Bunge 不应作为一个独立的种,而应并入刺毛碱蓬 *S. acuminata*(C. A. Mey.) Moq. 。

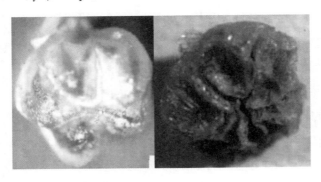

(左系肉质花被,右为成熟花被,其翅状纵隆脊纵贯花被)

图 8-4 刺毛碱蓬 *S. acuminata*(C. A. Mey.) Moq. 的花被照片(丁效东等,2010)

3. 垦利碱蓬(新种)*Suaeda kenliensis* J. W. Xing sp. nov

8-5 垦利碱蓬(新种)*Suaeda kenliensis* J. W. Xing sp. nov(邢军武绘)

垦利碱蓬(新种)*Suaeda kenliensis* J. W. Xing sp. nov(图 8-5)首先发表于《海洋科学》2018 年 9 期。该种直立,叶基部具结节,与南方碱蓬 *S. australis*(R. Br.) Moq. 相近,但系一年生半灌木,叶子通常长 2~7cm,种子具圆盘状和卵形两种形状,直径 2~3mm,无不定根,而与后者不同。生山东莱州湾垦利海域潮间带泥滩,周期性为海水淹没,近岸海水盐度为 2.5%,滩涂盐含量 6% 甚至以上(邢军武,2018)。

第三节　中国碱蓬属植物分种检索表(修订)

截至 2018 年,修订后的中国碱蓬属($Suaeda$ Forsk. ex Scop.)植物为 19 种 1 变种。

1. 团伞花序生叶基部,总花梗与叶柄合并成短枝状,外观似花序着生在叶柄上[1. 柄花组 Sect. Schanginia(C. A. Mey.)Valkens]

2. 多年生半灌木

4. 叶通常长 3~5mm,基部骤缩,着生处不膨大;花被裂至中部(新疆)

　　……………………………………… 1. 小叶碱蓬 $S.$ $microphylla$ Pall.

4. 叶通常长 5~15mm,基部渐狭,着生处稍膨大;花被裂至近基部(新疆)

　　……………………………… 2. 木碱蓬 $S.$ $dendroides$(C. A. Mey.)Moq.

2. 一年生草本

5. 种子横生或斜生,直径 2mm 左右;花被果时通常呈五角星状;叶丝状条形,半圆柱状,通常长 1.5~5cm,宽约 1.5mm(东北、华北、西北、华中、华东)

　　……………………………………… 3. 碱蓬 $S.$ $glauca$(Bunge)Bunge

5. 种子直立,直径不超过 1.5mm,表面具颗粒状凸点,无光泽;花被果时不呈星状;叶条形扁平,宽 1.5~3mm(新疆、青海)

6. 花 3~4 成簇;花被半球至杯形,长宽几相等,5 深裂,裂片稍张开(新疆、青海)

　　……………………………………… 4. 奇异碱蓬 $S.$ $paradoxa$ Bunge

6. 花多单生,稀 2~3 成簇;花被圆柱至倒卵形,长度显著大于深度,5 浅裂,裂片闭合(新疆)　……………………………… 5. 亚麻叶碱蓬 $S.$ $linifolia$ Pall.

1. 团伞花序生叶腋,或腋生短枝上,短枝基部与叶基部不合并

3. 多年生半灌木

7. 花序近似顶生圆锥状花序;花被果时囊状膨胀;(2. 囊果组 Sect. Physophora Il-jin)(新疆、甘肃)　……………………… 6. 囊果碱蓬 $S.$ $physophora$ Pall.

7. 花序非顶生圆锥状花序;花被非囊状

8. 花被裂片无脉;柱头 2;种子略扁,表面多少有点状网纹(4. 无脉组 Sect. Heterosperma Iljin)

9. 叶非倒卵形,先端尖或微钝;团伞花序全部腋生

10. 种子表面点纹不清晰;花药长 0.3~0.5mm

11. 叶基部有关节,半灌木

12. 柱头锥状,种子凸透镜状,有不定根(广东、广西、福建、台湾及江苏沿海)

·················· 7. 南方碱蓬 *S. australis*（R. Br.）Moq.

3. 一年生

12. 柱头分叉,种子圆盘状和卵形,无不定根（山东垦利）

··················· 8. 垦利碱蓬（新种）*S. kenliensis* J. W. Xing sp. nov

11. 叶基部无关节,草本

13. 柱头叉开,叶直或不规则弯曲,先端尖或急尖（东北、华北、西北、山东、江苏、浙江）·················· 9. 盐地碱蓬 *S. salsa*（L.）Pall.

13. 柱头丝形,叶通常呈镰刀状弯曲,先端钝（新疆南部）

··················· 10. 镰叶碱蓬 *S. crassifolia* Pall.

10. 种子表面点纹清晰;花药长约 0.2mm

14. 花被裂片呈不等长角状（东北、华北、西北及西藏）

··················· 11. 角果碱蓬 *S. corniculata*（C. A. Mey.）Bunge

14. 花被裂片非不等长角状

15. 叶先端钝或急尖,无芒尖;植物体通常平卧（内蒙古、甘肃、宁夏、新疆、陕西、河北、山西、江苏）·················· 12. 平卧碱蓬 *S. prostrata* Pall.

15. 叶先端通常有明显的芒尖;植物体直立

16. 花被裂片仅具三角形短翅突,并彼此并成五星形,总直径不超过 2mm（新疆、甘肃）·················· 13. 星花碱蓬 *S. stellatiflora* B. L. Chu

16. 花被裂片的横翅发达,并彼此并成圆盘形,总直径 2.5 ~ 3.5mm（宁夏、甘肃、新疆、青海）·················· 14. 盘果碱蓬 *S. heterophylla*（Kar. et Kir.）Bunge

9. 叶（至少枝上部的叶）呈倒卵形,肥大,先端钝圆;团伞花序大多生叶腋两侧的短枝上

17. 花被周围果时仅具狭的翅环;种子表面具清晰的蜂窝状点纹（甘肃、宁夏）

··················· 15. 阿拉善碱蓬 *S. przewalskyli* Bunge

17. 花被果时具较发达的横翅;种子表面点纹不清晰（新疆）

··················· 16. 肥叶碱蓬 *S. kossinskyi* Iljin

8. 花被裂片有明显的脉;柱头 3 ~ 5;种子极凸,几无点纹（3. 显脉组 Sect. Conosperma Iljin）

18. 花被裂片背面具翅状纵隆脊

19. 叶先端具易脱落的刺毛;花被具翅状纵隆脊（新疆）

··················· 17. 刺毛碱蓬 *S. acuminata*（C. A. Mey.）Moq.

18. 花被裂片背面无纵脊

20. 团伞花序含多数花;柱头 3,羽状;植物体高大,茎木质化(新疆)
　　…………………………………… 18. 硬枝碱蓬 *S. rigida* Kung et G. L. Chu

20. 团伞花序含 3～6 花;柱头 3～5,非羽状;细弱的小草本(新疆)
　　…………………………………… 19. 五蕊碱蓬 *S. arcuata* Bunge

第四节　碱蓬属植物研究中的常见分类学错误[①]

近几十年来,随着盐生植物作物化与盐碱农业的深入开展,碱蓬属植物作为盐碱环境的先锋物种,其经济价值和生态意义正在日益受到重视。但随着相关研究的增多,种的分类识别与正名问题也日益突出。

图 8－6　盐地碱蓬开花植株(左)和肉质化凸起及花的特写(右)(引自《中国植物图像库》)

如前所述,对碱蓬属植物的最早研究与记载始于中国明永乐四年(1404 年)朱橚所著的《救荒本草》。虽然北宋时期曾巩所著《隆平集》一书,已有食用"醎蓬子"的记载(《钦定四库全书·史部·隆平集》卷二十),但因缺乏如《救荒本草》那样的形态和生境描述及图画,对"醎蓬"究竟是否是碱蓬属植物,目前还不能确定。中国采用拉丁文双名法进行植物分类命名始自 1916 年钱崇澍[②]。20 世纪 30 年代北平研究院植物研究所刘慎谔、林镕、孔宪武、郝景盛编著的《中国北部植物图志》,1937 年贾祖璋等编

①邢亦谦,邢军武. 中国碱蓬属 *Suaeda* 植物研究中的分类学错误. 海洋科学,2019,5.
②马金双. 中国植物分类学的现状与挑战. 科学通报,2014,59(6):510～521.

著的《中国植物图鉴》①,则均采用双名法收录了部分碱蓬属植物。1979 年《中国植物志》第 25 卷第二册出版,共收录我国全部已知碱蓬属植物 20 种和 1 变种,成为中国碱蓬属植物研究的分类学基础。但限于当时的研究与认识条件,其中仍存在一些分类错误。

虽然近年来对碱蓬属植物的相关研究迅速增多,但许多研究者因缺乏分类基础,对所研究的植物材料往往不能鉴定识别和使用正确的种名,张冠李戴,滥用异名、错误名乃至以讹传讹现象非常普遍。这既给相关研究的科学性以及可靠性带来了不容忽视的问题和混乱,也严重降低了其研究结果的科学价值和可信度。

1. 碱蓬属相关研究中的种名混乱问题

种名混乱问题在许多有关碱蓬属植物的相关研究中时有发生。例如李洪山等在《盐地碱蓬籽油的提取及特性分析》一文中称:"碱蓬(*Suaeda salsa*)又名盐蒿、海鲜菜,为藜科(*Chenopodiaceae*)碱蓬属(*Suaeda*)一年生草本真盐生植物。"将盐地碱蓬的拉丁名"*Suaeda salsa*"张冠李戴给了"碱蓬",而碱蓬的拉丁名是 *Suaeda glauca* Bge.,与盐地碱蓬 *S. salsa*(L)Pall 是两个完全不同的种。随后该文又将同物异名的"盐地碱蓬"与"翅碱蓬"当成两种不同植物分别与其他植物进行比较,充分证明该文作者并不知道其分析的植物究竟是什么。通常,对不认识的物种或欲研究的植物,理应先请相关分类专家鉴定其标本的属种,奠定研究的可靠基础。在缺乏分类知识的情况下,又对引用文献不能正确判别,往往造成以讹传讹。如该文所引文献《中国碱蓬资源的开发利用研究状况》,其英文题目是"Development and Utilization of *Suaede salsa* in China","*Suaede salsa*"是盐地碱蓬的拉丁名,不是碱蓬属或碱蓬种的拉丁名,所以若以拉丁文为准,则该题目之中文应为"中国盐地碱蓬资源的开发利用研究状况"。若以中文为准,在没有特别说明的情况下,因碱蓬有碱蓬属与碱蓬种两种不同含义,则应先确定"碱蓬"是指碱蓬属还是碱蓬种。如果是碱蓬属,则其拉丁属名为"*Suaeda*",若是碱蓬种,其拉丁种名是"*Suaeda glauca* Bge."。同时该文称"碱蓬[*Suaeda salsa*(L.)Pall.]属藜科,一年生草本,一般生于海滨、湖边、荒漠等处的盐碱荒地上",该文通篇将盐地碱蓬 *S. salsa*(L.)Pall. 与碱蓬 *S. glauca* Bge. 相混淆。

再如柳仁民等发表的《碱蓬籽油的超临界 CO_2 流体萃取及其 GC/MS 分析》,贾洪涛的《$Na^+ K^+ Cl^-$ 对碱蓬营养和毒性的比较研究》等,也都将"*Suaeda salsa*"作为碱蓬的拉丁种名,而碱蓬的拉丁种名是"*S. glauca* Bge."。"*Suaeda salsa*"是盐地碱蓬的拉丁名。可见作者也将"碱蓬 *S. glauca* Bge."与"盐地碱蓬 *S. salsa*(L)Pall"相混淆,说

---

①贾祖璋,贾祖珊. 中国植物图鉴. 中华书局,1955.

明上述研究者对这两种碱蓬属植物都不认识,在此情况下也就无法证实其所研究的植物一定是碱蓬属植物,使人无法判定其实验材料究竟是什么植物。

曹晟阳等在《翅碱蓬耐盐机制研究进展》一文中称:"翅碱蓬(*S. heteroptera*)又名盐蒿、黄须菜,为藜科碱蓬属一年生稀盐耐盐草本植物,叶条形、肉质化,多生长于滨海湿地、湖边、荒漠以及盐碱地区。我国翅碱蓬的种类较多,共有21种和1个变种,主要分布在内蒙古、辽宁、河北、山东等北方省区以及新疆、青海、宁夏等西部地区。"一个种就是一个种,怎么又会共有21种和1个变种?说明作者不仅不知"翅碱蓬"是"盐地碱蓬"的异名,更错误地将作为种的翅碱蓬(实为盐地碱蓬)与碱蓬属相混淆,其分类概念十分混乱。

2. 有关盐地碱蓬 *Suaeda salsa*(L) Pall 的种名问题

碱蓬属植物中的盐地碱蓬 *Suaeda salsa*(L) Pall 因其分布广,种群数量大,形态变异多等,曾被命名为很多不同的种。

很多文献将其称为"翅碱蓬",其拉丁种名也分别被定为"*S. heteroprera*"和"*S. ussuriensis*",并在一些论著中广泛使用。例如1972年出版的《中国高等植物图鉴》第一册也沿袭了这一错误。其收录的3种碱蓬,第一种就使用了"翅碱蓬(黄须菜)*Suaeda heteroptera* Kitagawa"这一异名。由于该书多次重印,发行量巨大,1979年出版的《中国植物志》25卷第二册却因发行量有限,影响力无法与之相比,使这一错误一直不能得到纠正。《中国高等植物图鉴》第一册对"翅碱蓬"这一盐地碱蓬的异名的传播起到了极大的作用,其影响至今无法消除。

虽然《中国高等植物图鉴》第一册出版在前,但在《中国植物志》第25卷第二册于1979年出版之后,《中国高等植物图鉴》第一册又多次印刷,截至1995年3月第六次印刷,印数已高达五万五千册,但对上述问题始终未予有效纠正。1982年《中国高等植物图鉴》又出版了补编两册,其中第一册编写说明称:"近年来发现了本书一些种的拉丁名鉴定错误或误用了异名,这些情况均在补编的有关分种检索表中加以说明、改正。本书的大多数科是由承担《中国植物志》有关科的作者编写的,其中有少数种的中名与本书正编中的不同,这些种的中名,均以本补编中的名称为准。"在该书补编第一册第270至第273页增加了一个碱蓬属植物的分种检索表,删除了"翅碱蓬"和"灰绿碱蓬"名称,分别代之以"盐地碱蓬"和"碱蓬",但未对正编相关错误进行说明和相应直接修正。由于《中国高等植物图鉴》对分散在正编中的错误未予直接消除,虽然1982年后的两册补编是与正编一起重印的,却未能起到有效的纠错作用。以"翅碱蓬"为例,由于补编只是在检索表中去掉了"翅碱蓬"一名,读者即使查到该检索表,也很难知道"翅碱蓬"与"盐地碱蓬"的同物异名关系。

事实上,连藜科植物的研究权威孔宪武先生本人,也在其藜科植物检索表的前言中说"翅碱蓬(黄须菜)是人们喜食的野菜",但在其分种检索表列出的全部20种碱蓬属植物中,却没有"翅碱蓬"这一种名,也未对此予以解释和必要说明。

而所谓"翅碱蓬"原本是北川政夫(Kitagawa)基于错误认识所命名,已被《中国植物志》第25卷第二册更正为盐地碱蓬的异名。辽宁一带民间对盐地碱蓬的俗称,也有因其在高盐环境生态型呈紫红色而被当地百姓称为"赤碱蓬"的。

盐地碱蓬在我国分布很广,且常因生长环境的生态条件尤其是土壤盐碱含量的差异,其植株大小、颜色、形态、分枝情况、花被裂片的形状等都有很大变化。1936年北川政夫随入侵日寇在我国东北记载了翅碱蓬 *Suaeda heteroptera* Kitag.,还记载了两个与盐地碱蓬相同的种,即辽宁碱蓬 *S. liao - tungensis* Kitag. 和光碱蓬 *S. laevissima* Kitag.,其主要特征是,两者的花被均无延伸出的翅状突出物,也无龙骨突,此外,前者的种子较大,直径1.5~1.7 mm,表面有细点纹,后者的种子较小,直径0.7~1 mm,无点纹。1979年孔宪武等指出:"该2种我们均未找到典型的标本,然而,我们却看到上述二者的主要特征,往往都在本种(盐地碱蓬)内出现,因此在未看到前两者的模式标本之前,暂作存疑。王薇等在《东北草本植物志》第二卷中,发表了 *S. heteroptera* Kitag. 的1变种 var. *tenuiramea* Fuh et Wang - Wei,其模式标本形态特异,我们认为可能是一个畸形个体。"

事实上,无论北川政夫报道的翅碱蓬、辽宁碱蓬和光碱蓬,还是王薇等发表的 *S. heteroptera* Kitag. 的1变种 var. *tenuiramea* Fuh et Wang - Wei,都是盐地碱蓬的不同生态型。正是由于盐地碱蓬分布范围极广,且在不同的生态环境中容易表现出不同的适应性生态型改变,例如在低盐环境中植物颜色通常是绿色,而在高盐环境中则成为红色和紫红色。尤其是肉质化的凸起与翅状物在高盐环境很常见,很容易被误认作不同种类的分类特征。

因此,所谓翅碱蓬 *S. hereroprera*、辽宁碱蓬 *S. liao - tungensis* Kitag.、光碱蓬 *S. laevissima* Kitag. 等种类,其实都是盐地碱蓬的不同生态型。

盐地碱蓬的拉丁种名是"*S. salsa*(L)Pall",而"*S. hereroprera*""*S. ussuriensis*""*S. liao - tungensis* Kitag.""*S. laevissima* Kitag."则都是盐地碱蓬的曾用名或异名。

需要指出的是,赵柯夫等在《中国盐生植物》中虽然有"盐地碱蓬"而没有"翅碱蓬",却将"辽宁碱蓬"作为一个与"盐地碱蓬"不同的种列出,沿袭了前述将同物异名的植物当作两个不同种对待的错误。

刘慎谔主编的《东北植物检索表》中所列的东北的5种碱蓬属植物中的3种即"辽宁碱蓬""光碱蓬"和"翅碱蓬"实际上也都是盐地碱蓬不同生态型的同物异名。

鲁北、河北、天津地区民间所称的"黄须菜",胶东半岛一带所称的"海蓬菜""蓬子菜"，内蒙古所称的"碱葱"，河北和辽宁民间所称的"盐蓬""盐吸"，苏北的"盐蒿"，宁夏、甘肃一带的"咸蒿"等，往往都是盐地碱蓬在不同地区的民间俗称。

汪劲武在《藜科杂谈》中介绍碱蓬属植物时写道："本属著名种为翅碱蓬（*Suaeda salsa*），又称盐地碱蓬、黄须菜、碱葱。"该文虽然讲清楚了"翅碱蓬又称盐地碱蓬、黄须菜、碱葱"，但其表述仍存在两个错误：一是"翅碱蓬"只是"盐地碱蓬"的异名或曾用名，盐地碱蓬才是《中国植物志》的正式中文种名；二是"*S. salsa*"是"盐地碱蓬"的拉丁文种名，用"盐地碱蓬"的异名"翅碱蓬"加"盐地碱蓬"的拉丁名组合是不规范的错误表述。科普文章对该错误种名的传播作用甚大。

3. 有关碱蓬 *Suaeda glauca* Bge. 的种名问题

碱蓬 *Suaeda glauca* Bge. 是碱蓬属植物中的一个代表种，是最早被《救荒本草》所记载的重要盐生植物。碱蓬 *S. glauca* Bge. 也存在类似分类名称的规范问题。例如《中国高等植物图鉴》第一册的"灰绿碱蓬 *S. glauca* Bunge"，《中药大辞典》上的"灰绿碱蓬 *Suaeda glauca* Bge."，都是碱蓬属分种检索表和《中国植物志》里的"碱蓬 *S. glauca* Bunge"。且《中药大辞典》也是根据上述《中国高等植物图鉴》定的种名。

王作宾先生考证的《救荒本草》中的"碱蓬"（*S. glauca* Bge.），从《救荒本草》所绘的碱蓬植物图可以清楚看出其形态特征与碱蓬 *S. glauca* Bge. 相符。

2018 年邢军武指出高碱蓬 *S. altissima*（L.）Pall. 是碱蓬 *S. glauca* Bge. 的同物异名并予以取消。高碱蓬这一名称成为碱蓬 *S. glauca* Bge. 的异名。

4. 中国碱蓬属 *Suaeda* 的常见种名异名俗名汇总

综上所述，为方便研究者参考，容易出错的中国碱蓬属植物种名及其异名与民间俗名见表 8－1。

表 8－1　碱蓬属 *Suaeda* 部分植物种名异名对照

中文正名	拉丁文种名	中文异名	拉丁文异名	地方俗称
盐地碱蓬	*S. salsa*（L）Pall		*S. ussuriensis* Iljin.	黄须菜、盐吸、盐蒿、碱葱、咸蓬、海蓬菜、蓬子菜、赤碱蓬、海英菜
		翅碱蓬	*S. heteroptera* Kitag.	
		辽宁碱蓬	*S. liao－tungensis* Kitag.	
		光碱蓬	*S. laevissima* Kitag.	
			var. *tenuiramea* Fuh et Wang－Wei	
碱蓬	*S. glauca* Bunge	灰绿碱蓬		碱吸、碱蒿、盐蒿、盐蓬、盐蓬子、碱蓬子
		高碱蓬	*S. altissima*（L.）Pall.	

中文正名	拉丁文种名	中文异名	拉丁文异名	地方俗称
刺毛碱蓬	*S. acuminata*（C. A. Mey.）Moq.	纵翅碱蓬	*S. pterantha*（Kar. et. Kir.）Bunge	
硬枝碱蓬	*S. rigida Kung* et G. L. Chu		*S. turkestanicaauct.* Non Litv.	
垦利碱蓬	*S. kenliensis* J. W. Xing			海里站

5. 使用正确规范的种名是提高相关研究可靠性的前提

随着碱蓬属盐生植物研究的日益增多,因以讹传讹而使用错误种名的研究报道也日益增多,甚至有的研究者将碱蓬属所属的科都搞错,如有论文称"盐地碱蓬（*Suaeda salsa*）为苋科碱蓬属一年生肉质化真盐生植物"并注明参考文献为《中国植物志》苋科[M].1979①,而碱蓬属一直隶属于藜科,《中国植物志》也是放在第 25 卷第二册藜科之中,从未将其归于苋科。只要作者真参阅过所列文献就不会犯此低级错误。

这些分类学问题,造成大量研究因不能确定其研究材料究竟是什么植物而成为无效研究。更由于此类文献的增多,使错误知识泛滥并持续以讹传讹。正名是生物学研究的首要前提。如果不能准确辨别所研究的究竟是什么且使用正确规范的名称,必然因名实不副而使研究结果丧失科学价值。因此,纠正碱蓬属盐生植物研究中的分类错误,对研究材料进行正确的分类鉴定和使用正确的学名,是确保研究具备科学性的首要前提。

第五节　碱蓬属植物在中国古代的分类问题

从《救荒本草》绘制的碱蓬图看,其所记载的植物无疑应是碱蓬属植物中的碱蓬 *S. glauca* Bge. 。

但《药性考》却明确指出:"盐蓬、碱蓬二种……其叶似蒿圆长,至秋时茎叶俱红。烧灰煎盐,胜海水煮者。"清楚指出"盐蓬""碱蓬"是两种植物。据此推测"盐蓬"似应是"盐地碱蓬 *S. salsa*（L）Pall","盐蓬""碱蓬"即是《中国植物志》碱蓬属植物中的盐地碱蓬 *S. salsa*（L）Pall 和碱蓬 *S. glauca* Bge. 两种盐生植物。

---

①侯婧,赵瑞华,合展,郭茹茹,董馥慧,高瑞如.两种生境中盐地碱蓬二型性种子比例和萌发对策的差异.种子,2020,39(2):99~106.

中国古代传统植物分类注重实用性。其种的划分以实用为目的,故通常中国传统植物一个种的名下,会有西式分类的不同种存在。因此,中国传统本草文献记载的碱蓬往往是碱蓬属中相似功能植物的统称,有时不限于碱蓬属的碱蓬 *S. glauca* Bge. 一种植物,从文献记载看,还应包括"盐地碱蓬 *S. salsa* (L) Pall"等种类。这些碱蓬属植物皆为我国不同地区民间自古食用的野菜、饲料和油料来源,也曾被许多地区作为制盐、制碱和生产肥皂等的原料。其他碱蓬属的种类因分布区域较为狭窄,种群数量较小,尚不清楚历史上民间利用的详情。考虑到我国地域辽阔文明悠久,存在这种利用史的可能性还是相当大的。

碱蓬 *S. glauca* Bge. 与盐地碱蓬 *S. salsa* (L) Pall 在民间的名称很多,如:咸蓬子(《隆平集》中是否为碱蓬或盐地碱蓬待考)、碱蓬(《救荒本草》《农政全书》)、灰绿碱蓬(《中药大辞典》等)、盐蓬(《中国医学大辞典》等)、盐吸(内蒙古、辽宁)、碱吸(直隶)、黄须菜(鲁北)、蓬子菜、海蓬菜(胶东)、盐蒿(江苏)等。各种各样的地方叫法有十几种。这些名称都与盐、碱、咸等字相关,反映了碱蓬属植物的一个非常显著的生态特征,即对盐碱环境的适应性。

这一特点,反映了其在自然生态系统中非常特殊的位置:它在空间上作为由海至陆的中间环节,构成了从海洋到陆地、从海洋盐生植物到陆地淡生植物的过渡类型。

第六节　中国碱蓬属植物的种类

1. 碱蓬属的分类特征

碱蓬属 *Suaeda* Forsk. ex Scop. Forsk. ex Scop. Intr. Hist. Nat. 333. 1777.

一年生草本、半灌木或灌木,无毛,较少有短柔毛,有时有蜡粉。茎直立、斜升或平卧。叶通常狭长,肉质,圆柱形或半圆柱形,较少为棍棒状或略扁平,全缘,通常无柄。花小型,两性,有时兼有雌性,通常 3 至多数集成团伞花序;团伞花序生叶腋或腋生短枝上,有时短枝的基部与叶的基部合并,外观似着生在叶柄上,有小苞;小苞片鳞片状,膜质,白色;花被近球形、半球形、陀螺状或坛状,5 深裂或浅裂,稍肉质或草质,裂片内面凹或呈兜状,果时背面膨胀、增厚或延伸成翅状或角状突起,较少无显著变化;雄蕊 5,花丝短,扁平,半透明,花药矩圆形、椭圆形或近球形,不具附属物;子房卵形或球形,柱头 2~3,较少 4~5,通常外弯,四周都有乳头突起。胞果为花被所包覆;果皮膜质,与种皮分离。种子横生或直立,双凸镜形、肾形、卵形,或为扁平的圆形;种皮薄壳质或膜质;胚为平面盘旋状,细瘦,绿色或带白色;胚乳无或很少。染色体基数 $x = 9$。

本属约 100 种,分布于世界各地,生于海滨、滩涂、荒漠、盐湖及盐碱土壤地区。我国共 19 种,1 变种,分布于新疆和中国北方以及自北至南的沿海各省区。

2. 中国碱蓬属植物种类分述

碱蓬属植物从多年生到一年生皆有。本分类系统根据邢军武 2018 年分类检索表排序。

2.1 小叶碱蓬 *S. microphylla*(C. A. Mey.)Pall.(1)

2.1.1 分类记录

小叶碱蓬 *S. microphylla* (C. A. Mey.) Pall. Ill. Pl. 52. t. 44. 1803;Bunge in Act. Hort. Petrop. 6 (2):426. 1880;Boiss. Fl. Orient. 938. 1879;Iljin in Fl. URSS 6:179. 1936;Grubov,Pl. Asiae Centr. 2:76. 1966. – Schoberia microphylla C. A. Mey. Verzeichn. Pflz. Cauc. 159. 1831. – Chenopodina microphylla Moq. in DC. Prodr. 13 (2):163. 1849. 中国植物志 25(2):117. 1979.

2.1.2 分组

多年生半灌木。[1. 柄花组 Sect. Schanginia (C. A. Mey) Valkens]。

2.1.3 种的分类特征

①枝;②花被。

图 8 – 7 小叶碱蓬 *S. microphylla* Pall.

(左图引自《中国植物志》,右图自《中国高等植物》,白建鲁绘)

图 8 - 8　小叶碱蓬 S. microphylla Pall. 枝叶(左)和果枝(右)

(引自《新疆盐生植物》)

图 8 - 9　小叶碱蓬 S. microphylla Pall. 生境

(左引自《新疆盐生植物》,右引自《中国高等植物》,朱格麟摄)

小叶碱蓬 S. microphylla Pall. 团伞花序着生在叶片基部,其总花梗与叶柄合并成短枝状。外观似花序着生在叶柄上;叶通常长 3 ~ 5mm,基部骤缩,着生处不膨大;花被裂至中部。

2.1.4　种的分类描述

小叶碱蓬 S. microphylla Pall. 植株可高达 1m。茎灰褐色圆柱状,直立有条棱,幼嫩时有密短柔毛及薄蜡粉,分枝多且硬直,开展。叶灰绿色肉质圆柱状,植株下部叶长达 1cm,宽约 1mm,上部叶较短,通常长不超过 3mm,稍弧曲,先端具短尖头,基部骤缩。团伞花序通常含 3 ~ 5 花,着生于叶柄上;花两性兼有雌性;花被肉质,灰绿色,5裂至中部,裂片矩圆形,先端兜状,背面凸隆,果时稍增大,下半部稍膨胀;雄蕊 5,花药矩圆形,长约 0.5mm;柱头 2 或 3,花柱不明显。胞果包于花被内,果皮膜质,黑褐色。种子直立或横生,卵形,稍高,长约 1.1mm,黑色,有光泽,花纹不明显,周边钝。

2.1.5 分布

产新疆北部。生于戈壁、沙丘、湖边、盐碱荒漠。分布于中亚至高加索。

2.1.6 用途

可用于盐碱环境生态绿化或景观造林等。

2.2 木碱蓬 *Suaeda dendroides*(C. A. Mey.)Moq. (2)

图 8 - 10　木碱蓬 *S. dendroides*

(图自《中国植物志》,照片自《中国植物图像库》)

2.2.1 分类记录

木碱蓬 *Suaeda dendroides*(C. A. Mey.) Moq. Chenop. Monogr. Enum. 126. 1840;Bunge in Act. Hort. Petrop. 6(2):426. 1880;Iljin in Fl. URSS 6: 181. 1936;Grubov, Pl. Asiae Centr. 2: 74. 1966. – Schoberiadendroides A. Mey. Verzeichn. Pflz. Cauc. Casp. 159. 1831. – Chenopodina den – droides Moq. in DC. Prodr. 13(2). 164. 1849. 中国植物志 25(2):117. 1979.

2.2.2 分组

多年生半灌木。[1. 柄花组 Sect. Schanginia(C. A. Mey)Valkens]。

2.2.3 种的分类特征

木碱蓬 *S. dendroides* 团伞花序着生在叶片基部,其总花梗与叶柄合并成短枝状。外观似花序着生在叶柄上;叶通常长 5 ~ 15mm,基部渐狭,着生处稍膨大;花被裂至近基部。

2.2.4　种的分类描述

多年生半灌木,高20~60cm。茎皮灰褐至灰白色,直立,多分枝;小枝细瘦,淡黄绿色,有条棱。叶条形略扁平,灰绿色,长0.8~1.5cm,宽1~1.5mm,先端钝,基部缢缩成短柄。团伞花序通常含5~10花,着生于叶柄上;花两性,花被绿色,肉质近球形,花被裂片矩圆形至卵形,边缘膜质,先端兜状,脉明显;雄蕊5,花药矩圆形至宽卵形,长约0.8mm;柱头2或3,花柱不明显。种子横生或直立,表面无点纹,有光泽。花期6月。

2.2.5　分布

产新疆北部。生石质山坡、荒漠等处。分布于中亚至高加索。

2.2.6　用途

可用于盐碱荒漠生态绿化、景观造林等。

2.3　碱蓬 *S. glauca*(Bunge) Bunge.(3)

2.3.1　分类记录

碱蓬 *Suaeda glauca*(Bunge) Bunge in Bull. Acad. Sci. St. Pètersb. 25:362.1879 et Mel. Biol. Acad. Sci. St. Pètersb. 10:293.1879;Franch. Pl. David. 1:251.1884;Forb. et Hemsl. in Journ. Linn. Soc. Bot. 26:328.1891;中国北部植物图志 4:89. t. 35. f. 1 - 10.1935;Iljin in Fl. URSS 6:178. t. 9. f. 1a - c.1936;江苏南部种子植物手册 246.1959. – Schoberia glauca Bunge in Mem. Sav. Etrang. Acad. Sci. St. Pètersb. 2:102.1833. – S. Stanntonii Moq. Chenop. Monogr. Enum. 131.1840. – Chenopodina glauca Moq. in DC. Prodr. 13(2):162.1849. – *Suaeda asparagoides* Makino in Tokyo Bot. Mag. 8:382.1894. 中国植物志 25(2):118.1979.

2.3.2　分组

一年生草本。〔1. 柄花组 Sect. Schanginia(C. A. Mey) Valkens〕。

2.3.3　种的分类特征

碱蓬 *Suaeda glauca*(Bunge) Bunge. 团伞花序着生叶片基部,其总花梗与叶柄合并成短枝状。外观似花序着生在叶柄上;种子横生或斜生,直径约2mm;花被果时呈五角星状或倒卵形至近球形。

2.3.4　种的分类描述

碱蓬 *Suaeda glauca*(Bunge) Bunge. 为一年生草本,植株高1m以上。茎粗壮直立,浅绿色,圆柱状并有条棱,上部多分枝;枝细长,上升或斜伸。叶灰绿色丝状条形,半圆柱状,通常长1.5~5cm,宽约1.5mm,光滑无毛,稍向上弯,先端微尖,基部稍收缩。花两性兼有雌性,单生或2~5朵团集,大多着生于叶的近基部处;两性花花被杯状,长 1~1.5mm,黄绿色;雌花花被近球形,直径约0.7mm,较肥厚,灰绿色;花被裂片卵状三角形,先端钝,果时增厚,使花被略呈五角星状,干后变黑色;雄蕊5,花药宽卵形至矩圆形,长约0.9mm;柱头2,黑褐色,稍外弯。胞果包在花被内,果皮膜质。种子横生或斜生,双凸镜形,黑色,直径约2mm,周边钝或锐,表面具清晰的颗粒状点纹,稍有光泽;胚乳很少。花果期7—9月。

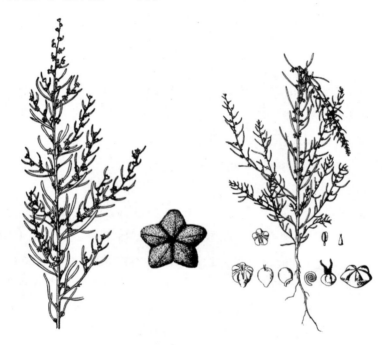

图 8–11 碱蓬 *Suaeda glauca*(Bunge) Bunge.

(左图自《中国植物志》,右图自《中国高等植物》仿《中国北部植物图志》)

2.3.5 分布

产黑龙江、内蒙古、辽宁、吉林、河北、山东、江苏、浙江、河南、山西、陕西、宁夏、甘肃、青海、新疆南部。生于海滨、盐池、虾池、荒地、渠岸、田边等含盐碱的土壤上。分布于蒙古、西伯利亚东部、朝鲜、日本。

2.3.6 用途

已被中国科学院海洋研究所邢军武研究组于20世纪90年代筛选为重要盐生作物,种子含油25%左右,可榨油供工业或食用,可作为饲料、蔬菜和纤维植物。还可用于盐碱环境绿化和生态修复以及盐碱地改良等。

2.4 奇异碱蓬 *Suaeda paradoxa* Bunge. (5)

2.4.1 分类记录

奇异碱蓬 *Suaeda paradoxa* Bunge in Act. Hort. Petrop. 6:427. 1880;Iljin In Fl. URSS

6：178. 1936；Бочанц. in фπ. Узбек 2：253. 1953；Поляк. In фπ. Казахст. 3：252. 1960；Pratov in Vveden. Consp. Fl. Asiae Med. 3：76. 1972. – *Balowia paradoxa* Bunge Reliq. Lehm Ann. 286. 1851. 中国植物志 25（2）：119. 1979.

图 8–12　奇异碱蓬 *Suaeda paradoxa* Bunge.

（引自《中国植物志》）

2.4.2　分组

一年生草本。［1. 柄花组 Sect. Schanginia（C. A. Mey）Valkens］。

2.4.3　种的分类特征

奇异碱蓬 *Suaeda paradoxa* Bunge. 团伞花序着生在叶片基部，其总花梗与叶柄合并成短枝状。外观似花序着生在叶柄上；种子直立，直径不超过 1.5mm；花被果时不呈星状。叶略扁平条形，宽 1.5～3mm；种子表面具颗粒状凸点，无光泽。

2.4.4　种的分类描述

奇异碱蓬 *Suaeda paradoxa* Bunge. 为一年生草本，高可达 1m。茎直立圆柱状，基部直径可达 7mm，有微条棱，平滑，分枝多或少，斜上。叶条形，上面平，下面凸，通常长 1～3cm，宽 1.5～2.5mm，先端尖，基部渐狭呈短柄状，斜伸，叶直或茎下部叶稍弯。团伞花序通常含 3～4 花，着生于枝上部的叶柄上；花两性，花被半球形或近杯形，大小不等,长宽度几相等,五深裂,裂片矩圆形,有不很明显的 3 脉,先端兜状,背面近先端具微隆脊,开花时开展;花药矩圆形,长约 0.6mm,花丝伸出花被外;柱头 3~4,细小。胞果包于花被内;果皮膜质,与种子贴生。种子直立,歪卵形,两侧略扁,长约 1.5mm,宽约 1.1mm,黑色,表面具颗粒状凸点,周边钝;胚根在下方。花果期 7—10 月。

图 8 – 13　奇异碱蓬 *Suaeda paradoxa* Bunge. 的植株(左)和枝花(右)

(引自《新疆盐生植物》)

2.4.5　分布

产新疆北部、青海柴达木。生于沟边、荒地、路边、水旁等处的湿润盐碱土上。分布于欧洲、中亚。

2.4.6　用途

可用于盐碱荒漠的生态绿化等。

2.5　亚麻叶碱蓬 *Suaeda linifolia* Pall. (6)

2.5.1　分类记录

亚麻叶碱蓬 *Suaeda linifolia* Pall. Ill. Pl. 47. t. 40. 1803;Bunge in Act. Hort, Petrop. 13:22. 1893;Iljin in Fl. URSS 6:177. 1936. – Chenopodium li – nifolium Schult. Syst. Veg. 6:271. 1820. – Schanginia linifolia C. A. Mey. In Ledeb. Fl. Alt. 1:395. 1829;Bunge in Act. Hort. Petrop. 6(2):423. 1880. 中国植物志 25(2):119~120. 1979.

2.5.2　分组

一年生草本。[1. 柄花组 Sect. Schanginia（C. A. Mey）Valkens]。

2.5.3　种的分类特征

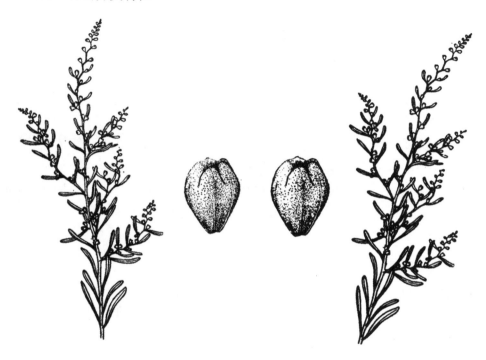

图 8 - 14　亚麻叶碱蓬 *Suaeda linifolia* Pall.

（左图自《中国植物志》,右图自《中国高等植物》）

亚麻叶碱蓬 *Suaeda linifolia* Pall. 团伞花序着生在叶片基部,其总花梗与叶柄合并成短枝状。外观似花序着生在叶柄上;种子直立,直径不超过 1.5mm;花被果时不呈星状。叶略扁平条形,宽 1.5～3mm;种子表面具颗粒状凸点,无光泽。花多单生,稀 2～3 成簇;花被圆柱形至倒卵形,长度显著大于深度,5 浅裂,裂片闭合。

2.5.4　种的分类描述

亚麻叶碱蓬 *Suaeda linifolia* Pall. 为一年生草本,高 20～70cm。茎圆柱状直立,有微条棱,基部直径可达 6mm,多少分枝;枝通常细长,斜伸。叶条形,半圆柱状或略扁平,长 1～2.5cm,宽 2～3mm,通常斜上或近直立,先端渐尖,基部收缩呈短柄状。花两性兼有雌性,通常 1 朵或 2～3 朵团集,无柄或有短柄,生于叶柄上;苞片和小苞片膜质,卵形;花被圆柱形至倒卵形,肉质,长 1.5～3mm,宽 1～2mm,5 浅裂,裂片略呈兜状,通常闭合;花药矩圆形,长约 0.4mm;柱头 2～3,丝形,很短,伸出花被外。胞果完全为花被所包覆;果皮膜质。种子直立,歪卵形,两侧略扁,长 1.5～2mm,宽 1.2～

1.5mm,黑色,表面具颗粒状凸点,无光泽,周边钝;胚根在下方突出。花果期7—10月。

2.5.5 分布

产新疆。生于戈壁、干草原、强盐碱土荒漠。分布于欧洲、中亚、西西伯利亚。

2.5.6 用途

可用于盐碱土荒漠的生态绿化等。

2.6 囊果碱蓬 *S. physophora* Pall. (7)

2.6.1 分类记录

囊果碱蓬 *Suaeda physophora* Pall. Ill. Pl. 51. t. 43. 1803;Bunge in Act Hort. Petrop. 6(2):426. 1880;Boiss. Fl. Orient. 939. 1879;Iljin In Fl. URSS 6:190. 1936. – Salsola physophora Schrad. InSchuld. Syst. Veget. 6:1820 – Chenopodium physophora Moq. in DC. Prodr. 13 (2):164,1849. 中国植物志25(2):120. 1979.

2.6.2 分组

多年生半灌木。[2. 囊果组 Sect. Physophora Iljin]。

2.6.3 种的分类特征

囊果碱蓬 *S. physophora* Pall. 团伞花序着生叶腋,或着生在腋生短枝上,短枝的基部与叶基部不合并。花序近于典型的顶生圆锥状花序;花被果时囊状膨胀。

2.6.4 种的分类描述

囊果碱蓬 *S. physophora* Pall. 系半灌木,通常高 30~80cm。茎木质,多分枝,茎皮灰褐色,有浅条裂纹,当年枝直立或稍外倾,带苍白色。叶蓝灰绿色,半圆柱状条形,长3~6cm,宽2~3mm,通常稍弧曲,先端渐尖或急尖,基部稍缢缩,无柄。花序圆锥状;花两性及雌性,单生或2~3朵团集,生于苞腋及花序短分枝的顶端;花被近球形,不等大,5裂,裂片卵形,内弯,不具隆脊,先端钝;果时花被膨胀呈囊状,直径约5毫米,稍带红色,包被果实;花药矩圆形,长约0.8mm;柱头2~3,花柱极短。种子横生,扁平,圆形,直径约3mm,种皮膜质,无光泽,胚根不突出。花果期7—9月。

2.6.5 分布

产新疆北部、甘肃西部。生于戈壁及盐碱化的干山坡。分布于东欧、中亚及西西伯利亚。

2.6.6 用途

可用于盐碱荒漠生态绿化等。

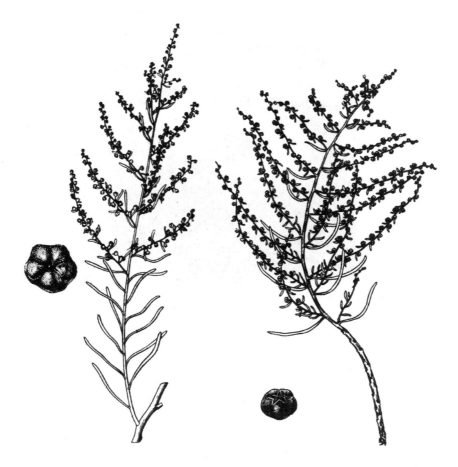

图 8 - 15　囊果碱蓬 *S. physophora* Pall.

（左图自《中国植物志》,右图自《中国高等植物》,白建鲁绘）

8 - 16　囊果碱蓬 *S. physophora* Pall. 的叶、果照片

（自《新疆盐生植物》）

8－17 囊果碱蓬 *S. physophora* Pall. 的生境照片

2.7 南方碱蓬 *S. australis* Moq.（18）

2.7.1 分类记录

南方碱蓬 *Suaeda australis*（R. Br.）Moq. in Ann. Sci. Nat. 23：318. 1831 et Chenop. Enum. 129. 1840；Benth. Fl. Hongk. 283. 1861；Hance in Journ. Linn. Soc. Bot. 13. 119. 1873. Forb. et Hemsl. in Journ. Linn. Soc. Bot. 26：328. 1891；Lecomte in Fl. Gen. Indo-Chine 5：8. 1910－31；Merr. in Lingnan. Sci. Journ. 5：72. 1937；Black，Fl. South Austr. 2：316. f. 444. 1963；海南植物志 1：395. f. 208. 1964.－Chenopodium australe R. Br. Prodr. Fl. Nov. Holl. 407. 1810. 中国植物志 25（2）：132～134. 1979.

图 8－18 南方碱蓬 *S. australis* Moq. 的植株（左）和花（右）

图 8-19　正在开花和结果的南方碱蓬 *S. australis* Moq. 照片

2.7.2　分组

多年生亚灌木。[4. 无脉组 Sect. Heterosperma Iljin]。

2.7.3　种的分类特征

南方碱蓬 *S. australis* Moq. 系小灌木,多分枝,节上生根,叶基部有关节,老茎有明显叶痕;柱头锥状,直立。团伞花序全部腋生,种子略扁,表面有微点纹;花药长 0.3~0.5mm。短枝基部与叶基部不合并。花序非顶生圆锥状花序;花被果时非囊状。花被裂片无脉;柱头 2。

2.7.4　种的分类描述

南方碱蓬 *S. australis* Moq. 为高 20~50cm 的小灌木。茎多分枝,枝上部叶(苞)较短,狭卵形至椭圆形,上面平,下面凸。下部常生有不定根,灰褐色至淡黄色,通常有明显的残留叶痕。叶肉质条形半圆柱状,长 1~2.5cm,宽 2~3mm,粉绿或带紫红色,先端急尖或钝,基部渐狭,具关节,劲直或微弯,通常斜伸,团伞花序含 1~5 花,腋生;花两性;花被顶基略扁,稍肉质,绿色或带紫红色,5 深裂,裂片卵状矩圆形,无脉,边缘近膜质,果时增厚,不具附属物;花药宽卵形,长约 0.5mm,柱头 2,近锥形,不外弯,黄褐色至黑褐色,有乳头突起,花柱不明显。胞果扁,圆形,果皮膜质,易与种子分离。种子双凸镜状,直径约 1mm,黑褐色,有光泽,表面有微点纹。花果期 7—11 月。

图 8 – 20　南方碱蓬 *S. australis* Moq.

（左图出自《中国植物志》,右图出自《中国高等植物》）

2.7.5　分布

产广东、广西、福建、台湾、江苏。生于海滩沙地、红树林边缘等处,常成片群生。分布于大洋洲及日本南部。

《中国植物志》称:"据前人记载,我国台湾、广东还产 *S. monoica* Forsk. ,但我们未查到标本,很可能是本种的错误鉴定。"

2.7.6　用途

可用于盐生作物筛选驯化以及热带亚热带沿海滩涂和盐碱环境生态绿化,可用于盐碱农业蔬菜、饲料、油料等产业开发。

2.8　垦利碱蓬 *S. kenliensis* J. W. Xing

2.8.1　分类记录

垦利碱蓬 *Suaeda kenliensis* J. W. Xing(邢军武). 海洋科学,2018。

图 8 – 21　垦利碱蓬 *Suaeda kenliensis* J. W. Xing sp. nov 形态（邢军武绘）

图 8 – 22　不同形态的垦利碱蓬（邢军武摄）

2.8.2　分组

一年生草本半灌木。［4. 无脉组 Sect. Heterosperma Iljin］。

俗称海里站。

2.8.3　种的分类特征

垦利碱蓬 *Suaeda kenliensis* J. W. Xing 为一年生草本半灌木,茎直立,有棱纹,叶脱落处形成瘢痕结节;种子有圆盘状和卵形两种形状,直径 2 ~ 3 mm,叶长 5 ~ 7 cm,无不定根。

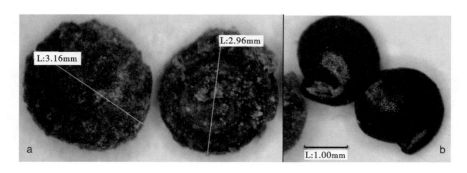

图 8 - 23 垦利碱蓬种子具圆盘状(a)和卵形(b)两种形状(邢军武摄)

图 8 - 24 垦利碱蓬的雌蕊和 2 叉柱头(a)、盛开的雄蕊和花药(b)(邢军武摄)

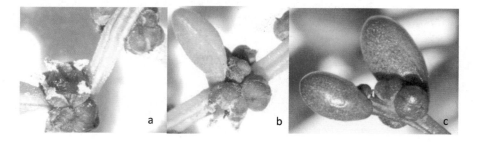

图 8 - 25 显微镜下垦利碱蓬的雄蕊和花药(a)、团聚在叶腋的花被(b)、顶端尚未开放的花被和肉质叶(c)(邢军武摄)

2.8.4 种的分类描述

一年生草本,茎直立,木质化,似半灌木,高5~40 cm;茎枝有棱纹,坚韧,有结节;叶肉质无柄,叶脱落后形成瘢痕和结节。主枝基部直径为0.5~1.5 cm,根系发达,主根深30~50 cm,侧根亦发达,耐海浪潮水冲蚀淹没,不易倒伏和折断。分枝自叶腋斜出,真叶互生,叶肉质肥厚,呈圆柱或半圆柱状,直或略弯,叶端尖或钝圆。叶最长可达7 cm,通常2~6 cm,直径2~5 mm,枝顶部渐细,叶渐短小,长0.5~2 cm,直径1 mm左右。叶通常紫红色,亦有绿色或红绿相间,通常脱落前变黄。花被1~9个团聚于叶腋,花被片5,肉质,紫红色,被果呈肉质球形,成熟时顶端可见圆内五角星形。雄蕊5,花药5,黄色,雌蕊1,柱头顶端分叉,透明白色;其花盛开有清晰幽香。成熟种子具圆盘状和卵形两种形状,直径2~3 mm,棕色或棕黑色,圆盘状胚呈螺旋状,无光泽,卵形种子有光泽,略小。花期6—9月,果期7—11月。

生长于潮间带和海水周期性淹没处。耐高盐,区域内海水盐度为25‰,滩涂表层含盐量在退潮后经日晒蒸发可达60‰。常形成单一种群的红海滩植被景观。生境中天津厚蟹(*Helice tientsinensis* Rathbun)和鸟类及昆虫较多。蟹子常采食其嫩叶,并在其群落中掘洞栖居。

本种与南方碱蓬 *Suaeda australis* (R. Br.) Moq. 相近,但本种一年生;种子具圆盘状和卵形两种形状,直径2~3 mm;叶长2~7 cm;无不定根。与南方碱蓬具体对比如下:

(1)本种一年生;南方碱蓬多年生。

(2)本种叶子较长,最长7 cm,通常为2~6 cm;南方碱蓬的叶子较短,最长2 cm。

(3)本种种子较大,具圆盘状和卵形两种形状,直径2~3 mm,棕色或棕黑色,圆盘状胚呈螺旋状,无光泽,卵形种子有光泽;南方碱蓬种子较小,直径为1 mm,凸透镜形,有光泽和点纹。

(4)本种无不定根;南方碱蓬有不定根。

(5)本种的花有清晰幽香,其他种未见记载。

模式标本存中国科学院海洋生物标本馆,编号 MBM286537。

采集地:莱州湾垦利海域潮间带泥滩。

采集人:邢军武、曲宁、钟芳。

2.8.5 分布

山东半岛莱州湾垦利海域至威海南海海域。

2.8.6 用途

可用于盐生作物筛选驯化以及沿海滩涂红海滩植被构建,潮间带盐碱农业蔬菜、饲料、油料等产业开发。

图 8 - 26　垦利碱蓬形成的红海滩(邢军武摄)

图 8 - 27　潮间带海水中的垦利碱蓬(邢军武摄)

2.9　盐地碱蓬 *Suaeda salsa*(L.) Pall. (20)

2.9.1　分类记录

盐地碱蓬(中国北部植物图志)翅碱蓬(东北草本植物志)黄须菜(河北)碱葱(内蒙古) *Suaeda salsa* (L.) Pall. Illustr. 46. 1803；Bunge in Bull. Ac. Sci. St. Pètersb. 25：360. 1879 et in Act. Hort. Petrop. 6：428. 1880；Forb. et Hemsl. in Journ. Linn. Soc. Bot. 26：330. 1889—1902；北研丛刊2(2)：18. 1933；Iljin in Fl. URSS 6：191. 1936. p. p. ；Grobov, Pl. Asiae Centr. 2：77. 1966. – *S. heteroptera* Kitag. in Rep. First Sci. Exped. Manch. Sect. 4，4：79. 1936 et Lineam. Fl. Mansh. 193. 1939；东北草本植物志 2：72. 1959. – *S. ussuriensis* Iljin in Act. Inst. Bot. Ac. Sc. 1(2)：125. 1936. – Chenopodium salsum L. Sp. Pl. 221. 1753. 中国植物志25(2)：134~135. 1979.

2.9.2　分组

一年生草本。〔4. 无脉组 Sect. Heterosperma Iljin〕。

2.9.3　种的分类特征

盐地碱蓬 *Suaeda salsa*（L.）Pall. 团伞花序腋生。花被裂片无脉;柱头 2;花药长 0.3～0.5mm。种子表面点纹不清晰。叶基部无关节,直或不规则弯曲,先端尖或急尖。

2.9.4　种的分类描述

图 8 - 28　盐地碱蓬 *S. salsa*（L.）Pall.

（左图自《中国植物志》,右图自《中国高等植物》仿《中国北部植物图志》）

盐地碱蓬 *Suaeda salsa*（L.）Pall. 为一年生草本,高 20～80cm,绿色或紫红色。茎直立,圆柱状,黄褐色,有微条棱,无毛;分枝多集中于茎的上部,细瘦,开散或斜升。叶条形,半圆柱状,通常长 1～2.5cm,宽 1～2mm,先端尖或微钝,无柄,枝上部的叶较短。

团伞花序通常含 3 ~ 5 花,腋生,在分枝上排列成有间断的穗状花序;小苞片卵形,几全缘;花两性,有时兼有雌性;花被半球形,底面平;裂片卵形,稍肉质,具膜质边缘,先端钝,果时背面稍增厚,有时并在基部延伸出三角形或狭翅状突出物;花药卵形或矩圆形,长 0.3 ~ 0.4mm;柱头 2,有乳头,通常带黑褐色,花柱不明显。胞果包于花被内;果皮膜质,果实成熟后常常破裂而露出种子。种子横生,双凸镜形或歪卵形,直径 0.8 ~ 1.5mm,黑色,有光泽,周边钝,表面具不清晰的网点纹。花果期 7—10 月。

图 8 - 29　已开花与含苞欲放的盐地碱蓬 _S. salsa_(L.) Pall. (邢军武摄)

2.9.5　盐地碱蓬异名考辨

盐地碱蓬是盐碱环境最常见的先锋植物,分布十分广泛。因产地生态条件的差异,其植株大小、枝叶颜色、肉质化程度、分枝情况、花被裂片的形状和种子大小等都有很大变化。据《中国植物志》记载,20 世纪 30 年代北川政夫(Kitagawa)在我国东北记载了 _Suaeda heteroptera_ Kitag. 以及两个与本种相近的种,辽宁碱蓬 _S. liao - tungensis_ Kitag. 和光碱蓬 _S. laevissima_ Kitag. 。其主要特征是,后两者的花被均无延伸出的翅状突出物,也无龙骨突,此外,前者的种子较大,直径 1.5 ~ 1.7mm,表面有细点纹,后者的种子较小,直径 0.7 ~ 1mm,无点纹。但《中国植物志》指出:"该 2 种我们均未找到典型的标本,然而,我们却看到上述二者的主要特征,往往都在本种(盐地碱蓬)内出现,因此在未看到前两者的模式标本之前,暂作存疑。王薇等在《东北草本植物志》第二卷中,发表了 _S. heteroptera_ Kitag. 的 1 变种 var. _tenuiramea_ Fuh et Wang - Wei,其模式标本形态特异,我们认为可能是一个畸形个体。"

2.9.6　分布

产东北、内蒙古、河北、山西、陕西北部、宁夏、甘肃北部及西部、青海、新疆及山东、江苏、浙江的沿海地区,生于盐碱土,在海滩及盐湖边常形成单种群落。分布于欧洲及亚洲。

2.9.7　用途

本种原为著名野菜,现为重要的盐生作物。其幼苗、嫩枝、茎叶、种子皆可食用,北方沿海百姓春夏多采食或作为饲料,种子榨油是优质食用油或工业油料。其蛋白质具良好的水溶性,必需氨基酸比其他动植物更符合人体生理需求。20世纪90年代已成功被中国科学院海洋研究所邢军武研究组筛选为盐生作物,是盐碱农业的主要作物并已形成多种产业,具有很高的经济价值。可用于高盐碱荒漠环境的农业生产、生态修复与盐碱尘暴治理以及高盐环境园林绿化和景观构建,在高盐环境甚至沿海潮间带高盐滩涂,其单一群落可以形成著名的红海滩景观,使盐碱荒滩美丽多姿。

2.10　镰叶碱蓬 *Suaeda crassifolia* Pall. (19)

2.10.1　分类记录

镰叶碱蓬 *Suaeda crassifolia* Pall. Illustr. 54. t. 46. 1803;Grubov,Pl. Asiae Centr. 2:73. 1966. – Schoberia obtusifolia Bunge,Reliq. Lehmann. 290. 1852. – *Suaeda drepanophylla* Litv. in Sched. ad Herb. Fl. Ross. 4:109. 1908;Iljin in Fl. URSS 6:196. 1936. 中国植物志25(2):134. 1979.

2.10.2　分组

一年生草本。〔4. 无脉组 Sect. Heterosperma Iljin〕。

2.10.3　种的分类特征

镰叶碱蓬 *Suaeda crassifolia* Pall. 团伞花序腋生。花被裂片无脉;柱头2;花药长0.3~0.5mm。种子表面点纹不清晰。叶基部无关节,通常呈镰刀状弯曲,先端钝。

2.10.4　种的分类描述

镰叶碱蓬 *Suaeda crassifolia* Pall. 为一年生草本,高20~50cm。茎直立且多分枝,苍白或黄白色,无毛,下部圆柱状,上部具微条棱。叶通常蓝绿色,肉质化圆柱条形,镰刀状弯曲,先端钝,基部微收缩长7~15mm,粗1.5~2mm;枝上部叶较短,叶截面广椭圆至近圆形。团伞花序含4~12花或更多,于枝上部集成有间断的穗状圆锥状花序;花两性,有时兼有雌性;花被星状,直径1.5~2mm;花被裂片卵形,不等大,果时基部向外延伸成角状或三角状突起;小苞片卵形或倒卵形,顶缘有微齿;雄蕊5,花药宽椭圆形,长约0.3mm;柱头2,黑褐色,花柱不明显。种子横生或斜生,卵形,稍压扁,长约1mm,宽约0.8mm,红褐色至黑色,有光泽,具细微网纹。花期6—7月,果期8—9月。

2.10.5　分布

产新疆南部。生于盐碱土荒漠、河滩、湖边等处。伊朗、中亚至高加索地区也有分布。

图 8－30　镰叶碱蓬 *S. crassifolia* Pall.

（图引自《中国植物志》），照片左引自《新疆盐生植物》，右由邢军武摄）

2.10.6　用途

可用于盐生作物筛选和驯化，盐碱环境绿化和景观建设等。

2.11　角果碱蓬（中国北部植物图志）*Suaeda corniculata*（C. A. Mey.）Bunge.（14）

2.11.1　分类记录

角果碱蓬 *Suaeda corniculata*（C. A. Mey.）Bunge in Act. Hort. Petrop. 6 （2）：429. 1880；Franch. Pl. David. 1：251. 1884；Iljin in Fl. URSS 6：195. t. 9. f. 4. 1936；Kitag. Lineam. Fl. Mansch. 193. 1939；东北草本植物志 2：71. f. 66. 1959. – Schoberia corniculata C. A. Mey. inLedeb. Fl. Alt. 1：399. 1829；Moq. in DC. Prodr. 13 （2）：166. 1849. – *Suaeda corniculata* Bunge var. microcarpa Fu et Wang Wei in 东北草本植物志 2：109 （Addenda）. 1959. syn. nov.　中国植物志 25（2）：128. 1979.

角果碱蓬（原变种）*Suaeda corniculata*（C. A. Mey.）Bunge var. corniculata

2.11.2　分组

一年生草本。［4. 无脉组 Sect. Heterosperma Iljin］。

2.11.3　种的分类特征

角果碱蓬 *Suaeda corniculata*（C. A. Mey.）Bunge 团伞花序腋生。花被裂片无脉，呈不等长的角状；柱头 2；花药长约 0.2mm。种子表面点纹清晰。叶非倒卵形，先端尖或微钝。

2.11.4　种的分类描述

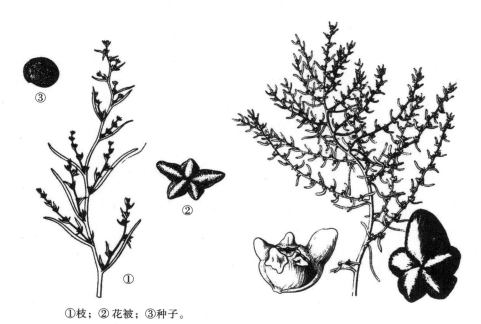

①枝；②花被；③种子。

图8-31　角果碱蓬 *S. corniculata*(C. A. Mey.) Bunge.

（左图引自《中国植物志》,右图引自《中国高等植物图鉴》）

角果碱蓬 *Suaeda corniculata*(C. A. Mey.) Bunge 一年生草本,高 15～60cm,无毛。茎平卧、外倾或直立,圆柱形,微弯曲,淡绿色,具微条棱;分枝细瘦,斜升并稍弯曲。叶条形,半圆柱状,长 1～2cm,宽 0.5～1mm,劲直或茎下部的叶稍弯曲,先端微钝或急尖,基部稍缢缩,无柄。团伞花序通常含 3～6 花,于分枝上排列成穗状花序,花两性兼有雌性;花被顶基略扁,5 深裂,裂片大小不等,先端钝,果时背面向外延伸增厚呈不等大的角状突出;花药细小,近圆形,长 0.15～0.2mm,黄白色;花丝短,稍外伸;柱头 2,花柱不明显。胞果扁,圆形,果皮与种子易脱离。种子横生或斜生,双凸镜形,直径 1～1.5mm,种皮壳质,黑色,有光泽,表面具清晰的蜂窝状点纹,周边微钝。花果期 8—9 月。

《中国植物志》第 25 卷第二册指出:"本种分布到青藏高原以后,体态上有些变化。如植株矮小,茎由基部分枝,平卧;叶变得短小,并近于扁平;但花部的特征仍然很稳定。苏联学者 Grubov 等人均将这个地区的这类标本定为 *Suaeda olufsenii* Pauls. 。我们查对了 Pauls. 的原始记载,其基本特征与本种青藏地区的标本是相吻合的,因此,我们认为这个地区的标本应归并于本种,作为本种的变种。"

西藏角果碱蓬（变种）*Suaeda corniculata*(C. A. Mey.)Bunge var. olufsenii(Pauls.) G. Chu, comb. nov. − *Suaedao* lufsenii Pauls. in VidensK. Medd. Natur − Hist. Foren. Kjobenhavn 194. 1903. 中国植物志 25(2):128～130. 1979.

2.11.5　分布

产黑龙江、吉林、辽宁、内蒙古、河北、宁夏、甘肃西部、青海北部、新疆。生于盐碱土荒漠、湖边、河滩等处。分布于中亚及西伯利亚。

2.11.6　用途

可用于盐生作物的筛选与驯化以及盐碱地绿化等。

2.12　平卧碱蓬 *Suaeda prostrata* Pall.（17）

12.1　分类记录

平卧碱蓬 *Suaeda prostrata* Pall. Ill. Pl. 55. t. 47. 1803；Iljin in Fl. URSS 6：194. t. 9. f. 6. 1936；*Grubov, Pl. Asiae Centr.* 2：77. 1966. – *Schoberia maritima* C. A. Mey. in Ledeb. Fl. Alt. 1：400. 1829. – *Suaeda maritima* a. vulgaris Moq. Chenop. Monogr. Enum. 128. 1840. – Chenopodina maritima a. vulgaris Moq. in DC. Prodr. 13（2）：161. 1849. – *Suaeda maritima* auct. non Dum.；Bunge in Act. Hort. Petrop. 6（2）：429. 1880；Forbes et Hemsl. in Journ. Linn. Soc. Bot. 26：329. 1891. – S. heterophylla auct. non Bunge：Грубов, Консп. Фл. МНР 120. 1955. 中国植物志 25（2）：130～132. 1979.

2.12.2　分组

一年生草本。〔4. 无脉组 Sect. Heterosperma Iljin〕。

①枝；②花被；③种子。

图 8 – 32　平卧碱蓬 *S. prostrata* Pall.

（引自《中国植物志》）

2.12.3　种的分类特征

平卧碱蓬 *Suaeda prostrata* Pall. 团伞花序腋生。花被裂片无脉,不呈角状;柱头2;花药长约0.2毫米。种子表面点纹清晰。叶先端钝或急尖,无芒尖;植物体通常平卧。

2.12.4　种的分类描述

平卧碱蓬 *Suaeda prostrata* Pall. 一年生草本,高20~50cm,无毛。茎平卧或斜升,基部有分枝并稍木质化,具微条棱,上部的分枝近平展并几等长。叶灰绿色条形半圆柱状,长5~15mm,宽1~1.5mm,先端急尖或微钝,基部稍收缩并稍压扁;侧枝上的叶较短,等长或稍长于花被。团伞花序2至数花,腋生;花两性,花被绿色,稍肉质,5深裂,果时花被裂片增厚呈兜状,基部向外延伸出不规则的翅状或舌状突起;花药宽矩圆形或近圆形,长约0.2mm,花丝稍外伸;柱头2,黑褐色,花柱不明显。胞果顶基扁;果皮膜质,淡黄褐色。种子双凸镜形或扁卵形,直径1.2~1.5mm,黑色,表面具清晰的蜂窝状点纹,稍有光泽。花果期7—10月。

2.12.5　分布

产内蒙古、河北、江苏北部、山西、陕西北部、宁夏、甘肃西部、新疆北部。生于重盐碱地。分布于西伯利亚、中亚、东欧。

2.12.6　用途

用于盐生作物筛选驯化和盐碱环境生态绿化等。

2.13　星花碱蓬 *Suaeda stellatiflora* G. L. Chu(16)

2.13.1　分类记录

星花碱蓬 *Suaeda stellatiflora* G. L. Chu in 植物分类学报 16:122. 1978. – S. olufseniiauct. Non Pauls;Grubov,Pl. Asiae Centr. 2:76. 1966. p. p. 中国植物志25(2):130. 1979.

2.13.2　分组

一年生草本。[4. 无脉组 Sect. Heterosperma Iljin]。

2.13.3　种的分类特征

星花碱蓬 *Suaeda stellatiflora* G. L. Chu 团伞花序腋生。花被裂片无脉,不呈角状;柱头2;花药长约0.2mm。种子表面点纹清晰。叶非倒卵形,先端通常有明显的芒尖;植物体直立。花被裂片仅具三角形的短翅突,彼此并成五星形,总直径不超过2mm。

2.13.4　种的分类描述

星花碱蓬 *Suaeda stellatiflora* G. L. Chu 一年生草本,高20~80cm。茎平卧或外倾,有微条棱,无色条,通常多分枝。叶条形,半圆柱状,长0.5~1cm,宽约1mm,稍弯曲,先端急尖或钝,具芒尖,基部稍压扁,几无柄,茎上部和分枝上的叶(苞)较短,披针形至卵形,上面平,下面凸。团伞花序通常含2~5花,腋生;花两性,花被稍肉质,顶基略扁,5深裂,果时花被裂片的基部向外延伸出几等大的钝三角形翅突,彼此并成五角星形,总直径1.5~2mm;雄蕊5,花丝丝形,不伸出于花被外,花药半球形,直径约2.5mm;柱头2,细小,花柱不明显。果皮与种皮分离。种子横生,双凸镜形,直径0.9~1mm,种皮薄壳质或膜,红褐色至黑色,周边钝,表面具清晰点纹。花果期7—9月。

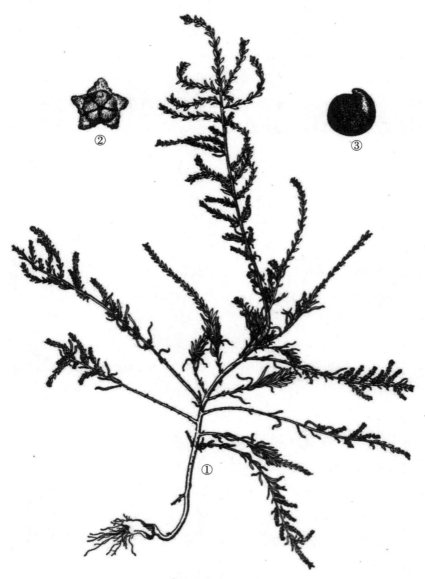

①枝;②花被;③种子。

图8-33 星花碱蓬 *S. stellatiflora* G. L. Chu

(引自《中国植物志》)

2.13.5　分布

产甘肃西部、新疆。生于沙丘间、盐碱土荒地、湖边、渠沿等处,常成片群生。

2.13.6　用途

可用于盐碱地植被和绿化景观等。

2.14　盘果碱蓬 *Suaeda heterophylla*(Kar. et Kir.) Bunge (15)

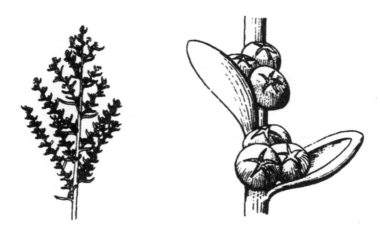

图 8 – 34　盘果碱蓬 *S. heterophylla*(**Kar. et Kir.**) **Bunge** 的顶枝(左)和花枝(右)

(引自《中国植物志》)

图 8 – 35　盘果碱蓬 *S. heterophylla*(**Kar. et Kir.**) **Bunge** 的植株(左)和花被(右)

(引自《中国高等植物》)

2.14.1　分类记录

盘果碱蓬 *Suaeda heterophylla*（Kar. et Kir.）Bunge in Act. Hort. Petrop. 6（2）：429. 1880；Iljin in Fl. URSS 6：197. t. 9. f. 5. 1936；Grubov，Pl. Asiae Centr. 2：74. t. 2. f. 2. 1966. – Schoberia heterophylla Kar. et Kir. in Bull. Soc. Nat. Mosc. 14：734，1841. – Breza heterophylla Moq. in DC. Prodr. 13（2）：167. 1849；Ulbr. in Engl. u. Prantl. Pflanzenfam. 2 Aufl. 16c：559. 1934. – *Suaeda* kossinskyiauct. non Iljin；Grubov，Pl. Asiae Cent. 2：75，1966. p. p. 中国植物志 25（2）：130. 1979.

2.14.2　分组

一年生草本。[4. 无脉组 Sect. Heterosperma Iljin]。

2.14.3　种的分类特征

盘果碱蓬 *Suaeda heterophylla*（Kar. et Kir.）Bunge 团伞花序腋生。花被裂片无脉，不呈角状；柱头2；花药长约0.2mm。种子表面点纹清晰。叶非倒卵形，先端通常有明显的芒尖；植物体直立。花被裂片的横翅发达，彼此并成圆盘形，总直径2.5～3.5mm。

2.14.4　种的分类描述

盘果碱蓬 *Suaeda heterophylla*（Kar. et Kir.）Bunge 为一年生草本，高20～50cm。茎直立或外倾，圆柱形，有微条棱，多分枝；上部分枝通常上升。叶条形至丝状条形，半圆柱状，长1～2cm，宽1～1.5mm，稍有蜡粉，蓝灰绿色，先端微钝并具短芒尖，基部渐狭，上部的叶较短而宽。固伞花序通常3～5花，腋生；花两性，无柄；花被顶基扁，绿色，5裂，裂片三角形，果时基部向外延伸成横翅，翅通常钝圆。彼此并成圆盘形，总直径2.5～3.5mm；花药细小，近圆形，直径约0.2mm；柱头2，花柱不明显。种子横生，双凸镜形或扁卵形，直径约1mm，黑色或红褐色，稍有光泽，表面具清晰点纹。花果期7—9月。

2.14.5　分布

产宁夏、甘肃西部、青海北部、新疆，西藏有记载但尚未采到标本。生于戈壁、河滩、湖边等重盐碱地区，有时也侵入农田。分布于中亚至东欧。

2.14.6　用途

可用于高盐环境绿化植被景观建造等。

2.15　阿拉善碱蓬（甘肃土名水杏、水珠子）*S. przewalskii* Bunge（12）

2.15.1　分类记录

阿拉善碱蓬 *S. przewalskii* Bunge in Bull. Acad. Sci. St. P. tersb. 25：260. 1879；Grubov，Pl. Asiae Centr. 2：77. t. 5. f. 2. 1966. 中国植物志 25（2）：126. 1979.

2.15.2　分组

一年生草本。[4. 无脉组 Sect. Heterosperma Iljin]。

2.15.3　种的分类特征

阿拉善碱蓬 *S. przewalskii* Bunge 团伞花序大多生于叶腋两侧的短枝上。花被周围果时仅具狭的翅环；花被裂片无脉；柱头 2；种子略扁，表面具清晰的蜂窝状点纹。叶（至少枝上部的叶）呈倒卵形，肥大，先端钝圆。

2.15.4　种的分类描述

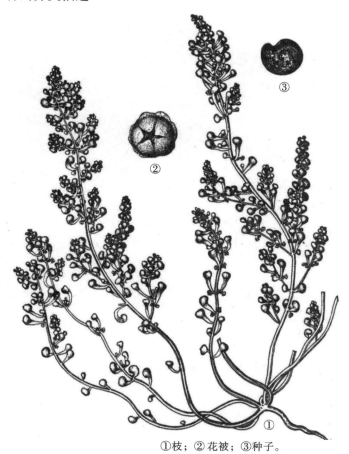

①枝；②花被；③种子。

图 8 - 36　阿拉善碱蓬 *S. przewalskii* Bunge

（引自《中国植物志》）

阿拉善碱蓬 *S. przewalskyei* Bunge 团伞花序生叶腋或叶腋两侧的短枝上；花被裂片无脉；柱头 2；种子略扁，表面多少有点网纹；一年生草本，很少为小灌木。高 20～40cm，植株绿色，带紫色或带紫红色。茎多条，平卧或外倾，圆柱状，通常稍有弯曲，有分枝；枝细瘦，稀疏。叶略呈倒卵形，肉质，多水分，长 10～15mm，最宽处约 5mm，先端钝圆,基部渐狭,无柄或近无柄。团伞花序通常含3～10花,生叶腋和有分枝的腋生短枝上;花两性兼有雌性;小苞片全缘;花被近球形,顶基稍扁,5深裂;裂片宽卵形,果时背面基部向外延伸出不等大的横狭翅;花药矩圆形,长约0.5mm;柱头2,细小。胞果为花被所包覆,果皮与种子紧贴。种子横生,肾形或近圆形,直径约1.5mm,周边钝,种皮薄壳质或膜质,黑色,几无光泽,表面具清晰的蜂窝状点纹。花果期6—10月。

图 8－37　阿拉善碱蓬 *S. przewalskii* Bunge 照片

(引自《中国高等植物》朱格麟摄)

2.15.5　分布

产宁夏、甘肃西部。生于沙丘间、湖边、低洼盐碱地等处。蒙古也有分布。

2.15.6　用途

可用于盐碱地绿化等。

2.16　肥叶碱蓬 *Suaeda kossinskyi* Iljin.(13)

2.16.1　分类记录

肥叶碱蓬 *Suaeda kossinskyi* Iljin in Bull. Jard. Bot. Princ. d. URSS XXVI(2):115. 1927 et in Fl. URSS 6:197. 1936. 中国植物志25(2):126～128. 1979.

2.16.2　分组

一年生草本。[4. 无脉组 Sect. Heterosperma Iljin]。

2.16.3　种的分类特征

肥叶碱蓬 *Suaeda kossinskyi* Iljin 团伞花序大多生于叶腋两侧的短枝上。花被周围果时仅具狭的翅环;花被裂片无脉;柱头2;种子略扁,表面具清晰的蜂窝状点纹。叶(至少枝上部的叶)呈倒卵形,肥大,先端钝圆。

2.16.4　种的分类描述

肥叶碱蓬 *Suaeda kossinskyi* Iljin 为一年生草本,高 10～20cm。根圆柱状,黑褐色。茎直立,多由基部分枝;枝平卧或上升,圆柱形。上部稍有棱,黄白色,无毛。叶极肥厚,生在茎和主枝上的条形,半圆柱状,长可达 1.5cm,宽约 2mm,生在侧枝上的倒狭卵形至倒卵形,略扁,长 3～4mm,宽 2～3mm,先端钝圆,基部圆形至宽楔形,几无柄。花两性兼有雌性,通常 2～5 朵团集,生于叶腋及腋生的无叶短枝上;花被顶基扁,5 裂;裂片近三角形,果时基部向四周延伸生出形状不规则的横翅;雄蕊 1～2 个发育,花丝扁平,不伸出花被外,花药卵状矩圆形,长约 0.3mm;柱头 2,细小,叉开,花柱不明显。种子横生,圆形,扁平,或为双凸镜形,直径 0.8～1.2mm,种皮膜质或薄壳质,壳质种皮的种子红褐色至黑色,有光泽,表面具不清晰的浅网纹。花果期 8—10 月。

①植株;②花被;③种子。

图 10－38　肥叶碱蓬 *Suaeda kossinskyi* Iljin

(引自《中国植物志》)

图 8-39　肥叶碱蓬 *Suaeda kossinskyi* Iljin 照片

（左为植株，中为主枝和叶，右为侧枝和叶）（引自《新疆盐生植物》）

2.16.5　分布

产新疆北部。生于潮湿的强盐碱化土壤。俄罗斯欧洲部分和中亚地区也有分布。

2.16.6　用途

可用于高盐碱环境土壤改良与绿化。

2.17　刺毛碱蓬 *Suaeda acuminata*（C. A. Mey.）Moq.（8）

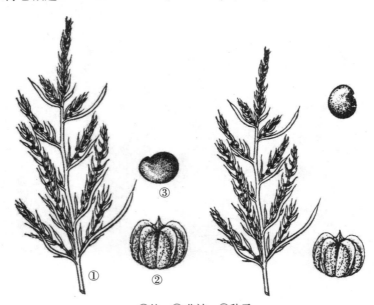

①枝；②花被；③种子。

图 8-40　刺毛碱蓬 *S. acuminata*

（左为《中国植物志》中的图，右图为《中国高等植物》仿左图但未注明）

2.17.1　分类记录

刺毛碱蓬 *Suaeda acuminata*（C. A. Mey.）Moq. in Ann. Sci. Natur. ser. 1，23：309. 1831；

Iljin in Fl. URSS 6：187. 1936；Grubov，Pl. Asiae Centr. 2：71. t. 2. f. 3. 1966. p. p. -Schoberia acuminata C. A. Mey. In Ledeb. Ic. Pl. Fl. Ross. 1：11. t. 44. 1829 et in Ledeb. Fl. Alt. 1：401. 1829. 中国植物志 25(2)：122. 1979.

2.17.2 分组

一年生草本。[3. 显脉组 Sect. Conosperma Iljin]。

2.17.3 种的分类特征

刺毛碱蓬 Suaeda acuminata(C. A. Mey.) Moq. 团伞花序全部腋生;花被裂片具明显的 3 脉,背面常有纵的翅状隆脊;柱头大多 3~5;种子极凸,表面几无点纹,光亮。叶先端具易脱落的刺毛;翅状纵隆脊仅位于花被裂片的近先端并向前倾。

图 8-41 刺毛碱蓬 *S. acuminata* 枝叶和花(照片自《新疆盐生植物》)

图 8-42 刺毛碱蓬 *S. acuminata* 植株生境

(左引自《新疆盐生植物》,右引自《中国高等植物》郎楷永摄)

2.17.4 种的分类描述

刺毛碱蓬 Suaeda acuminata(C. A. Mey.) Moq. 为一年生草本,高 20~50cm,根灰褐色。茎直立,圆柱形,通常多分枝;枝灰绿色,有时带浅红色,稍扁,几无毛。叶条形,半圆柱状,长 5~15mm,宽 1~1.5mm,灰绿色,先端钝或微尖并具刺毛,无柄;刺毛淡黄色,长约3mm,易脱落。团伞花序通常含3花,腋生;中央的1花较大,两性,花被裂片的背面具纵隆脊,果时隆脊的前端向上延伸成鸡冠状纵翅;侧花雌性,花被裂片先端兜状,背面果时具微隆脊;花药宽卵形至矩圆形,长约0.6mm;子房狭卵形,上端狭,顶端微凹;柱头3,细小,花柱不明显;小苞片卵形或卵状披针形,先端渐尖,边缘有微锯齿。胞果包于花被内,果皮与种子易分离。种子横生,直立或斜生,略呈卵形,长0.8~1mm,周边钝,红褐色至黑色,平滑,有光泽,胚根在下方。花果期6—9月。

2.17.5　分布

产新疆北部。生于盐碱土荒漠、山坡、沙丘等处。蒙古、俄罗斯中亚地区及西伯利亚也有分布。

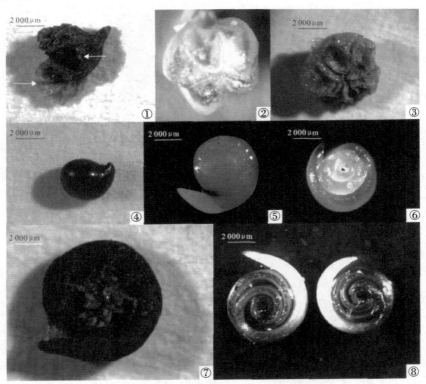

①带果皮干种子;②肉质花被;③带花被的种子;④去果皮的干种子;⑤去种皮的胚;⑥硬皮种子种胚;⑦软皮种子去果皮种子;⑧软皮种子去种皮种胚螺旋,子叶绿色。图版横线代表2 000μm,单箭头示果实的2个翅,双箭头示果实包被的种子。

图8-43　刺毛碱蓬果实和种子的不同形态(丁效东等,2010)①

2.17.6　用途

---

①丁效东,张士荣,李扬,田长彦,冯固.刺毛碱蓬种子多型性及其对极端盐渍环境的适应.西北植物学报,2010,30(11):2293~2299.

可用于盐碱土荒漠生态绿化土壤改良等。

2.18　硬枝碱蓬 *S. rigida* Kung et G. L. Chu(10)

2.18.1　分类记录

Suaeda rigida Kung et G. L. Chu in 植物分类学报 16：121.1978. -
S. Turkestanicaauct. non Litv. ；Grubov，Pl. AsiaeCentr. 2：78. 1960. 中国植物志 25（2）：
124. 1979.

①枝；②两性花；③雌花；④种子。

图 8－44　硬枝碱蓬 *S. rigida* Kung et G. L. Chu

（引自《中国植物志》）

2.18.2　分组

该种一年生,半灌木。［3. 显脉组 Sect. Conosperma Iljin］。

2.18.3　种的分类特征

硬枝碱蓬 *S. rigida* Kung et G. L. Chu 是孔宪武先生 1978 年发表的新种。新种描述为:"本种与纵翅碱蓬相近(该种已被合并入刺毛碱蓬①),但植株较高,花簇具密集的多数花,花被片果时背面无纵翅状隆脊;柱头 3 ~ 5,羽状,而与后种不同。"②奇怪的是孔宪武先生没有具体记述所鉴定标本的高度,查《中国植物志》第 25 卷第二册记载纵翅碱蓬"高 15 ~ 60cm",据此可推知硬枝碱蓬应高于此数。

《中国植物志》描述其"植株高大,茎木质化。团伞花序着生叶腋或腋生短枝上,短枝基部与叶基部不合并。花序非顶生圆锥状,含多数花;柱头 3,羽状;花被果时非囊状。花被裂片背面无纵脊,有明显的脉;种子极凸"。

2.18.4 种的分类描述

《中国植物志》第 25 卷第二册称硬枝碱蓬是"高大的一年生草本?",可见作者不能确定其生长年限是否为一年,为慎重计,以问号存疑。随后出版的《新疆植物志》《新疆盐生植物》等皆未有一年生或多年生的记载和结论。

2018 年新疆生态与地理研究所赵振勇先生确认硬枝碱蓬系一年生。

硬枝碱蓬为半灌木,茎直立粗壮木质化,基部直径可达 1.5cm,褐色至灰褐色,稍平滑,多分枝;枝硬直,斜伸,侧枝细瘦而稍弯曲。叶条形,半圆柱状,长 1 ~ 1.5cm,宽 1.5 ~ 2mm,近平伸,先端急尖或微钝,基部渐狭。团伞花序具密集的多数花,腋生;花两性兼有雌性;花被绿色,裂至中下部,裂片狭矩圆形,通常不等大,具 3 脉,先端兜状,具膜质边缘,果时背面近先端肉质肥厚;雄蕊 5,花药宽卵形至短矩圆形,长约 0.5mm,花丝丝形,不伸出于花被外;子房卵形,柱头 3,有时 4 ~ 5,羽状,黑色,通常伸出花被外,花柱极短。果皮膜质,疏松包覆种子。种子直立,歪卵形,极凸,红褐色至黑色,长约 1.1mm,宽约 0.9mm,有光泽,周边钝圆,表面有微网纹,无胚乳。

2.18.5 分布

产新疆南部。生于胡杨林下。

2.18.6 用途

可用于盐生作物筛选、驯化,种子含丰富油脂,可用为油料、饲料、蔬菜,可用于盐碱荒漠绿化及土壤改良等。

2.19 五蕊碱蓬 *Suaeda arcuata* Bunge(11)

2.19.1 分类记录

五蕊碱蓬 *Suaeda arcuata* Bunge, Reliq. Lehmann. 285. 1852 et Enum. Salsolac. centrasiat. 427. 1880;Iljinin Fl. URSS 6:182. 1936;Grubov, Pl. Asiae Centr. 2:72. 1966 –

---

① 邢军武. 中国碱蓬属植物修订. 海洋与湖沼,2018,6.
② 孔宪武等. 中国藜科植物. 植物分类学报,1978,16(1):121 ~ 122.

S. lipskyi Litv. in Sched. ad Herb. Fl. Ross. 3：35. 1901. 中国植物志 25（2）：124～126. 1979.

2. 19. 2 分组

一年生草本。［3. 显脉组 Sect. Conosperma Iljin］。

2. 19. 3 种的分类特征

五蕊碱蓬 *Suaeda arcuata* Bunge 团伞花序全部腋生；花被裂片具明显的脉，背面常有纵的翅状隆脊；柱头大多3～5；种子极凸，表面几无点纹。花被裂片的背面无纵脊。团伞花序含3～6花；柱头3～5，非羽状；细弱的小草本。

2. 19. 4 种的分类描述

五蕊碱蓬 *Suaeda arcuata* Bunge 为一年生草本，高10～20cm。茎直立，细瘦，有少数分枝。叶条形，略扁平，通常长0.5～1.5cm，宽0.7～2mm，先端急尖，基部渐狭。团伞花序含3～6花，紧密，腋生；小苞片卵形，先端多为尾尖，边缘有微齿；花两性兼有雌性；花被不等大，五深裂，裂片兜状，具3脉，边缘膜质；雄蕊5，花药矩圆状椭圆形，长0.5～0.8mm；子房狭卵形，顶端微凹，柱头3～5，毛发状，伸出花被外，无花柱。花期9月。

《中国植物志》第25卷第二册指出："我们的标本植株较细弱，柱头的数目较多，与原记载不符合。"作者应有该种植物标本，但不知何故却没有绘图且未加说明。作为一部国家植物志没有必要的植物特征图实是一大缺憾。后出的《新疆植物志》等也沿袭了这一缺憾。

2. 19. 5 分布

产新疆西南部。生于柽柳树下。

2. 19. 6 用途

可用于盐碱地绿化。

第九章　碱蓬属植物的解剖结构

许多藜科盐生植物具有肉质茎叶。盐导致其皮层薄壁细胞加厚和中柱木质化增强。肉质盐生植物一般分为肉质叶和肉质茎两类,其器官差异很大。前者以碱蓬属为代表,后者以同科的盐角草属为代表。

碱蓬属主要是叶肉质化植物。其叶横截面呈圆、椭圆或半圆形。叶表皮排列紧密,外被角质层。在高盐环境中表皮细胞角质层及外侧细胞壁明显增厚,与低盐环境相比,两者角质层表面形态也有差异。表皮内 2~3 层为排列紧密的栅栏组织细胞,内含丰富的叶绿体。栅栏组织内是大型薄壁储水组织细胞,在储水组织中排列有维管束,维管束系统不发达,所占比例不到叶半径的 25%,且结构简单,叶半径的 60% 以上是皮层。当盐在叶中积累浓度过高时则可通过脱落排盐。

杨赵平等(2011)报道星花碱蓬、平卧碱蓬与肥叶碱蓬表皮细胞外侧壁常外凸生长,五蕊碱蓬、硬枝碱蓬与高碱蓬表皮细胞外壁则较平滑。气孔的分布与气孔室的大小也有所不同,星花碱蓬、平卧碱蓬、硬枝碱蓬与高碱蓬气孔稍下陷,气孔下室大,五蕊碱蓬与肥叶碱蓬则气孔下陷较深。

平卧碱蓬、五蕊碱蓬和肥叶碱蓬表皮下都有一层贮藏组织,其细胞形态近等径,不含或含极少叶绿体。通常,生境含水量对栅栏组织与海绵组织的分化程度有重要影响,干旱生境植物一般叶肉栅栏组织发达,细胞层数增多而体积减小。碱蓬属植物叶肉结构差异较大,解剖显示硬枝碱蓬栅栏组织细胞形态明显比星花碱蓬、平卧碱蓬、肥叶碱蓬、五蕊碱蓬及高碱蓬小,细胞层数则相对较多,但因这种形态差异不是在相同的环境条件下的植物解剖差异,尚不足以作为碱蓬属各种间可资比较的可靠依据。相反,肥叶碱蓬叶肉栅栏不发达且所含叶绿体较少,并分化出大量贮藏组织。碱蓬属植物主脉维管束多不发达,唯碱蓬与硬枝碱蓬、高碱蓬的主脉维管束较发达,主脉维管束内分化出 1 层形成层,与其均系碱蓬属中特别高大粗壮的种有关,而事实上,高碱蓬与碱蓬乃同种异名。

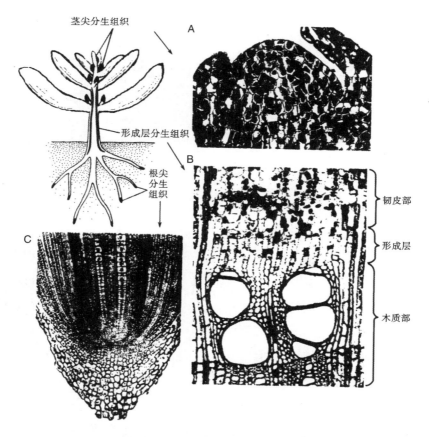

A. 茎尖与叶腋分生组织；B. 茎的形成层分生组织；C. 根尖 2~5 层细胞。

图 9-1　碱蓬属植物茎尖与叶腋、茎和根尖纵切面的分生组织示意图

第一节　碱蓬属植物叶的解剖

许多干旱或盐碱生境的植物茎叶呈肉质化现象，碱蓬属 *Suaeda* 主要是叶肉质化，并表现为叶肉细胞增大。其叶细胞的细胞质含丰富的 Na^+。

1. 碱蓬属植物叶的横切面结构

1.1　小叶碱蓬 *Suaeda microphylla*(C. A. Mey.)Pall.

小叶碱蓬为碱蓬属少有的半灌木。其叶为半圆形，表皮由一层较大细胞组成，细胞质成一薄层衬于细胞壁上，细胞核明显位于内侧，气孔器下陷(图 9-2：右图)。表皮内为一层排列整齐的长方柱形栅栏组织细胞(图 9-2：右图)，内含丰富叶绿体。紧靠栅栏组织内有一层排列紧密的近方形细胞组成的染色较深的黏液细胞层(图 9-2：右图)，该层细胞内为较大的含叶绿体长方形薄壁细胞，几列维管束分布其中(图 9-

2：左图）。小叶碱蓬无盐腺，内部有发达的储水组织以稀释盐分。

左图 V 处系维管束，右图 Mu 处是气孔和黏液细胞。

图9-2　小叶碱蓬叶横切面（×100）（周玲玲等）

1.2　碱蓬 *Suaeda glauca*（Bunge）Bunge

碱蓬是碱蓬属最高大的一个种。其叶横切面表皮由一层紧密排列的细胞组成，略外突并被厚角质层，表皮细胞多长方形，含草酸钙方晶。气孔多平列且上表皮气孔多于下表皮，上表皮气孔成列，每列气孔间隔 1～2 列细胞，下表皮气孔多成行，叶肉分化为栅栏组织和贮水组织两部分，栅栏组织沿上、下表皮排列成一圈，贮水组织位于叶中央，由大型薄壁细胞构成。叶脉维管束外韧型，外面有维管束鞘，上表皮栅栏组织通过中脉。叶肉组织中含少量草酸钙方晶、簇晶。栅栏组织由 1～2 层长柱状同化细胞构成，叶脉维管束发达（图 9-3）①。

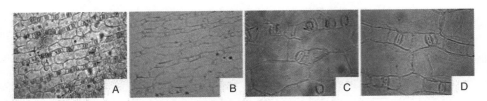

A：碱蓬叶上表皮（10×10）；B：碱蓬叶下表皮（10×10）；C：碱蓬叶上表皮（10×40）；D：碱蓬叶下表皮（10×40）。

图9-3　碱蓬叶上下表皮解剖（孙稚颖图，未有横切面是由于造成切片比较困难）

1.3　高碱蓬 *Suaeda altissima*（L.）Pall.

高碱蓬原是新疆分布种，已于 2018 年与碱蓬 *S. glauca*（Bunge）Bunge 合并②。其叶表皮细胞外壁光滑，外凸生长不明显，气孔稍下陷，气孔下室大。栅栏组织发达，其近轴面、远轴面皆由 2～3 层细胞构成。贮藏组织位于叶横切面中央，含丰富绿色黏液物质（图 9-4）。主脉维管束被贮藏组织所包围，木质部与韧皮部之间有 1 层形成层。

①孙稚颖. 山东碱蓬属两种植物形态解剖学研究. 食品与药品,2014,16(1):9～12.
②邢军武. 中国碱蓬属植物修订. 海洋与湖沼,2018,49(6):1375～1379.

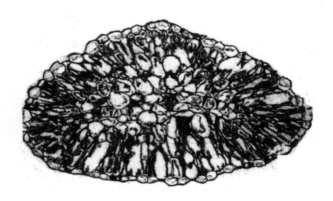

图 9 - 4　高碱蓬叶横切面(10 × 10)(杨赵平等,2011)

1.4　硬枝碱蓬 *Suaeda rigida* Kung et G. L. Chu

硬枝碱蓬亦系新疆独有种,主要分布在塔克拉玛干荒漠。其叶表皮细胞外壁较光滑,外凸生长不明显,气孔稍下陷,气孔下室大。栅栏组织发达,但细胞较小,在近轴面、远轴面皆由 2~4 层细胞构成。贮藏组织位于叶横切面中央,细胞较大,所占的比例较小(图 9 - 5)。主脉维管束被贮藏组织所包围,较星花碱蓬、平卧碱蓬、五蕊碱蓬、肥叶碱蓬和高碱蓬等 5 种碱蓬属植物更为发达,木质部和韧皮部间有 1 层形成层。

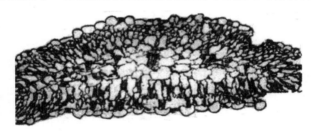

图 9 - 5　硬枝碱蓬叶横切面(10 × 10)(杨赵平等,2011)

1.5　盐地碱蓬 *Suaeda salsa* (L.)　Pall. ①

盐地碱蓬系碱蓬属分布最广的种。其叶肉质无柄,横切面近椭圆形。直径约623μm,表皮由一层排列紧密的细胞构成,向外乳状突起,呈不整齐波浪状,角质层厚约11μm,可防水分蒸腾。表皮细胞顶面观呈多角形紧密排列,切线壁平直。气孔器小而密度较大,与表皮细胞平置或微陷气孔多为平列型,副卫细胞较大。上表皮细胞含大量草酸钙方晶和横纹,气孔比下表皮多,间隔纵向排列,下表皮气孔排列无规律(图 9 - 6 E,F,G,H)。表皮细胞多长方形,含草酸钙方晶,叶肉分化为栅栏组织和贮水组织两部分,栅栏组织沿上、下表皮排列成一圈,大型贮水组织位于叶中央,由大型

①任昱坤. 盐地碱蓬 *Suaeda salsa* (L) Pall 叶的解剖结构与生态环境关系的研究. 宁夏农学院学报, 1995,16(1):36 ~ 40.

薄壁细胞构成。叶肉组织含大量草酸钙方晶、柱晶和簇晶。叶脉维管束外韧型,外有维管束鞘,上表皮栅栏组织通过中脉,由 2~3 层长柱状同化细胞构成。叶脉维管束不发达(图 9-7)①。

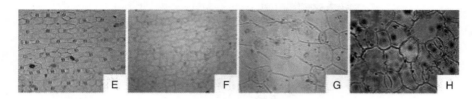

E、F 分别系上下表皮 10×10 倍;G、H 分别为 10×40 倍上下表皮。

图 9-6　盐地碱蓬叶的上下表皮(孙稚颖,2014)

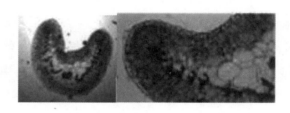

左图(10×10)横切面形态异常,疑系切片处理不当所致;右图示叶横切面栅栏组织(10×20)。

图 9-7　盐地碱蓬叶横切面(孙稚颖,2014)

1.6　碱蓬 *Suaeda monoica*

该种我国无记录,其叶具两层同化组织,在盐环境中其内层扩大,外层(下表皮层)则变化较小。植物肉质化程度及叶表面积与叶体积比值相关。图 9-8 显示 *Suaeda monoica* 在盐碱与非盐碱生境中叶横切面差异很大。

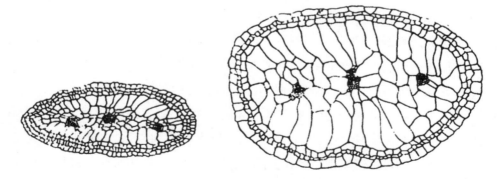

左为淡土生境,右为盐渍生境。

图 9-8　碱蓬 *Suaeda monoica* 叶横切面

①孙稚颖.山东碱蓬属两种植物形态解剖学研究.食品与药品,2014,16(1):9~12.

1.7　星花碱蓬 *Suaeda stellatiflora* G. L. Chu

星花碱蓬叶表皮细胞外侧多外凸,气孔稍下陷,气孔下室不发达。栅栏组织在近轴面与远轴面皆由2~4层细胞构成,细胞含较丰富叶绿体。贮藏组织发达,位于叶横切面中央,其细胞形态与栅栏组织细胞较相似,但不含或很少含叶绿体。维管束极不发达,主脉维管束被贮藏组织包围,内无形成层(图9-9)。

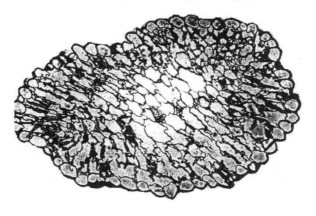

图9-9　星花碱蓬叶横切面(10×10)(杨赵平等,2011)

1.8　平卧碱蓬 *Suaeda prostrata* Pall.

平卧碱蓬叶表皮细胞外侧多外凸,气孔稍下陷,气孔下室发达。近表皮分化出1层细胞较大的贮藏组织。栅栏组织发达,在近轴面、远轴面皆由2~3层细胞构成。叶横切面中央分化出较为发达的贮藏组织。维管束极不发达,主脉维管束被贮藏组织包围,内无形成层(图9-10)。

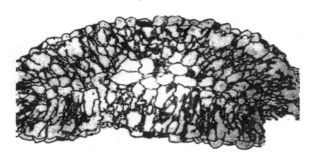

图9-10　平卧碱蓬叶横切面(10×10)(杨赵平等,2011)

1.9　五蕊碱蓬 *Suaeda arcuata* Bunge

五蕊碱蓬叶表皮细胞外壁较光滑,外凸生长不明显,气孔下陷且气孔下室大。近表皮分化出1层细胞较大的贮藏组织。栅栏组织发达,在近轴面、远轴面皆由2~3层细胞构成。贮藏组织细胞位于叶横切面中央,所占比例小。维管束极不发达,主脉维管束被贮藏组织包围,内无形成层(图9-11)。

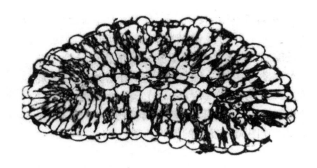

9 - 11 五蕊碱蓬叶横切面(10×10)(杨赵平等,2011)

1.10 肥叶碱蓬 *Suaeda kossinskyi* Iljin

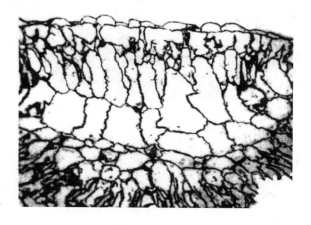

9 - 12 肥叶碱蓬叶横切面(10×10)(杨赵平等,2011)

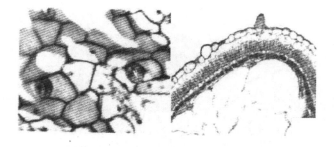

图 9 - 13 左为肥叶碱蓬叶表皮正面观细胞和气孔器(×360);右为叶横
切面,从外向内依次是表皮细胞和盐腺、排列疏松的薄壁细胞层、栅栏细
胞层、贮藏细胞层、贮水组织(×250)(杨赵平等,2011)

  肥叶碱蓬叶倒卵形肉质棒状,叶表皮细胞单层,外切向壁外突,呈不整齐波浪状,顶面观呈排列紧密多边形,径向壁平直。无叶绿体,气孔下陷且气孔下室大。近表皮分化出 1 层细胞较大的贮藏组织细胞。栅栏组织较星花碱蓬、五蕊碱蓬、平卧碱蓬、高碱蓬与硬枝碱蓬等欠发达,在近轴面与远轴面皆由 2 ~ 3 层细胞构成,细胞较小,排列

紧密。贮藏组织位于叶横切面中央,极发达(图 9 - 12)。叶脉全部包藏于贮藏组织,维管束极不发达,主脉维管束被贮藏组织包围,无形成层。叶表皮上气孔器密度较大,气孔器不下陷,属不规则形,大小为 21μm × 14μm,无副卫细胞,两个保卫细胞的长轴与棒状叶长轴垂直。横切面为方形或椭圆形,外侧细胞壁覆盖较发达的角质层,厚约11μm,无表皮毛,个别表皮细胞呈乳头状突起,为泌盐细胞(图 9 - 13)。

1.11　角果碱蓬 *Suaeda corniculata*(C. A. Mey.)Bunge

角果碱蓬叶小,平均宽约 1.4mm,厚 0.2mm,叶线形肉质,横切面呈半圆形,叶表皮细胞排列紧密,角质层厚,气孔器小(图 9 - 14 右图),平列,副卫细胞较大,具有定向排列的特点。

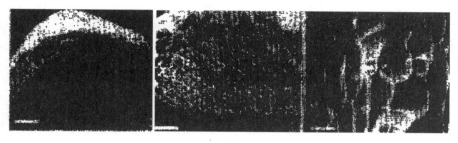

左图为叶横切,示表皮无表皮毛(×70,棒 =215μm)。中图为叶横切放大,示栅栏组织和纤细叶脉(×300,棒 =50μm)。右图系叶表皮表面观,示气孔和突起的表皮细胞(×500,棒 =30μm)。

图 9 - 14　角果碱蓬叶横切扫描电镜照片(陆静梅等,原图印刷质量较差)

1.12　南方碱蓬 *Suaeda australis*(R. Br.)Moq.

叶肉质无柄,呈圆柱、半圆柱状,叶表皮排列紧密,气孔器较少,表皮外被有一层角质层。高盐生境角质层及外侧细胞壁比淡土生境的明显增厚,且角质层表面形态也有差异。表层内 2 ~ 3 层系排列紧密的栅栏组织细胞,内含丰富的叶绿体。栅栏组织内是大型薄壁贮水组织细胞,整个皮层占叶半径的 60% 以上。贮水组织中排列一列维管束,维管束不发达,所占比例不及半径的 25%,结构也较简单(图 9 - 15),当叶中积累盐分浓度过高后可脱落以排盐。

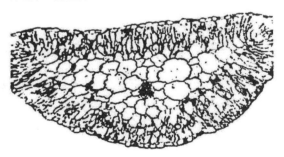

图 9 - 15　南方碱蓬叶横切面

2. 碱蓬属植物的叶表皮泌盐结构

碱蓬属植物叶表皮有的有毛,有的无毛。有的有泌盐功能,有的没有。

盐地碱蓬叶表皮密被单细胞带棘刺细长白色柔毛,柔毛细胞腔呈一狭缝,壁厚、长短不等,每根毛有 2 ~ 4 个膨大节。节内有纵向分布的细丝状物,染色较深,节间部分壁厚,呈染色较浅的长杆状狭缝腔,仅一薄层内容物紧贴厚细胞壁上。表皮毛基部膨大并分叉呈宿存花萼裂片状,附着在基细胞顶端,增加了皮毛与基细胞的接触面积,有利于基细胞中物质向表皮毛输送。基细胞体积较一般表皮细胞大,细胞质较浓,紧密镶嵌在表皮层中。有的基细胞中含较大晶体。表皮毛外壁具钩状棘刺,吸附有排出的盐晶颗粒,能遮光和反射强光、降低体温及泌盐。

肥叶碱蓬(*Suaeda kossinskyi* Iljin)表皮有较厚角质层,无毛,但叶和茎均有乳头状突起的单个泌盐细胞,似亦具泌盐功能。

多种盐生植物可通过盐囊泡结构泌盐调节离子平衡。盐囊泡通常由 1 ~ 4 个柄细胞和一膨大的泡状细胞组成(图 9 – 16 – D)。泡状细胞内含晶体或中央大液泡,而柄细胞为内含浓细胞质的小型细胞。植物体将过多盐分积累在泡状头细胞的液泡内,最终泡状细胞破裂将盐分泌出体外。

角果碱蓬叶表皮无毛。但每一表皮细胞都向外突起,可代替表皮毛起遮光保护作用。角质层较厚,覆有蜡质晶体颗粒。

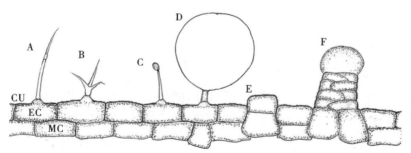

A:单列状表皮毛;B:三列状表皮毛;C:头状腺毛;D:盐囊泡;E:双细胞盐腺;
F:多细胞盐腺;CU:角质层;EC:表皮层细胞;MC:叶肉细胞。

图 9 – 16　荒漠植物各类表皮毛及盐腺(盐囊泡)结构示意图(马亚丽等,2015)①

3. 叶表皮内层结构

盐地碱蓬(*S. salsa*)叶内具大型贮水组织,维管束不发达。横切面表皮内是一圈 2 ~ 3 层长柱细胞构成的栅栏组织,无海绵组织分化,栅栏组织长轴与叶表皮垂直,辐

---

①马亚丽,王璐,刘艳霞,兰海燕. 荒漠植物几种主要附属结构的抗逆功能及其协同调控的研究进展. 植物生理学报,2015,51(11):1821 ~ 1836.

射状沿叶缘排列,厚度约 18μm,富含叶绿体,有的含有晶体。栅栏组织发育出胞间系统,增大了叶内表面积,使气体交换速度与光合效率提高。水分供应充足时蒸腾速度也加快。栅栏组织以内是大型薄壁细胞组成的贮水组织,其直径约 332μm,细胞壁不同程度向内折叠,增加了细胞表面积。彼此镶嵌,无胞间隙,很少或不含叶绿体,具大液泡。上述结构可加速水分短距离横向运输,当缺水或高盐造成生理干旱时,其同化组织细胞可从贮水组织获得水分以维持光合作用。

角果碱蓬叶横切面表皮内亦为一圈栅栏组织,细胞呈柱形紧密排列。其内为大型薄壁细胞,具储藏功能。叶肉细胞未见异常加厚和结晶等。叶肉中贮水组织发达,细胞内有贮存盐分的盐泡。角果碱蓬因叶肉细胞皆有贮藏能力,叶输导组织纤细退化,输导能力较弱。其较大的叶肉薄壁细胞可贮水及液态蛋白和多糖。

肥叶碱蓬(*Suaeda kossinskyi* Iljin)茎叶肉质化,表皮外均有较厚角质层,叶横切面具发达环栅形光合组织。光合组织内为一层排列紧密内含物丰富的贮藏细胞,叶中央贮水细胞数量少而体积大。叶表面积与体积之比明显小于中生植物。叶中维管束不发达。

肥叶碱蓬叶肉最外侧表皮下是一层排列疏松直径约 18μm 近等径形薄壁细胞,内含少量叶绿体。等径薄壁细胞再内层系一层排列紧密的长柱形薄壁细胞,细胞长约 24μm,宽约 12μm,长轴与叶表面垂直,含较多大叶绿体,构成叶片栅栏组织,系主要光合作用部位。

紧贴栅栏组织系一层整齐致密的贮藏细胞。该层细胞外半部液泡化并分布有细胞核,内半部则沉积大量切片染色很深的物质。横切面上贮藏层和栅栏组织不封闭,在叶的近轴面一侧的中部被少量体积较小的薄壁细胞隔开而不连续。贮藏细胞内是体积大、细胞壁薄、近等径形的贮水细胞,直径约 350μm,细胞壁呈不规则内向褶皱,横切面为波纹状。在贮水细胞间往往还有晶体细胞分布,晶体呈簇晶状。正常成熟叶横切面贮水细胞数约 20 个,却占叶横切面很大比例(图 9－17)。

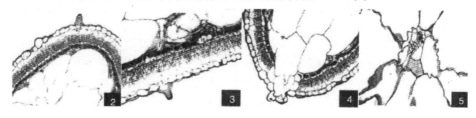

2. ×250 横切叶局部,自外向内依次是表皮细胞和盐腺、排列疏松的薄壁细胞层、栅栏细胞层、贮藏细胞层和贮水组织;3. ×250 叶纵切局部;4. ×200 横切叶局部示不连续贮藏细胞层和栅栏细胞层;5. ×250 叶中央维管束和其周围贮水细胞。

图 9－17　肥叶碱蓬叶解剖图(杨赵平等,2011)

肥叶碱蓬叶横切面中央有一不发达的维管束(图9-17第5图),由少量螺纹导管和筛管组成(图9-18),维管束直径约28.4μm。叶横切面分枝较细的维管束约有18个,紧贴贮藏细胞分布,导管末端终止于贮藏层细胞间隙里,未见维管束伸入栅栏组织中(图9-17第3图)。

肥叶碱蓬叶和茎上均有呈乳头状突起的单个泌盐细胞。叶和茎内部均有晶体细胞分布。茎叶结构呈旱生特征,其茎和叶中有晶体

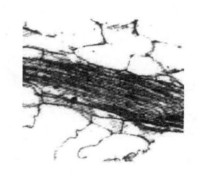

图9-18 肥叶碱蓬维管束纵切示螺纹导管和筛管(×360)(杨赵平等,2011)

细胞,可聚盐以调控渗透,提高吸持水力。贮水组织发达,盐腺为简单乳凸状单细胞,不是多细胞泌盐结构。已知泌盐植物盐节木(*Halocnemum strobilaceum*)、浆果猪毛菜(*Salsola foliosa*)也是单细胞盐腺。虽机理不同,肥叶碱蓬似与盐地碱蓬一样具泌盐功能。

肥叶碱蓬(*S. kosinskyi*)叶表皮细胞与栅栏组织间有一层形状不规则的薄壁细胞,含少量叶绿体,胞间隙较大,为藜科或其他植物所未见。可能有隔热和防强光对栅栏组织叶绿体灼伤的功能,或有利于光合呼吸等生理。其贮藏细胞内半侧染色较深,系贮藏物,外半侧染色浅并分布有细胞核与液泡。而小叶碱蓬(*Suaeda microphylla*)贮藏细胞内容物分布均匀,染色一致,无深浅区分。

4. 叶脉结构

角果碱蓬叶脉占叶的比例较小,结构简单,每一叶脉直径仅为91.5μm,不足叶横切沿长轴半径的30%。

盐地碱蓬叶维管组织和机械组织均不发达。叶横切面具两种类型的叶脉维管束。其中一圈约22个不连续的小型维管束分布在贮水组织边缘,与叶肉组织相连,每一维管束由2~4个管径很小的导管构成,周围系细胞质浓厚的传递光合产物的中间细胞,是介于叶肉组织和管状分子间的细胞。围绕贮水组织的小型维管束具旱生植物结构特征。主脉叶脉维管束位于叶中央或略偏上表皮处,直径约26.2μm,由木质部和韧皮部构成,其发育早于小型维管束。

肥叶碱蓬叶脉维管束的导管末梢终止于贮藏层细胞内侧,偶有深入到贮藏细胞之间,但未见其能到达栅栏组织中。推测其贮藏细胞或有短距转运功能。

5. 叶结构的生理功能

碱蓬属叶结构体现了对高盐环境的适应及相应生理功能,叶肉质多汁,表皮由1层细胞构成,其外壁角质层发达,常外凸,叶肉由栅栏组织和贮藏组织构成,叶脉维管束多不发达且在横切面所占比例较小。如角果碱蓬叶小而厚,可有效降低蒸腾,适应

盐碱生境。又如盐地碱蓬叶线形肉质,叶表面积/体积很小,角质层厚,气孔器平列,小而密集。副卫细胞较大,表皮密布带棘刺具 2～4 个膨大节的活单细胞长柔毛。表皮毛内壁很厚,细胞腔很小,仅为一狭缝。膨大节每节内有纵向分布的浓稠液,而节外其他部分细胞质仅为一薄层贴于细胞壁上。柔毛基部膨大并分叉,附着在膨大的基细胞顶端,增加了表皮毛与基细胞的接触面,能有效将基细胞收集的浓盐水输至皮毛泌出。棘刺增加了毛表面积,可提高控制蒸发、散热、绝热、泌盐和光照效率。

　　盐地碱蓬叶片栅栏组织极发达,富含叶绿体,有利于光合作用。其表皮细胞、基细胞及栅栏组织细胞内多有盐晶体存在,说明其盐溶液浓度已超过饱和液并形成结晶。盐地碱蓬叶片贮水组织发达,由大型薄壁细胞构成的贮水组织,其细胞壁向内折叠以增大贮水细胞面积和贮水量,稀释细胞盐浓度,并具短距离运输作用。这是适应盐渍环境的典型盐生旱生结构。上述特征均有利于减少盐地碱蓬的水分蒸腾,适应高盐引起的生理干旱。

　　盐地碱蓬栅栏组织和贮水组织发达,没有海绵组织的分化,具等面叶等结构均系旱生特征,但与旱生植物不同的是其维管和机械组织均不发达。滕红梅报道山西运城盐湖的碱蓬($S.\ glauca$)和盐地碱蓬叶显微与超微结构,显示两种碱蓬属植物叶表皮气孔密度大,叶四周为发达的栅栏组织,细胞中叶绿体丰富,光合效率高,能通过保储水和提高光合效率适应高盐环境。

　　1993 年邢军武观察到盐地碱蓬幼苗的泌盐结晶[①]。1995 年任昱坤报道盐地碱蓬存在泌排盐结构,认为盐溶液经盐地碱蓬主脉导管向上运输至贮水组织,具折叠细胞壁的贮水组织可大量贮存水分并将高浓度盐水经胞间隙送至表皮,部分超饱和液在表皮细胞内形成晶体保存。大量高浓度盐水由基细胞收集输送至表皮毛排出植物体外。

　　肥叶碱蓬虽无表皮毛结构,但叶和茎均有乳头状突起的单个泌盐细胞,叶和茎内部均有晶体细胞分布,可聚集盐分调控渗透,提高吸持水力。贮水组织发达,盐腺为简单乳凸状单细胞,不是多细胞泌盐结构。叶、茎表皮细胞壁均向外凸起,形成许多泌盐细胞,并具较厚角质层,既可防水分过分散失,又可减少阳光直射。茎叶中含大量草酸钙晶体,可聚集体内过多的盐分,改变细胞渗透压,提高吸持水力。叶中具发达的栅栏组织和贮水组织,前者可防止体内水分过度散失,后者具贮水作用,能降低体内盐浓度。盐地碱蓬比碱蓬的栅栏组织和贮水组织更发达,韧皮部、木质部均比碱蓬小,同时含有晶体,耐盐碱能力更强。

　　盐地碱蓬和肥叶碱蓬泌盐现象的存在,对重新认识碱蓬属植物的耐盐生理具有重要意义,值得深入研究。

---

①邢军武. 盐碱荒漠与粮食危机. 青岛海洋大学出版社,1993.

第二节　碱蓬属植物茎的解剖

　　碱蓬属植物茎的横切面可自外向内分为表皮、皮层与维管柱三层。多数碱蓬属植物的茎是圆柱形,也有的呈多棱形,通常其皮层下机械组织发达。碱蓬属植物的幼茎也会肉质化,储水组织发达,维管束中的髓为大型薄壁细胞。碱蓬属植物其叶与茎的肉质化细胞结构及功能相似,均可通过肉质化稀释细胞中盐离子浓度以避免损害。

图9-19　小叶碱蓬茎横切面局部(×100)

　　小叶碱蓬茎呈圆柱形,表皮细胞1层,皮层由几层薄壁细胞组成。维管束发达。维管束间及中央有厚壁细胞组成的髓射线和发达的髓(图9-19)。

　　碱蓬茎常多棱,横切面由表皮、皮层与维管柱组成,表皮细胞1列,长方形,外被厚角质层,无毛茸,外周平,周壁有突起,有皮下纤维,表皮含少量气孔。皮层细胞2~4列,近表皮处有厚角组织,皮层中多含草酸钙方晶,内皮层成环。皮层下具发达的机械组织。幼茎亦肉质化,贮水组织发达,维管束中的髓为大型薄壁细胞(图9-20)。

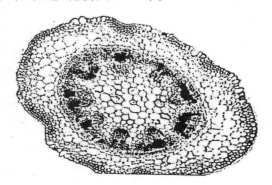

图9-20　碱蓬茎横切面

维管束外韧型,导管列数21~27束。韧皮部细胞呈多角形。髓部较发达(图9-21-I,J,K)。

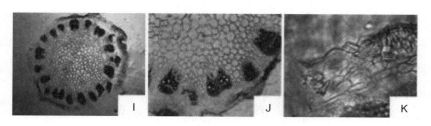

I:10×10倍茎横切面;J:10×20倍木质部和韧皮部;K:10×40倍近表皮。
图9-21　碱蓬茎横切面与木质部和韧皮部及表皮部(孙稚颖,2014)

盐地碱蓬茎横切面表皮细胞 1 层,长方形,外被厚角质层,无茸毛,外周平,周壁有突起,有皮下纤维,表皮上有多个气孔。皮层细胞 2 ~ 4 列,近表皮处有厚角组织,皮层中含有草酸钙簇晶及纤维,内皮层成环。维管束外韧型,排列成环状,木质部导管成螺纹和网纹状,导管列数 9 ~ 10 束。韧皮部细胞多角形。髓部发达(图 9 - 22 - L,M,N)。

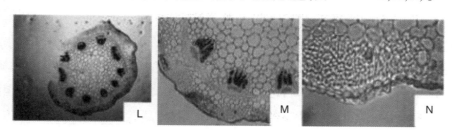

L:10 × 10 倍茎横切面;M:10 × 20 倍木质部和韧皮部;N:10 × 40 倍近表皮部。

图 9 - 22　盐地碱蓬茎横切面及木质部韧皮部和表皮部(孙稚颖,2014)

角果碱蓬 *Suaeda corniculata*(C. A. M.)Bunge 茎横切面近圆形,由表皮、皮层和维管柱构成,呈现两轮交互排列或无规则排列的维管束(图 9 - 23),是角果碱蓬区别于其他藜科植物的重要解剖特征。一般单子叶植物维管束呈两轮或星散分布,是进化程度比双子叶植物高的特征之一,但作为双子叶植物的角果碱蓬茎,却具有单子叶植物的两轮维管束结构,这增加了输导能力,扩大了维管束与薄壁组织的接触面,加强了物质的横向输导,这种结构为角果碱蓬提供了可靠的物质运输条件。陆静梅等据此认为角果碱蓬已处于双子叶植物的演化顶端。

左图示维管束分布及大髓细胞(× 100,棒 = 150μm),右图系局部放大,示两轮交互排列的维管束及大的皮层细胞(× 300,棒 = 50μm)。

图 9 - 23　角果碱蓬茎横切扫描电镜照片(陆静梅等,原图印刷质量较差)

角果碱蓬表皮外壁无毛及毛状附属物,表皮外切向壁角质层发达,其厚度为 2 ~ 3.1μm,角质层上覆有蜡质颗粒。皮层中的外皮层由 2 ~ 3 层细胞组成,这些细胞角隅加厚为厚角组织。皮层薄壁细胞由 2 ~ 3 层细胞组成,排列较疏松,直径大。未见内皮层及淀粉鞘。

构成髓腔的角果碱蓬髓细胞和髓射线细胞体积均较大,最大者直径达 68.4μm。其茎外皮层厚角组织含有叶绿体,具光合作用。较大的皮层薄壁细胞起运输和贮藏作用,使其在干旱多风时仍可维持生长。

碱蓬 *Suaeda monoica* 茎横切面一般为圆形,表皮由一层很薄的细胞构成,角质层也很薄,气孔数量少且下陷。皮层明显分内外两层,外皮层由 2～3 层细胞组成栅栏组织,其内含大量叶绿体,内皮层是细胞呈球形或椭圆形的储水组织(图 9－24 左图),并具一中央大液泡,内含黏性细胞液,细胞质附在细胞壁上,叶绿体分散于细胞质中。缺水时储水组织为叶绿体供水,并使储水组织细胞萎缩,待外部水供充足时储水组织细胞则从外部吸水复原。在栅栏组织与储水组织间是排成环形的小维管束。皮层占茎半径的 60% 以上,皮层内是维管柱,由 6 束外韧维管束和较小的中央髓构成。

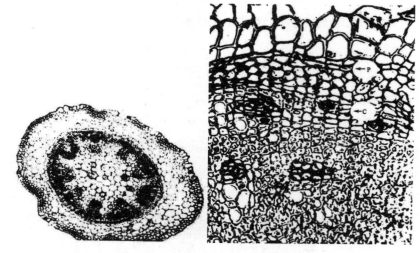

左为茎横切面,右为木栓形成层在韧皮部旁边发育,P 为木栓形成层,C 为形成层。

图 9－24　碱蓬 *Suaeda monoica* 解剖图(赵可夫)

碱蓬 *Suaeda monoica* 老茎的肉质化表皮,随生长和皮层内木栓形成层对皮层的挤压而渐消失。盐大量积累在老茎肉质化皮层的储水组织中,并随皮层和枝条脱落而排出。皮层的变化可降低蒸腾,提高耐旱能力。

盐地碱蓬 *S. salsa*(L.)不仅其叶和叶绿体含盐量高,且其木质部 Na^+ 浓度也特别高,约占外部介质钠含量的 23%,而多数盐生植物导管中 Na^+ 的浓度为 3%～10%。显微观察可见此类植物茎的薄壁细胞中均有盐囊泡,这些盐囊泡储存大量盐分,可随盐度增大而增大,当盐囊泡增大到一定程度时则以出芽方式增殖。当枝条枯死或植物死亡后则脱落。同化细胞的细胞质十分黏稠,常浓缩至轻微质壁分离态,使细胞保持低水势和高吸水力。叶绿体基质类囊体,甚至基粒类囊体有膨大现象,脂质球数目增多,体积增大,基粒排列不规则。

　　肥叶碱蓬茎有棱,横切面呈齿凸状,从外向内分表皮、皮层和维管柱。表皮结构与叶表皮基本相似,只是细胞较小,无叶绿体,外侧壁有较厚角质层,也有泌盐细胞,但茎上的泌盐细胞乳头部分比较长。整个皮层所占比例较小,表皮下有 1～2 层外侧皮层细胞,细胞壁角隅处加厚成厚角组织,加强了茎的机械强度。其余皮层细胞壁薄,个别皮层细胞含有盐晶体,无明显内皮层分化。维管柱由维管束、髓射线、髓组成。髓射线和髓较发达。髓所占比例较大,由大量薄壁细胞组成。初生维管束为外韧维管束。初生木质部发育方式为内始式,在初生结构基础上可产生少量次生结构。在正常次生结构发育同时,在髓部外侧产生少量由髓外侧的薄壁细胞分裂分化而来的异常结构(图 9 - 25)。

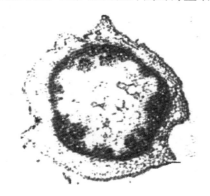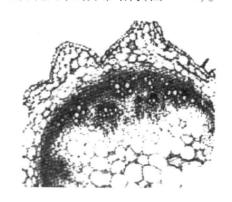

左图 ×100 倍,右图 ×200 倍,示少量次生和异常结构。

图 9 - 25　肥叶碱蓬茎横切面

第三节　气　　孔

　　许多盐生植物的叶绿体在立方形薄壁细胞内,其肉质叶表皮气孔数量较少。经统计,以色列死海和奥地利 Neusidlersee 地区十余种盐生植物的气孔数,仅有 *Plantago maritima subsp. ciliata*(车前属盐生车前)一种超过 200/mm^2,三种碱蓬属植物 *Suaeda maritima*,*S. monoica*,*S. puticosa* 的气孔数均不超过 80/mm^2,在 11～75/mm^2 之间,明显少于其他盐生植物(表 9 - 1)。

表 9 - 1　12 种盐生植物叶片气孔数目统计

种类	每 mm^2 气孔数/个		
	上表皮	下表皮	平均值
Plantago maritima	117	212	
Lepidium crassifolium	150	165	

续表

种类	每 mm² 气孔数/个		
	上表皮	下表皮	平均值
Athagimaurorum	107	136	
Camphorosma ovata	120	120	
Triglochin maritima	77	103	
Prosopis farcta	58	70	
Aster pannonicus	47	67	
Nitraria retusa			64
Arthrocnemum glaucum			57
Suaeda monoica			48 ~ 75
Suaeda maritima	38	50	
Suaeda puticosa			11 ~ 23

碱蓬属植物气孔数明显少于其他盐生植物的现象,可能预示盐生植物耐盐能力与其气孔数呈反比。植物气孔数越少,则耐盐能力越强。如此,则三种碱蓬属植物与其他盐生植物的耐盐能力排序似应为:*Suaeda puticosa* > *Suaeda monoica* > *Suaeda maritima* > *Arthrocnemum glaucum*,余按气孔数类推。但该推论尚待验证。

第四节　根

碱蓬属植物根系深浅差异很大,如碱蓬的根系可深达 3m,而同属的 *Suaeda palaestina* 只有浅层根系。碱蓬属 *Suaeda mulifium* 的根系也多集中在深度不超过 30cm 的表层盐土内。

碱蓬属植物的根主动从环境中吸收盐分并输往茎叶。淡生植物则有两种情况,一种是根系无法限制盐分进入并向上输送,导致植物因盐胁迫而死亡,二是根能竭力阻止过量盐分进入体内,则尚可耐受一定盐渍环境。

碱蓬属植物的木质层在中柱鞘或韧皮部薄壁细胞旁发育(图 9 – 24),其根的形成层在深部仅有 2 ~ 4 层细胞。但在地上部分的肉质皮层内则有 10 ~ 20 个细胞。沿下胚轴可见发育中的木质层细胞。

碱蓬根皮层共有三层,最内分化为内皮层,内皮层有凯氏带。中柱鞘在内皮层内,由一层细胞组成,围绕中柱。内皮层紧贴着中柱鞘,而内皮层与皮层间细胞间隙很大(图 9 – 26)。由于根尖是细胞分裂和延长的发动部位之一,因此盐对根的形成有重要影响。与淡生植物相比,碱蓬属的主根皮层明显减少,仅 2 ~ 5 层细胞,而各种淡生植物如番茄或蚕豆则有 20 ~ 30 层细胞(图 9 – 27)。碱蓬属植物的凯氏带很发达,几乎完全覆盖内皮层全部辐射状内皮层壁,增大了根系表面积。E. B. Kurkova 发现高碱蓬

（*S. altissima*）根的根毛区表皮和皮层有一部分细胞的细胞壁明显发皱。

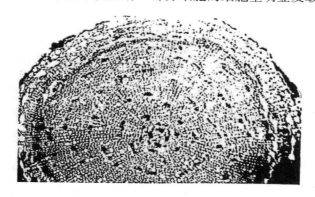

图 9 – 26　碱蓬根的横切面

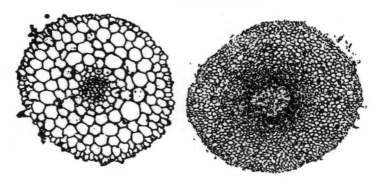

图 9 – 27　碱蓬属 *Suaeda monoica* 的初生根（左）与淡生植物蚕豆 *Vicia faba*

初生根（右）的横切面比较

角果碱蓬根横切面最外侧保护层是周皮，周皮中的木栓层细胞较大，10 个木栓层细胞平均直径约 70μm。根的次生结构中，次生韧皮部所占比例较小。其与次生木质部半径呈 1:8 比例。次生木质部占根的 80%。导管的管孔链 2 ~ 3 个径向排列，稀切向排列，傍管薄壁细胞少，分布不均。导管直径较大，10 枚大的次生木质部导管平均直径为 38.2μm，次生木质部内的木薄壁细胞裂生成较大胞间隙，并连成沟状气道。最长的裂隙可达 328.1μm，沟样裂隙相互交织形成网状通气组织，将木质部分割成若干部位。根的中部没有髓细胞，中心为后生木质部导管分子。

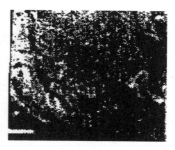

示大的木栓层死细胞及次生木质部的通气组织（×130，棒 = 116μm）。

图 9 – 28　角果碱蓬根横切扫描电镜照片（陆静梅等，原图印刷质量较差）

角果碱蓬根的次生结构有发达的周皮和较粗的耐盐碱木栓层，木栓层细胞壁厚坚韧，能避免柱状硬盐碱土损害。根系靠植物地上部吸收氧，根茎叶通气组织上下贯通交换气体维持生长,并可通过次生木质部裂成网状的透气结构传导或储存气体。

第五节　根的耐盐生理

根系是植物从土壤中吸收营养和水分的主要器官,也是盐胁迫的直接作用部位。与淡生植物不同,碱蓬属植物根系能适应一定高盐生境,且适量的盐可促进其生长。因此,具有耐盐根系是碱蓬属植物耐盐的先决条件。实验证明一定浓度的 NaCl 对碱蓬属植物生长和肉质化有明显促进作用,冯中涛等(2011)也认为盐地碱蓬耐盐或与根系有关,但杨明峰等(2002)发现盐并未使盐地碱蓬的根系肉质化,说明碱蓬属根系不像茎叶那样通过肉质化适应高盐环境,而是将离子大量输往地上体内,避免在根部过多积累。弋良朋等(2006)报道梭梭、囊果碱蓬、钠猪毛菜在 NaCl 浓度为 240 mmol·L^{-1}时根系生物量有所降低,浓度为 480 mmol·L^{-1}时,根系生物量均大幅降低,且降低幅度明显高于地上部分。

郭建荣等(2017)[①]报道盐地碱蓬根系在 NaCl 浓度为 0、200、400 和 600mmol·L^{-1}时,其总长、表面积、总体积、根尖数及干、鲜重均随 NaCl 浓度升高而变化。在 200 mmol·L^{-1}时根系生物量与活力最高,浓度为 600 mmol·L^{-1}时显著抑制。但根系吸收面积及游离脯氨酸含量随 NaCl 浓度升高而增加,600 mmol·L^{-1}时达到最大值。提示一定的 NaCl 可增加盐地碱蓬根系总长和吸收面积,过高则降低根系长度与面积,从而抑制根系生长。事实上,盐地碱蓬根系与地上部生长状态一致,在 NaCl 浓度为 200 mmol·L^{-1}时根系与地上部均生长良好。

Stewart 等(1974)认为脯氨酸是植物逆境下积累的重要渗透调节物质,其含量可作为抗渗透胁迫能力的指标。赵可夫等(2000)报道随 NaCl 浓度升高,盐地碱蓬体内大部分有机渗透调节剂浓度下降,只有季胺化合物和脯氨酸随 NaCl 浓度升高。郭建荣等(2017)报道用不同浓度 NaCl 处理 15d 后,盐地碱蓬根系中脯氨酸含量均显著增加,NaCl 浓度越高根系中脯氨酸含量越显著。郭建荣等据此认为在 NaCl 胁迫下,盐地碱蓬根系能主动积累渗透调节物质降低细胞渗透势,增强细胞保水能力,适应盐渍环境及保护细胞结构。但生物体处于应激或胁迫伤害时,某些物质的生理性增多,往往是一种生理损伤指标,并不能作为该物质具有抵抗胁迫功能的证据。例如糖尿病人血糖含量比正常人高,不能由此反推糖是治疗糖尿病的有效物质。

---

①郭建荣,郑聪聪,李艳迪,范海,王宝山. NaCl 处理对真盐生植物盐地碱蓬根系特征及活力的影响. 植物生理学报,2017, 53 (1): 63~70.

第十章　碱蓬属植物的花粉

通常被子植物的成熟花粉形态结构稳定,具有一定的种属鉴别的特异性,可作为植物演化及分类的参考指标。额尔特曼等曾简述过藜科部分种属花粉形态①,中国科学院植物所形态室孢粉组编写的《中国植物花粉形态》也记述了藜科 3 个属的代表种花粉,但皆未涉及碱蓬属。王开发等(1987)报道了黄海及东海沉积孢粉藻类组合涉及碱蓬属碱蓬与盐地碱蓬的沉积物孢粉形态。宛涛等(1999,2004)分别报道了碱蓬属植物中的平卧碱蓬(*Suaeda prostrata* Pall)②和阿拉善碱蓬(*S. przewalskii* Bunge)的花粉形态③,宋百敏等(2002)报道了碱蓬属植物碱蓬(*S. glauca*),盐地碱蓬(*S. salsa*)及其不同生态型的花粉形态④。目前,有关碱蓬属植物花粉学方面的研究虽较少,但已有资料仍显示一些属内关系的线索和结果。

第一节　碱蓬属植物的花粉形态

1. 碱蓬(*Suaeda glauca*) 花果期7—10 月,花粉粒形态为圆球形,直径约为 24.0μm。具散孔,孔数 65 个左右。孔径 5.4μm,孔膜完整,表面有颗粒状突起(图 10 - 1)。

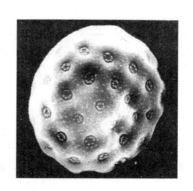

图 10 - 1　碱蓬花粉形态扫描电镜照片(×3500)(宋百敏等)

①额尔特曼著,王伏雄译. 花粉形态与植物分类[M]. 北京:科学出版社,1952,91 ~ 98.

②宛涛,正智军. 内蒙古草地现代植物花粉形态[M]. 北京:中国农业出版社,1999,35 ~ 40.

③宛涛,燕玲,李红,伊卫东. 阿拉善荒漠区 10 种特有植物花粉形态观察. 中国草地,2004,26(3): 47 ~ 52.

④宋百敏, 宗美娟,刘月良. 碱蓬和盐地碱蓬花粉形态研究及其在分类上的贡献. 山东林业科技, 2002,2:1 ~ 4.

2. 平卧碱蓬（*Suaeda prostrata* **Pall**）花果期 7—10 月，花粉粒形态为圆球形，直径约为 20.8μm（18.8～25.0μm）。具较小散孔，孔数 90 左右。孔膜完整，表面有 4～6 粒瘤状突起。花粉粒轮廓为小波浪形（图 10-2）。花粉粒表面微颗粒状纹饰，颗粒较小，分布不均匀。

3. 阿拉善碱蓬（*S. przewalskii* **Bunge**）（别名茄叶碱蓬），花果期 7—10 月，花粉粒圆球形，直径约 20.4μm（19.1～21.7μm），具散孔 62 个，下陷，孔径 1.3μm，分布均匀，孔膜具瘤状突起。花粉粒表面为刺状纹饰，与孔膜纹饰等大，排列疏松，分布不均（图 10-3，图 10-4）。

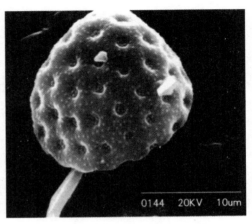

图 10-2 平卧碱蓬（*Suaeda prostrata* **Pall**）花粉粒形态（宛涛等）

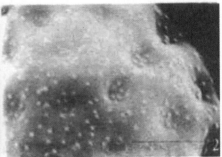

图 10-3 阿拉善碱蓬花粉粒表面为刺状纹饰（宛涛等）

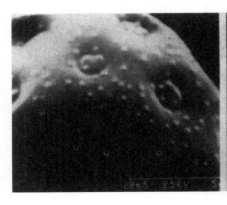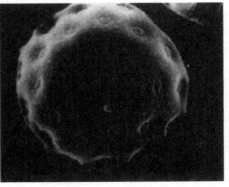

图 10-4 阿拉善碱蓬的花粉粒（宛涛等）

4. 盐地碱蓬(*Suaeda salsa*)，花果期为 7—11 月,在不同含盐量的生境呈不同颜色和形态。通常低盐环境生长时颜色为绿色,高度 30 ~ 80cm,分枝多,叶线形非肉质化。花粉粒直径为 19.1μm,萌发孔约 56 个,孔径为 4.3μm(图 10 - 5)。

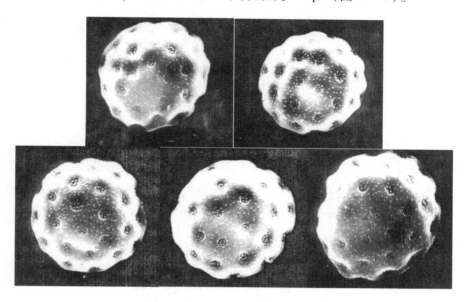

图 10 - 5　盐地碱蓬的几种花粉形态扫描电镜照片(×3500)(宋百敏等)

高盐环境生长的植株通常为红色,株高 10 ~ 40cm,叶肉质化。花粉粒球形,直径约 17.5μm,散萌发孔约 46 个,孔径约 3.4μm,壁纹饰为颗粒状小突起(图 10 - 6)。

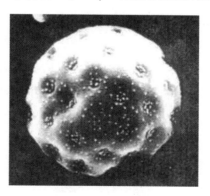

图 10 - 6　高盐环境中的盐地碱蓬(×3500)(宋百敏等)

5. 垦利碱蓬(*Suaeda kenliensis* **J. W. Xing**),花果期 7—11 月,黄花,有清香,生长于滨海潮间带滩涂,每天周期性淹没于海水之中,通常为红色或绿色或红绿相间,叶高度肉质化,株高 10 ~ 40cm,分枝少,枝干木质化,坚韧,有结节,种子大。花粉粒直径为 15.4μm,萌发孔 48 个,孔径 3.2μm,壁纹饰为颗粒状突起。分布于渤海湾至黄海潮间带滩涂(图 10 - 7)。

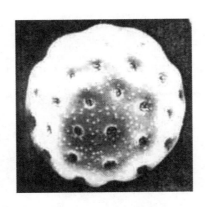

图 10 - 7　垦利碱蓬(*Suaeda kenliensis* J. W. Xing)的花粉粒(宋百敏摄)

6. 黄海沉积物中的盐地碱蓬(*Suaeda salsa*)孢粉①，花粉轮廓圆形，直径为 17μm，具散孔，孔数 40 左右，孔径 1.5μm，孔间距 3μm。外壁厚 2.5μm，孔间表面具颗粒。轮廓线微波浪形，与现代盐地碱蓬花粉形态相像。位于南黄海北部全新统、上更新统陆相层(图 10 - 8)。

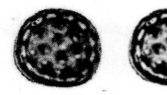

图 10 - 8　南黄海北部全新统、上更新统陆相层沉积的盐地碱蓬孢粉(王开发等)

7. 东海沉积物中的盐地碱蓬(*Suaeda salsa*)孢粉②，花粉粒球形，直径 17.9μm，具散孔 40 个左右。孔径 1.5μm，孔间距 3μm。孔为圆形或椭圆形，具孔膜，孔间不具颗粒状纹饰或近光滑。外壁厚 2.5μm，外层厚于内层。轮廓线微波浪形，与现代盐地碱蓬花粉形态完全相像。以个体较小，孔不甚清晰，孔间不具纹饰区别于滨藜。位于长江口附近海域(图 10 - 9)。

图 10 - 9　东海沉积层盐地碱蓬孢粉(王开发等)

①王开发，王永吉. 黄海沉积孢粉藻类组合. 海洋出版社，1987:155.
②王开发，孙煜华. 东海沉积孢粉藻类组合. 海洋出版社，1987:109.

第二节　碱蓬属植物的花粉比较

碱蓬属植物花粉粒的共同特征是外形均呈球形。但其直径的种间差别较明显。其中碱蓬花粉粒球体直径约为 24.0μm，平卧碱蓬约为 20.8μm，阿拉善碱蓬约为 20.4μm，盐地碱蓬为 19.1～17.5μm，垦利碱蓬（*Suaeda kenliensis* J. W. Xing）约为 15.4μm，均明显小于碱蓬花粉（表 10-1）。推测南方碱蓬的孢粉应接近或小于垦利碱蓬。

第三节　碱蓬属植物花粉的萌发器官

碱蓬、平卧碱蓬、阿拉善碱蓬、盐地碱蓬与垦利碱蓬的花粉萌发器官均具散萌发孔，外孔形态呈圆形，萌发孔数量及大小在不同种间有差异。碱蓬的萌发孔数目约为 65 个，孔径 5.4μm，平卧碱蓬的萌发孔数目约为 90 个，孔径较小。阿拉善碱蓬的萌发孔数目约为 62 个，萌发孔直径约为 1.3μm，盐地碱蓬不同生态型的萌发孔数目在 46～58 之间，孔径为 3.1～4.7μm，垦利碱蓬的萌发孔数目约为 48，孔径约为 3.2μm（表 10-1）。

表 10-1　碱蓬属花粉数据

种名	植株生长位置	形态	直径/μm	萌发孔			壁纹饰
				类型	数目	直径/μm	
南方碱蓬	潮间带	球形	≤15.4	散萌发孔	40 左右	3 左右	颗粒状小突起
垦利碱蓬	潮间带	球形	15.4	散萌发孔	48	3.2	颗粒状小突起
盐地碱蓬	潮上带	球形	17.5	散萌发孔	46	3.4	颗粒状小突起
	南黄海北部全新统、上更新统陆相层	球形	17	散萌发孔	40 左右	1.5	颗粒状小突起
	东海沉积表层 B 层	球形	17.9	散萌发孔	40 左右	1.5	无颗粒近光滑
	黄三角大北	球形	18.9	散萌发孔	58	3.9	颗粒状小突起
	胜利油田四矿	球形	18.7	散萌发孔	50	4.7	颗粒状小突起
	垦利北胜林	球形	19.8	散萌发孔	58	3.1	颗粒状小突起
	垦利下镇	球形	19.1	散萌发孔	46	4.1	颗粒状小突起
	东营农校	球形	19.1	散萌发孔	56	4.3	颗粒状小突起
阿拉善碱蓬	内蒙古阿拉善盐碱地	球形	20.4	散萌发孔	62	1.3	刺状小突起

种名	植株生长位置	形态	直线/μm	萌发孔			壁纹饰
				类型	数目	直径/μm	
平卧碱蓬	内蒙古阿拉善盐碱地	球形	20.8	散萌发孔	90	未测	颗粒状小突起
碱蓬	黄三角垦利盐碱地	球形	24.0	散萌发孔	65	5.4	颗粒状小突起

注:南方碱蓬的花粉数据为预测值。

第四节　碱蓬属植物花粉的外壁纹饰

碱蓬、平卧碱蓬、阿拉善碱蓬、盐地碱蓬与垦利碱蓬等花粉形态均呈球形,表面均较光滑,具散萌发孔,有随机分布的颗粒状或刺状小突起,数目在600～1000之间,不同种间小突起数量略有差别。萌发孔孔膜上均有数量不等的颗粒状小突起聚集分布,数量在3～10之间。

第五节　碱蓬属植物的花粉与属内进化

植物花粉的形态特征往往是其亲缘关系和种的特异性的体现。碱蓬属植物花粉性状稳定,进化过程保守,变异性小,花粉研究支持碱蓬属是一个自然分类群。碱蓬属植物不同种的花粉形态基本相同,但花粉粒体积大小、萌发孔数目、萌发孔直径、颗粒状突起数目等存在明显的种间差异(表10-1)。Covas等(1945)认为花粉粒体积大小遵循由大到小的进化趋势,且进化程度越高,花粉粒越小。由此可以认为碱蓬属植物的进化程度约为:垦利碱蓬高于盐地碱蓬,盐地碱蓬高于阿拉善碱蓬,阿拉善碱蓬高于平卧碱蓬,平卧碱蓬高于碱蓬。碱蓬很可能是本属植物的较早原始种。

同种碱蓬属植物不同生态型的花粉粒大小的差异,可能也具有进化上的意义。例如盐地碱蓬不同的生态型,其花粉粒大小有明显差异,可以推测其在适应环境的过程中正在发生的进化分离倾向。但对盐地碱蓬来说,决定其植株大小及颜色的因子主要还是盐含量和营养状态。在低盐环境的盐地碱蓬通常是绿色,营养水分等因子则决定其高大或矮小。

假如花粉粒的大小的确是一条植物进化的线索,那么据此似乎可以将碱蓬属植物中已测种的进化顺序,由低到高大略排列为:碱蓬→平卧碱蓬→阿拉善碱蓬→盐地碱蓬→垦利碱蓬。

这一顺序显示出垦利碱蓬可能位于碱蓬属植物较高的进化阶段。而这将意味着碱蓬属植物是从陆地向海洋逆向演进的。碱蓬可能是较早或最早的原始种,垦利碱蓬则应该出现得更晚,是碱蓬属植物重返海洋的适应者和先驱。垦利碱蓬对海水和周期性潮汐淹没的适应以及对潮水风浪冲击的耐受,使其具有很多独特的生理与形态特征,成为专性潮间带盐生植物。推测南方碱蓬应比垦利碱蓬更晚出现,也更适应温度更高的海洋环境。

第六节　碱蓬属植物花粉成分与致敏问题

碱蓬属植物通常花期较长,花粉以虫媒和风媒传播为主,花粉含量较高。但有关碱蓬属植物花粉成分分析以及致敏反应的报道目前只有夏艳秋等(2016)报道了盐地碱蓬花粉的成分,马行宣等(1993)报道了一种碱蓬属植物花粉的人为致敏实验。但夏艳秋等的花粉分析数据存在问题和错误。例如其所称花粉粗蛋白总量为花粉总量的12.86%,含有18种氨基酸。而其总氨基酸的累计值为23.785%,远超过总蛋白质含量,而脂肪总量为11.87%,总脂肪酸累计数为4.0354%,与总脂肪相差甚远且无合理解释。

1. 碱蓬属植物花粉的致敏问题

1993年马行宣等报道了国内外唯一一次碱蓬属植物花粉的人为致敏实验,该文称所用植物为"碱蓬,又名黄须菜"。英文题目则为"The allergic study of *Suaeda glauca*",*Suaeda glauca* 是碱蓬的拉丁种名,黄须菜则是盐地碱蓬的地方俗称,由此造成无法确定其所研究的究竟是哪一种碱蓬属植物。此外,该文通过皮试和血清总IgE测定方法研究碱蓬花粉致敏性,认为碱蓬花粉皮试阳性变应性鼻炎组血清总IgE水平明显高于健康人组(P<0.01),皮试阳性与血清总IgE阳性符合率为78.8%(26/33)。提示碱蓬是一种新的重要过敏原[1]。但其实验设计与方法均无法确证所述阳性反应系碱蓬属植物花粉引起。例如其实验未直接采用碱蓬属植物花粉进行致敏性测试,而是将花粉经乙醚脱脂后,用碱性提取液加入硫柳汞作防腐剂,制备成蛋白质含量为1.85mg/ml的所谓"变应原浸液",再将浸液用变应原溶媒稀释,作为皮试液。这种处理过程既改变了花粉的成分组成,还人为引进了新的潜在致敏源(例如硫柳汞就有引

[1]马行宣,王占华,卢红健,金艳文,周素英,王春利.碱蓬的过敏原性研究.滨州医学院学报,1993,16(4):27~28.

起过敏的临床报道)。这使实验结果因不能排除其他人为引入因子的影响而失去价值。因此,上述工作因可靠性较差,其实验本身的设计缺陷,使所谓碱蓬属植物花粉的致敏性仍需证实。

2. 碱蓬属植物的花粉成分

盐地碱蓬花粉含有丰富的碳水化合物、蛋白质、脂肪、维生素和矿物质及微量元素。其中钙钠钾镁磷硫氯等无机盐类矿物质含量高达27.14%[①]。说明碱蓬属植物富集离子和矿物质是贯彻全部发育阶段及环节,且与生殖繁育过程密切相关的重要生理习性。盐地碱蓬花粉中高含量的盐类与其种子具有较高的初始含盐量相一致,证明碱蓬属植物在开花和种子形成过程中的各个阶段都需要充足的盐环境,尤其在繁殖细胞内必须保持足够的基础含盐量。盐地碱蓬花粉含水量为12.90%,其他成分的干物质含量见表10-2。

表10-2　盐地碱蓬花粉的成分及含量(干物质)

成分	含量/%
碳水化合物	38.40
蛋白质	12.86
粗脂肪	11.87
灰分	27.14
粗纤维	9.73

(据夏艳秋等数据)

盐地碱蓬花粉粗蛋白含量为干物质的12.86%,含有18种氨基酸包括8种必需氨基酸。其粗脂肪含量比种子低很多,约为11.87%,未检出芥酸。不饱和脂肪酸和亚油酸等含量与种子具相似的较高比例。花粉氨基酸组分也与种子相似,提示花粉与种子间的密切生化形成联系。花粉维生素含量丰富,其中水溶性维生素、脂溶性维生素尤其Ve含量都很高,且脂溶性维生素比水溶性多。同时花粉中还含有多糖和黄酮。

碱蓬属植物具有先天的耐盐性是由其生殖和繁育器官预定的。已知碱蓬属植物种子具有很高的含盐量,同时,形成种子的成花细胞以及花粉也都富集了大量盐分。例如盐地碱蓬花粉约含26种矿物元素,每百克含量约为5g,占总灰分的18.90%,其中,钙、钠、钾、镁等含量最多,其次是磷、硫、氯等元素,总量为每百克4.5g,占矿物质总量的88.06%。还含有235.757mg的铁、铜、碘、锌、锰、钼、钴、铬、锡、钒、硅、镍、氟、

---

①夏艳秋,丁祖朋,史春亭,陈浩,朱强.盐地碱蓬花粉成分分析.淮海工学院学报(自然科学版),2016,25(4):89~92.

硒等微量元素,占矿物质总量的 4.60% 。此外尚有少量铝、镉、铅等元素。

采用 NaCl 浓度为 0 和 200mol/L 两种条件培养盐地碱蓬,显示 200 比 0 组花粉发育更好,花粉粒径和活力均显著高于 0 组,且野外活力晴天可维持 8h(07:00 ~ 15:00),比 0 组(07:00 ~ 14:00)延长 1h。同时花粉室温保存时间达 16h,比 0 组长 8h。与花粉发育相关的 SsPRK3、SsPRK4 和 SsLRX 基因表达也增高。NaCl 组茎叶花粉中 Na^+ 和 Cl^- 含量均显著高于 0 组,叶和茎中 K^+ 显著低于 0 组,但 NaCl 组花粉中 K^+ 含量增加。NaCl 组与 Na^+、K^+ 和 Cl^- 转运相关的 SOS1、KEA、AKT - 1、NHX1 和 CHX 基因表达也增高。

第十一章 碱蓬属植物染色体与进化

碱蓬属 *Suaeda* Forsk. 在分类系统中属于藜科螺胚亚科碱蓬族 *Suaedeae* Reieh，该族共 4 属。其中，*Alexadnar* Bunge 和异子蓬属是中亚特有属。只有碱蓬属 *Suaeda* Forsk. 在亚、欧、北美、南美、非洲和大洋洲均有分布。尤以亚欧大陆最为丰富，约 35 种，其次是北美洲约 17 种。非洲、南美洲、大洋洲均仅有个别特有种。据此，早期关于世界碱蓬属约 100 种的记载可能误差很大，实际数量应远少于此。

碱蓬族的分布区包括内陆和沿海，其中很多是海岸植物。其种的起源、迁移和分布可能具有独特历史渊源。从分布格局看，碱蓬属应是亚欧大陆起源的属，很可能应以中国新疆为原始发源地。

碱蓬族植物由两性花到单性花，具有正常的通常为 5 裂的花被，每花下各有 2 枚膜质的小苞片，这一特征与环胚亚科中的多节草族相同，所以本族很可能起源于多节草族。

植物染色体数目与核型是对染色体特征进行定性和定量描述的基本方法，对研究植物系统演化、物种之间的亲缘关系、起源、进化与分类，远缘杂交及遗传工程中的染色体鉴别具有重要意义，染色体核型的分析是植物种质资源遗传性研究的重要内容。

第一节 碱蓬属植物染色体研究概况

国内外对碱蓬属染色体研究很少，2000 年出版的《中国高等植物》[1]记载碱蓬属染色体基数为 x = 9，但缺乏详细描述。韩淼等（2012）报道内蒙古盐地碱蓬基数为 x = 8，与《中国高等植物》不符。张峰等（2013）报道山东东营盐地碱蓬 x = 9，与《中国高等植物》记载相合，也与我们做的染色体核型分析一致（图 11 - 1）。鉴于两文皆缺乏分类学鉴定和盐地碱蓬形态照片，若各自计数无误，则所分析应非同一种植物。韩文的核型应非盐地碱蓬或碱蓬属植物，而是其他植物。

---

①傅立国,陈潭清,郎楷永,洪涛,林祁主编. 中国高等植物（第四卷）. 青岛出版社,2000:342～348.

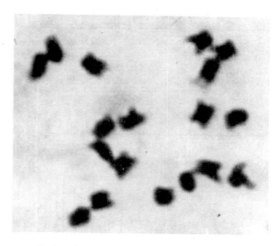

图 11-1　盐地碱蓬体细胞染色体(示 2n = 18)(张峰等,2013)

第二节　盐地碱蓬染色体数目

韩淼等(2012)报道内蒙古盐碱环境中的"盐地碱蓬"根尖常规压片染色体为二倍体,染色体数为 2n = 2x = 16,基数为 x = 8[1]。张峰等(2013)报道山东东营盐地碱蓬[*Suaeda salsa*(L.)Pall.]体细胞染色体数目为 2n = 18(图 11-1,表 11-1,图 11-2)。核型分析,其染色体总长度为 72.88μm,平均长度 4.05μm,绝对长度 3.50~4.55μm,相对长度 9.53~12.48μm,臂比幅度为 1.22~1.83。据 Levan 染色体分类标准,其 9 对染色体中第 2 对为近中部着丝粒(sm),其余 8 对均为中部着丝粒染色体(m),未见随体和多倍体现象,核型公式为 K(2n) = 18 = 16m + 2sm。其最长与最短染色体的比值为 1.31,没有臂比大于 2 的染色体,是一个较为对称的核型,据 Stebbins 的核型不对称标准,属 1A 型[2]。

表 11-1　盐地碱蓬染色体核型分析

染色体编号	相对长度/%	臂比	类型
1	12.48	1.30	m
2	11.95	1.83	sm
3	11.45	1.08	m
4	11.41	1.17	m
5	11.06	1.13	m

[1]韩淼,蔡禄,贾晋.盐生植物盐地碱蓬染色体核型分析.广东农业科学,2012,11.
[2]张峰,姚燕.盐地碱蓬的染色体核型分析.山东科学,2013,26(2):53~55.

续表

染色体编号	相对长度/%	臂比	类型
6	10.83	1.27	m
7	10.66	1.61	m
8	10.62	1.12	m
9	9.53	1.12	m

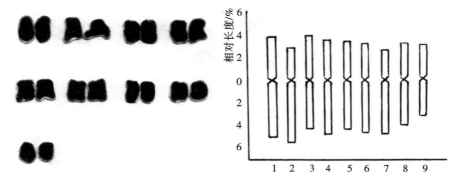

图 11 - 2　盐地碱蓬染色体核型(左)与染色体核型模式图(右)(张峰等,2013)

第三节　盐地碱蓬染色体的进化意义

染色体核型分析对植物起源和进化研究有重要意义。通常认为高等植物核型进化趋势是由对称向不对称方向发展,系统演化上比较古老或原始的植物,往往具有较对称的核型,而不对称的核型则常出现于较进化或特化的植物中。因此,通过染色体着丝粒位置可确定植物进化程度。Stebbins 根据染色体组中臂比值大于 2 的染色体所占比例和最长染色体与最短染色体之比,将核型分为 1A ~ 4A、1B ~ 4B 及 1C ~ 4C 等 12 个等级,其中 1A 为最对称的核型,4C 为最不对称的核型。从已报道的藜科植物的染色体数目看,其染色体基数比较稳定,除了 *Camphorosma* 和菠菜属 *Spinacia* 的染色体基数为 x = 6 以外,其余均为 x = 9,且 x = 9 可能是整个石竹目的原始基数,所以盐地碱蓬的染色体基数属于原始类型。而藜科中只有 14% 的种存在二倍体和多倍体细胞型,未发现盐地碱蓬有多倍体现象。

张峰等报道盐地碱蓬核型为 1A,其 9 对染色体中 8 对为中部着丝粒染色体,1 对为近中部着丝粒,对称性较强,系较原始核型,在系统演化上 1A 是比 1B 型更为原始的物种。鉴于碱蓬属相关研究中分类错误极常见,许多作者缺乏基本分类知识,对研究材料不进行必要的分类鉴定,致使大量研究工作因分类不清失去科学与参考价值。其所报道的应该既不是盐地碱蓬也不是碱蓬属植物。

第十二章　碱蓬属植物生理

碱蓬属植物最显著的生理特征,就是对高盐碱环境的强大适应力与抗渗透胁迫能力。在碱蓬属植物能够正常生长的高盐环境里,所有非盐生植物都会因渗透胁迫导致其细胞脱水而枯萎死亡。

第一节　细胞的渗透环境

水是一切生命存在的基础,所有生物都必须通过从外部获取必要的水分以维持其生命过程。在自然状态下,水是一种溶剂。而所谓盐碱环境其实质就是环境中的水含有过量的盐和矿物质,由此提高了其渗透势,造成植物细胞吸收与获取水分的困难,甚至直接导致细胞液外渗并引起脱水死亡。由此可知,所谓盐生植物的耐盐生理,其实质是植物如何从高盐环境争取足以维持正常生理需求的水分。

早在数千年前,《尚书·洪范》就指出了"水曰润下"和水势就下的原理。水的这一运动规律使其总是从较高水势向较低水势处移动。近代常以符号 ψ 表示水势,单位曾用大气压(巴)表示,1 大气压 = 1.01 巴。

A 和 B 之间的水势差($\Delta\psi$)可表示为:$\Delta\psi = \psi_A - \psi_B$。若 $\psi_A > \psi_B$,则 $\Delta\psi$ 是正值,水分将从 A 移向 B。若 $\Delta\psi$ 是负值,则水由 B 移向 A。

自由的纯水其水势为零。任何物质溶解于水中皆能降低其水势,因此,溶液的水势小于零[1],且溶液的浓度与水势成反比。

设用半渗透膜将容器中的纯水分隔成两部分,在其中一侧纯水中加入溶质例如盐类,由于盐不能通过膜扩散,而水分子则能通过半渗透膜,盐溶液因浓度提高而减少水分子对半渗透膜或半渗透膜另一侧的水分子所造成之分压,由此使水分子渗透过来,引起盐溶液一侧水面提高,直到提高后的水面所产生的水压,与盐类所导致水分子分压的降低量相等为止。此时之水压即等于渗透压[2]。

---

[1][加]R. G. S. 比德韦尔. 植物生理学(上册). 高等教育出版社,1982:50～51.
[2]陈镇东. 海洋化学. 国立编译馆主编,中国台北:茂昌图书有限公司,1994:94～95.

由于细胞膜具有上述半渗透膜的某些特性，当植物细胞暴露在不同盐度的水环境中，植物能否从环境中争取到所需水分，首先取决于其是否具有比环境更低的渗透势，或曰水势，由此决定其能否克服高盐环境的渗透势。即：植物 A 与盐碱环境 B 之间的水势差（$\Delta\psi$）为：$\Delta\psi = \psi_A - \psi_B$。若 $\psi_A > \psi_B$，则 $\Delta\psi$ 是正值，水分将从 A 移向 B。植物将因细胞脱水而干枯死亡。若 $\Delta\psi$ 是负值，则水分将由盐碱环境 B 进入植物体内 A，植物可以正常生长。而植物欲使 $\Delta\psi$ 是负值的途径就是增加其体液的浓度使其高于外部环境，以此获取足够的渗透势，这是衡量盐生植物与非盐生植物的一个重要指标。

在高盐环境里，所有的非盐生植物细胞相对于高盐环境渗透势其 $\Delta\psi$ 都是正值，因此非盐生植物无法从环境中获取水分，反而导致组织细胞中的水分在渗透压的作用下，被迫向高盐环境倒流，引起脱水而枯萎死亡。这就是传统作物不能在盐碱地上生长的基本原理。当然，实际情况远比这复杂，植物在盐碱环境中除遭受渗透胁迫外，还有离子毒害和其他复杂生理影响。

而碱蓬属等盐生植物细胞相对于高盐环境渗透势其 $\Delta\psi$ 却都是负值。这也是盐生植物的一个重要生理特征。

第二节　碱蓬属植物应对渗透胁迫的策略

碱蓬属植物主要通过向体内富集盐分的途径克服高盐环境的渗透胁迫，并保持其渗透势 $\Delta\psi$ 有足够的负值，使其能够从渗透势极低的盐渍土或海水中争取水分。

实验表明（邢军武，1993），碱蓬属植物体内的盐含量能够随土壤盐含量的升高而升高，或降低而降低。碱蓬属植物通过向体内大量富集无机盐离子的方式进行渗透调节，其强大的吸积盐能力，使其体内的盐含量总是比环境中的盐含量高出很多。栽培试验证明，碱蓬属植物体内盐含量总能维持一个相对于土壤盐含量的明显优势。且在土壤盐含量降得很低时仍维持一个较高的含盐量而不再随之下降（图 12 - 1），这一最低盐含量应是碱蓬属植物维持正常生理的基础盐含量。在土壤 NaCl 含量从 0.031% 逐级增加到 4.356% 时，其体内盐含量则从 1.441% 增加到 4.437%（表 12 - 1）。在某些极端环境中，碱蓬属植物体内 NaCl 含量甚至可以达到植物干重的 10.010% 以上[①]。

---

①邢军武. 盐碱荒漠与粮食危机. 青岛海洋大学出版社,1993.

表 12-1　野外实验区碱蓬体内盐含量与土壤盐含量(NaCl%)

土壤	0.031	0.081	1.321	4.356
碱蓬	1.441	1.791	2.178	4.437

(邢军武,1993)

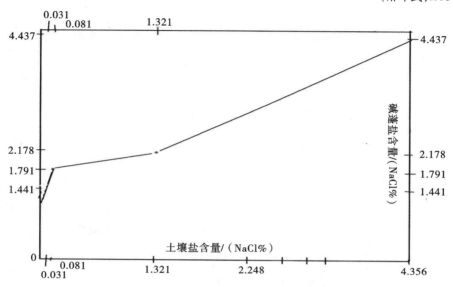

图 12-1　碱蓬体内盐含量与土壤盐含量的关系(邢军武,1993)

第三节　碱蓬属植物种子的初始含盐量及其生理意义

邢军武(1993)发现,碱蓬属植物在土壤盐含量降到 0.031% 时,其植物体内的盐含量仍维持在 1.441%,并推测这一盐含量可能是碱蓬属植物的基础生理量。在这一基础之上,碱蓬属植物可以随环境盐含量的升高而成比例地提高自身的盐含量,以适应各种不同盐度的环境,维持其从环境中获取水分的足够渗透势。由于碱蓬属植物特定的生存环境通常是盐渍化程度很高的地方,碱蓬属植物往往从种子开始,就必须面对高盐所造成的渗透胁迫压力。碱蓬属植物的种子,作为其生活史开始的起点与结束的终点,如何克服环境渗透胁迫,无疑关系到生死存亡与种群繁衍。作为通过富集盐分应对环境渗透胁迫的盐生植物,需要将这一耐盐机制预制到其种子之中,因此,在种子的发育过程中,碱蓬属植物在向生殖器官传递遗传信息及合成储存供繁衍所需的能量、信号感应元件的同时,还将一定量的盐预置于其种子里,使其种子也含有足够高的初始盐分,以应对未来所面临的盐渍环境,并确保其能够从盐碱环境中获取生存所需的水分。

苏联科学家 K. H. Tapapaka（1951）曾测定了盐渍环境中的角果碱蓬（*S. corniculata*）形成的不同颜色种子的氯含量，结果发现其黄色种子氯含量为1.469%，黑色种子则是0.317%。黄色种子的氯含量比黑色种子高4倍。他据此认为黄色种子具有在盐渍环境生长的天然特性，而黑色种子则更适于在非盐渍化条件下生长①。

表12－2　盐渍环境部分盐生植物种子的氯含量（种子或果肉干重的百分比）

植物	Cl^-含量/%
碱地蛔蒿（*Artemisia maritima salina*）	0.140
角果碱蓬（*Suaeda corniculata*）	0.352
海蓬子（*Salicornia herbacea*）	0.360
疣枝滨藜（*Atriplex verrucifera*）	0.750
泡泡刺（*Nitraria Schoberi*）	3.18

（据 A. A. 沙霍夫，1958）

若以盐含量 S＝1.80655Cl 换算②③，则种子盐含量大约可换算为：

黄色种子盐含量 1.469×1.80655＝2.65；

黑色种子盐含量 0.317×1.80655＝0.57。

通常，种子所储藏的盐及其含量，也是其生命的初始盐含量。从渗透势角度考虑，可以推知角果碱蓬种子萌发时的适宜土壤盐含量应在0.5%～2.65%之间。在低于这一种子初始盐含量的环境里，角果碱蓬的种子能够很容易获得所需水分，否则，就需要加速富集更多的盐以防细胞因失水造成死亡。碱蓬属植物的种子一旦萌发，则可以通过向体内主动吸收盐分的方式将体内的盐含量提高到比环境更高的水平，以此克服高盐环境的渗透胁迫。由此可以推知碱蓬属植物种子的盐含量对其萌发时所处的环境盐含量应该较为敏感④。但无论何种形态的种子，一旦萌发后皆能通过叶绿体光合作用启动其对植物渗透势的调控机制，以进一步适应所处环境。

Khan 等（2001）报道碱蓬属 *Suaeda moquinii* 其棕色和黑色种子萌发条件不同，棕色种子在1000mmol·L^{-1}的 NaCl 溶液中萌发率为30%，而黑色种子在600mmol·L^{-1}的 NaCl 溶液中萌发率仅为6%，且棕色种子在各个温度条件下萌发率均高于黑色种

①A. A. 沙霍夫. 植物的抗盐性. 科学出版社，1958：66.

②陈镇东. 海洋化学[M]. 中国台北：茂昌图书有限公司，1994：68.

③S 与 Cl 的关系是海水溶解盐类的规律，土壤和生物体内盐类关系比海水复杂，据此得到的盐含量是假定在海水条件下的参考值。

④邢军武. 盐碱荒漠与粮食危机. 青岛海洋大学出版社，1993：159.

子。这说明种子的初始含盐量的确决定了其适于萌发的环境盐含量。

杨帆等（2012）报道角果碱蓬棕色种子种皮透水性强，吸水快于黑色种子，吸水0.5h 后重量增加 32.2% ±1.9%，2h 后增加 86.1% ±4.6% 并开始萌发。黑色种子吸水 1h 后重量仅增加 16.5% ±3.1%，随后吸胀放缓，24h 后吸水近乎停滞，48h 后开始萌发。棕色种子萌发对温度梯度和光照及高盐环境均不敏感，萌发率为 84% ~100%。黑色种子则对光照敏感且具浅休眠，萌发率为 8% ~78%。人为划破种皮或经赤霉素和低温层积处理，均可提高萌发率。低温层积处理还能降低盐对黑色种子的胁迫影响，提高初始萌发率、萌发恢复率和最终萌发率[1]。

种子既是植物生活史开始的地方，又是其生活史结束的地方，还是其全部生活史中一个最为重要的稳定与休眠阶段。种子的含盐量无疑也是植物体内的起始含盐量，或曰基本生理浓度。所以碱蓬属植物体内的盐浓度在土壤盐浓度趋近于零的时候，并不随之趋近于零，而是维持在一个很高的水平即种子的初始含盐量之上。如果植物体内盐分低于这一起始值，碱蓬属植物将难以正常生长，因此当外界环境中的含盐量低于碱蓬属植物的最低需求量时，植物对环境盐分的吸收不是降低而是加强，用强化的吸收量来维持体内的生理需求。而当环境含盐量增高的时候，碱蓬属植物体内的含盐量也随之平稳增长，不过增长的幅度在各个区间有所不同，但总能维持一个相对于土壤含盐量的明显优势。这也许就是黑色种子含盐量低但也能在高盐土壤中正常萌发生长开花结实，而黄色的种子含盐量高也同样可以在低盐土壤中正常生长的原因[2]。

1941 年 Uphof 曾报道大多数盐生植物的种子在淡水中萌发最好，但滨藜属、盐角草属和碱蓬属植物在 0.5% NaCl 中比在蒸馏水中萌发得更好。Ungar（1967）报道碱蓬属的 *Suaeda depressa* 和柽柳属的 *Tamarixpentandra* 可在 4% NaCl 的盐溶液中萌发[3]。

第四节　碱蓬属植物种子的多态性与生理

通常，一年生逆境植物如分布于干旱、沙化及盐渍化逆境的植物种子都具有多态性，这是植物应对逆境的适应方式与进化结果。目前已知有 26 科 292 种植物具有多态性种子，其中以菊科和藜科植物为多。藜科主要集中在藜属（*Chenopodium*）、碱蓬属（*Suaeda*）、滨藜属（*Atriplex*）及猪毛菜属（*Salsola*）等。

①杨帆,曹德昌,杨学军,高瑞如,黄振英.盐生植物角果碱蓬种子二型性对环境的适应策略.植物生态学报,2012, 36(8)：781~790.
②邢军武.盐碱荒漠与粮食危机.青岛海洋大学出版社,1993.
③赵柯夫.盐生植物及其对盐渍生境的适应生理[M].北京:科学出版社,2005;36~37.

　　碱蓬属植物不同形态的种子首先可以根据种皮分为软皮和带壳硬皮两类,而带壳硬皮种子又可分为黑色与棕色两种(图 12 - 2)。

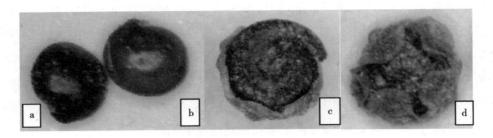

硬壳种子(黑色 a 与棕色 b)和软皮种子(螺旋状胚 c 与种皮包裹 d)。

图 12 - 2　垦利碱蓬(*S. kenliensis* J. W. Xing)的种子(邢军武摄)

　　邢军武(1993)报道了在自然状态下,盐地碱蓬的种子以没有果皮的黑色或棕色硬壳种子或有果皮的种子散落(图 12 - 3)。实验发现有果皮和无果皮种子在萌发时间上有很大的差别。室内栽培表明:有果皮的种子比裸露的种子提前萌发,且第一次出芽率也以前者为高,最后出齐的时间又以前者为短(表 12 - 3)。由于自然状态下盐地碱蓬有果皮和无果皮种子同时散落,说明都是其繁衍所需要的,不同的萌发时间与条件可以使种子有更大的繁衍生存空间,能够适应各种不同的渗透环境。粗略估计约有1/3 的种子以无果皮包被状态散落,其余则以有果皮形式散落或残留在植物体上。果皮对萌发的促进作用可能是通过影响种子微环境的水分及温度,也可能还有其他作用①。

图 12 - 3　碱蓬的五角星形果实(邢军武摄)

---

①邢军武. 盐碱荒漠与粮食危机. 青岛海洋大学出版社,1993:159.

表 12 - 3　两种盐地碱蓬种子出芽比较

种　　子	出芽时间/d	出芽率/%	埋深/cm
有果皮	7	21	1
无果皮	9	10	1

（邢军武,1993）

　　丁效东等(2010)对刺毛碱蓬两种不同形态种子栽培实验也获得软皮种子总萌发率均显著高于硬壳种子的结果。其两种种子在高盐度条件下具有分批次萌发的特征,在 0.2% ~ 0.6% NaCl 条件下种子产量随盐度增加而增高,且不同生长期皆产生形态不同的两种种子。硬壳种子虽萌发迟,但传播扩散远,在种子萌发和种群建成过程中起到了分摊萌发风险的作用,使刺毛碱蓬具有对更大范围盐渍环境的适应特性。软皮种子种皮薄,吸水后可迅速萌发,浸水 3h 后即可检测到光合放氧,合成有机物。700 mmol/LNaCl 溶液处理与去离子水处理的种子光合放氧能力无显著差别,其种子经高浓度盐溶液浸泡后其光合系统仍保持一定的光合能力。它能在母株周围迅速萌发生长,建成种群[①]。

　　刺毛碱蓬与盐地碱蓬、垦利碱蓬和盘果碱蓬以及角果碱蓬等碱蓬属植物,都产生不同形态的果实和种子。刺毛碱蓬的种子一种为翅果,一种为胞果。翅果种子卵圆形,种皮为光滑硬壳。胞果种子扁圆形,胚螺旋状,有粗糙软胞皮且体形较大(图12 - 4)。

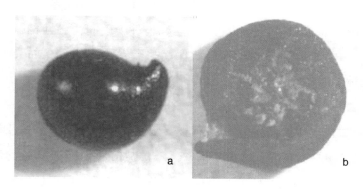

a:硬壳;b:软皮。

图 12 - 4　刺毛碱蓬两种不同形态的种子(邢军武摄)

　　刺毛碱蓬、垦利碱蓬、盘果碱蓬、角果碱蓬等所有带硬壳种皮的种子,均与盐地碱蓬的一样呈双凸镜形且又分为棕色和黑色两种,表面皆具光泽,有点纹,直径约 1mm。

---

①丁效东,张士荣,李扬,田长彦,冯固. 刺毛碱蓬种子多型性及其对极端盐渍环境的适应. 西北植物学报,2010，30(11):2293 ~ 2299.

栗素芬等(1991)报道,株高83cm的盘果碱蓬单株果穗平均有612个,结籽13097枚,千粒重0.1931g[①]。我们对辽宁盘锦红海滩盐地碱蓬种子随机取样统计发现其1克种子约为2221粒,其中黑色1826粒,约占82.2%,棕色395粒,占17.8%。

杨帆等(2012)报道内蒙古角果碱蓬棕色种子直径和重量均大于黑色种子,在种子成熟期随机选取12株,共获得4657粒黑色种子和1018粒棕色种子,单株黑色与棕色种子之比约为5.6∶1(表12-4)。Mandák & Pyšek(2001a,2001b)报道藜科植物常见个体大的种子颜色浅、无休眠;个体小的种子颜色深、有休眠。角果碱蓬棕色种子体积较大,种皮柔软,高度透水,无休眠,对外界光照或黑暗以及温度和盐度范围等环境因子不敏感,有较高萌发率(76%~100%)。黑色种子体积较小,种皮坚硬,吸水缓慢,萌发率低,短时间内种胚不易破皮萌发,需经外在条件积累成熟才能萌发。

表12-4　角果碱蓬两种种子比较

颜色	种皮特征	直径/mm	千粒重/mg	每株两色数量比	休眠
棕色	膜质,柔软,无光泽	1.07 ± 0.10	315.78 ± 1.75	1	无
黑色	角质,硬脆,有光泽	0.95 ± 0.08	240.35 ± 3.86	5.6	有

碱蓬属植物种子的多态性扩大了群落的分布范围,增加了应对逆境和环境突变的适应机会。其多态性种子利于碱蓬属植物在多种恶劣环境和气候条件下建立种群植被。由于大多数碱蓬属植物为一年生植物,自然生长只能靠种子越冬重新萌发。通常北方碱蓬属植物其种子在3—4月地温回升即可大批萌发。但此后仍有种子可不断萌发。杨帆等(2012)报道角果碱蓬黑色种子与棕色种子不同,在光照下萌发率显著高于在黑暗条件下,因此,可在深层土壤持久保存并形成种子库。Mayer等(1989)认为体积小的深色种子需光照才萌发可能与其所含营养物较少有关,萌发后需经光合作用获取营养。

土壤盐分作为胁迫因子对种子萌发有重要限制作用。角果碱蓬棕色种子含盐量高,可在高盐环境萌发。在浓度为 $1.0\ mol \cdot L^{-1}$ 的盐溶液中仍有10%的萌发率。在 $0.5\ mol \cdot L^{-1}$ 的盐溶液中黑色种子则98%不萌发。但经低温层积处理则可提高各盐度下的萌发率和萌发恢复率。而所有未萌发的种子在解除胁迫后均具恢复萌发的能力。

碱蓬属植物棕色种子含盐量高,在温度适宜时可随时在各种含盐量的土壤萌发,使种群有连续的繁殖和尽可能广的空间分布。黑色种子须经越冬低温打破休眠的特

①栗素芬,邢虎田. 对盘果碱蓬和钩刺雾冰藜的调查. 新疆农垦科技,1991,5:11~12.

性则使其当年一般不萌发,并可在土壤中长期保存种质。

碱蓬属植物形成两色种子的数量及其比例应该是有原因和规则的,或许这种数量的差异取决于植物对未来的预期和策略。虽然其机理仍待深入研究,但为什么含盐量高的种子是棕色或浅色,而含盐量低的则是黑色或深色? 若依中国传统之五行学说,红色棕色应属火或土,方位为南或中,可能更适于应对干旱、高温,而黑色属水,对应的方位是北,则更适于涝渍低温。如此,则其形成不同颜色种子的数量比,可能既是植物生长环境所决定,又是植物对未来旱涝和气温高低的预期。

假设这种推测合理,或许可进一步推测碱蓬属及其他种子多态植物,形成不同颜色种子的数量比例不是恒定的,而是每年及不同地区都不相同。即意味着这种不同种子的数量比,是植物对来年或未来气候如旱涝变化的感知,并将这种感知预制在种子里,以适应未来。

事实上,新疆的异子蓬棕色种子数量约为黑色的 2.4 倍。而其生境全年降水量不足 5mm,集中在 4—8 月,果实成熟期为 9—10 月。这证实棕色种子数量的确与干旱正相关。内蒙古角果碱蓬 2012 年黑色种子数量是棕色的 5.6 倍,其生境十年统计的降水量比新疆高,据此或可推测黑色种子数量应与干旱负相关。邢军武、钟芳 2019 年对盘锦滩涂的盐地碱蓬种子,通过实测计数统计发现,1g 种子约有 2221 粒,其中黑色为 1826 粒,棕色为 395 粒,比例约为 5∶1。盘锦辽河口大凌河口周边潮间带滩涂环境以湿涝为常态。这符合我们上述推测。

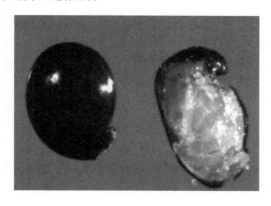

图 12-5　硬枝碱蓬种子及纵切面(右)(张兰兰等)

硬枝碱蓬种子扁圆,边缘薄,成熟种子表面黑色光滑,有光泽,种皮坚硬有螺状纹,平均直径为 0.82mm,平均千粒重为 1.09g。有种脐,脐下方有种孔,种孔有干黄色附属物,或与休眠有关(图 12-5)。

种子是一年生植物种群繁衍的唯一载体,碱蓬属植物发育出不同形态的种子与多态种子萌发不同时的特性,显然可以避免因同时萌发而集中遭遇恶劣气候或环境灾难及其他危害造成全部灭绝的风险。至少在理论上,不同含盐量的种子更适于在不同盐碱环境形成群落,占有更大时空。这种多态性种子是碱蓬属植物应对环境变化的高明策略。盐在碱蓬属植物体内的运输与分布机制,在发育过程中对不同颜色的种子形态的影响与机理,如何对不同形态的种子供以不同的盐量以及盐对种子生理的意义等,都是值得深究的有趣且有重大意义的问题。

第五节　碱蓬属植物渗透调控模式的能耗优势

通常,遭受盐胁迫的植物存在两类不同的渗透调节机制:

一是吸收积累 Na^+、Cl^-、K^+ 等无机离子以维持膨压,通过离子在液泡中积累而减轻离子毒害,这种机制普遍存在于碱蓬属($Suaeda$)等盐生植物中。

二是合成和积累有机小分子,如通常认为的葡萄糖、脯氨酸、甜菜碱等,以维持膨压,绝大多数非盐生植物都依赖这种机制进行渗透调节。

但如果要建立相同的溶质势,盐生植物靠积累 Cl^-,淡生植物靠积累葡萄糖,那么运转 Cl^- 所消耗的能量将远低于合成葡萄糖所需的能量。假如合成葡萄糖消耗的能量是100,运转氯离子所消耗的能量则是5。如果以0.4/h 速度生长的液泡化细胞,外界氯化钠浓度为500mmol/L,为保持相同渗透势,吸收无机离子的能耗是合成六碳糖的 1% 。即使利用比六碳糖小的有机分子如脯氨酸等,所消耗的能量仍比积累无机离子多得多。因此,从建立渗透势来看,利用无机离子作渗压剂比利用小分子有机物耗能要少得多。假定环境盐浓度为500mmol/L,以0.4/h 速率生长的液泡化细胞靠有机物完成全部渗透调节,则每增长1g 干重需要1.6g 六碳糖,是无盐条件下的2.6 倍,这实际是任何植物都无法承受的,即使用小分子有机物如脯氨酸等也同样要与生长竞争碳源。而通过积累无机离子调节渗透势,其能耗仅相当于无盐条件下呼吸耗能的 50% 。这也是非盐生植物在盐胁迫时生长受限的原因。

徐云岭等(1992)指出:非盐生植物在盐胁迫时积累脯氨酸的现象,是对环境激烈变化的临时性应激与伤害反应。尽管脯氨酸和糖具有稳定膜结构和保护酶功能的作用,增加脯氨酸和糖能抑制盐伤害的发展,但因积累脯氨酸和糖比积累 Na^+ 和 Cl^- 要消耗更多能量,所以用脯氨酸和糖做渗压剂对植物来说很不经济,会与生长竞争能量导致生长受限。[1]

碱蓬属植物正是靠大量吸收无机盐类用于维持膨压和保持植物体内外的水势梯

---

[1]徐云岭等.苜蓿愈伤组织盐适应过程中的溶质积累.植物生理学报,1992,1:93～99.

度,仅从能耗上理解,也是最节能的途径。

由于植物在盐胁迫环境中必须迅速建立细胞溶质势并维持终生,无机离子渗压剂涉及膜透性、被动运输、自由能梯度等诸多问题。采用无机离子渗压剂必须减少 Na^+ 和 Cl^- 渗漏以维持细胞的溶质势,因此,碱蓬属植物通过降低其叶细胞液泡膜对 Na^+ 的透性以减少维持细胞溶质势的能耗。

第六节　海洋环境对盐生植物生理的影响

海洋水体是一个高盐环境。通常海水的含盐量是35‰左右,这一盐度对陆地绝大多数植物来说都是致命的。但海洋植物却可以在这一高盐环境中获取所需的水分并正常生长,不会发生细胞组织的水分流失。因此,所有海洋植物都是盐生植物。

传统观点认为海盐是由淡水不断携带陆地的可溶性盐汇入海洋积累形成的,现代观点则认为海水中 Cl^- 的浓度从最初的原始海水到现在的海水都是相等的。从整体上看,海水作为一种盐溶液的含盐量从原初到现在变化不大,其渗透势也一直是 $-2.34MPa$ 左右。但事实上海洋的不同海域受周边环境影响,其盐度还是有变化的。例如河口和近岸处受陆缘来水影响盐度会降低。而在降水少、蒸发大的局部海域例如红海又会高达41‰。海洋渗透环境变化最大的区域则是潮间带(图 12 – 6)。

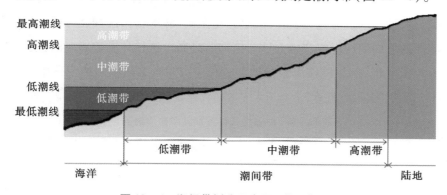

图 12 – 6　潮间带划分示意图(邢军武图)

海水的含盐量虽然是相对稳定的,但近岸潮间带的含盐量则面临两种变化,一是当海水落潮退去时,滩涂暴露在阳光辐射下,盐度受蒸发影响而高于海水;二是退潮后裸露的滩涂受降雨或地表径流影响,含盐量低于海水,直至下次涨潮重新恢复到海水的盐度。所以经过潮间带到陆地环境的盐含量,是从稳定到变动增高至逐渐降低的过程(图 12 –7)。从海洋到陆地的渗透环境差异巨大,植物由海至陆的演进,从整体上看,意味着从高盐向低盐、从高渗透势向低渗透势环境的转变,实现这种转变首先需要建立有效应对渗透势变化的生理机制。海藻细胞的渗透势一般比外界环境的渗透势低0.4～2MPa巴才能维持细胞膨压和防止质壁分离。但不同生态型和不同生理状态及发育阶段,其渗透势都会有很大变化。例如生长在潮下带的异管藻渗透势在－3MPa左右,而生长在潮间带的多管藻的渗透势则在－5MPa以下。如果外界渗透环境发生变化,植物体内的渗透势也会随之调整,以适应其变化。但这种适应能力有一定限度,且与藻类形态、结构、生理特性密切相关,体现着栖息环境的特点[1]。此外,姚南瑜(1987)还报道了16种绿藻、红藻和褐藻在低浓度溶液释放离子,使溶液电导率增高,而在高浓度溶液中则吸收离子,使溶液电导率降低[2]。

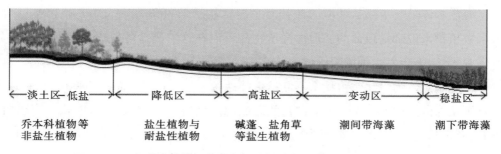

图12－7 海陆过渡带盐含量变化引起植物类群的改变(邢军武图)

对海洋植物来说,海洋是相对稳定的生存环境,水量充沛,含盐量高且较为稳定。因此在海洋环境中生长的藻类对盐度引起的渗透势变化较敏感。但一些潮间带分布的种类则具有较强的抗渗透势变化的能力,越是高潮带附近,这种能力就越强,而且潮间带环境渗透势周期性地改变也为这些植物所必需。这种环境中的海藻,抗渗透势冲击的能力令人吃惊,例如能在海水盐度2.88‰和100‰之间剧烈的变化中正常生活。而这种环境渗透势的改变幅度,会令绝大多数植物死亡(表12－5)。

表12－5 海藻生长位置及其耐盐渗透势

名称	生长位置	环境状况	耐受范围/bar
异管藻	潮下带	长期浸没水中	－13.87～－32.85
多管藻	潮间带	具一定暴露时间	－6.93～－48.52
鼠尾藻	分布最广在石沼占优势	潮间带各种因素对其均有影响	－1.33～－45.85
刚毛藻	石沼	受降雨影响	－2.67～－32.42
螺旋浒苔	高潮带	渗透势变化大	－2.67～－40.2
石莼	石沼污泥中	长时间暴露空气及无水条件中	－14.45～－48.88
肠浒苔	中潮带下部	渗透势变化小	－11.21～－42.92

(据姚南瑜1987改编)

①姚南瑜. 藻类生理学[M]. 大连:大连工学院出版社,1987:81.
②同上,87～88.

植物向陆地或海洋演化的过程,必然首先伴随对渗透势变化的适应。高潮带附近的海洋盐生植物,或许最有希望与陆地盐生植物在进化上相衔接。碱蓬属植物采用富集无机离子的方式进行渗透调节,既能形成强大的渗透势,可以从渗透势极低的盐渍环境中争取到足够的水分,又能有效减少维持细胞渗透势所需的能耗。这一耐盐生理与许多海洋植物相似,具有生理演变上的渊源关系。

虽然与陆地盐生植物相似,海洋植物建立渗透势的方式也不尽相同。既有依靠积累无机离子建立渗透势的,也有依靠积累有机物调控渗透势的。有研究认为没有液泡或液泡很小的一些海洋植物,通常会依靠积累有机质进行渗透调节,某些单细胞微藻例如杜氏藻($Dunaliella\ marina$)就靠积累有机质以适应盐度极高的盐湖渗透环境。某些海藻细胞渗透势的80%～90%是由离子构成的,有机质作用不大。但单细胞微藻的一些种类,则似乎主要靠积累低分子有机质对渗透势进行调节。

靠无机盐构成渗透势的藻类几乎全部都有中央大液泡,包括达氏硬毛藻($Chaetomorpha\ darwinii$)、单球法囊藻($Valonia\ ventricosa$)、地中海伞藻,其体内渗透势的80%由KCl构成。裸松藻($Codium\ decorticatum$)和海囊藻($Halicys\ tisporvula$)则除了积累KCl还大量积累NaCl。在只有小型中央液泡的藻类中,其细胞溶质则只含少量无机盐,如肠浒苔和石莼的无机盐KCl和NaCl只占60%。没有中央液泡,但细胞质有许多分散小液泡的藻类,如亚心形扁藻、盐生小球藻和海生小球藻,其渗透势主要由有机溶质形成,Na^+和无机盐则被其排出体外。

海藻用于调节细胞渗透势的有机溶质因种类而异。例如红藻主要是红藻糖苷和异红藻糖苷,其含量随环境盐度升高而升高。许多红藻如仙菜、凋毛藻和多管藻中甘露糖甘油酸含量很多。褐藻主要通过积累甘露醇进行渗透调节,其含量随环境盐含量升高而升高,降低而降低。参见表12－6。

表12－6　盐度与褐藻甘露醇含量变化

盐度	褐藻的甘露醇含量(干重的百分比)					
	网翼藻	海蒿子	裙带菜	萱藻	鼠尾藻	海带
4 倍海水	—	—	—	8.09	—	—
3 倍海水	9.04	11.19	11.31	7.38	12.02	—
2.5 倍海水	8.81	7.50	7.38	6.09	11.9	11.42
2 倍海水	8.57	7.02	5.59	6.07	9.88	10.95
1.5 倍海水	5.45	6.78		6.31	9.52	
海水	2.98	3.81	3.81	5.12	6.55	7.38

(据姚南瑜数据)

一些多元醇类可能也是单胞藻类的渗透调节物质。如杜氏藻(*Dunaliella marina*)细胞中的甘油受盐度影响极大,在 2.5MNaCl 中生长的细胞其甘油含量比生长在 0.025MNaCl 中的多 133 倍。

A. Katz(1984)发现杜氏藻(*D. marina*)和巴氏杜氏藻(*D. bardawii*)在 NaCl 浓度为 0.5 ~ 4mol/L 的条件下,靠积累甘油维持膨压能保持一定的细胞体积。而细胞内 Na$^+$ 浓度在任何条件下均不超过 100mmol,由此认为 Na$^+$ 对杜氏藻细胞的渗透势不起作用,这与其细胞酶对高盐的敏感性相一致。陆兹尔单鞭金藻(*Monochrysis lutheri*)中的环己四醇是另一类渗透调节剂,随环境盐含量增加而增加,减少而减少。已知依靠积累有机质进行渗透调节将增加植物能耗,抑制植物体生长。但单细胞藻类与多细胞藻类及高等植物不同的是,单细胞藻类没有像高等植物那样的个体增长的巨大能耗。单细胞耐盐微藻通过何种机制克服因积累有机质作为渗透调节剂所导致的高能耗影响,以及单细胞耐盐海藻与高等盐生植物耐盐生理的关系仍值得研究。

表 12 - 7　盐度与海藻可溶性糖含量/(mg·g^{-1}干重)

门	种名	盐度(1 为海水盐度,其余为海水盐度的倍数)					
		1	1.5	2	2.5	3	4
绿藻	孔石莼		25.34	44.51		47.94	63.90
	肠浒苔			42.40	47.25	60.63	77.45
	细弱刚毛藻		68.13	77.83	78.98		
红藻	角叉菜	8.14	14.91	14.22	19.42	19.40	
	叉枝藻	13.00	15.32		18.50	21.62	
	鸭毛藻			72.85	76.34	96.54	121.33
	亮管藻	25.00		33.75	45.00	65.00	
	屠氏藻	18.75	43.75	47.50	67.50	70.00	
	仙菜		36.25	61.25	80.00	91.25	
	多管藻	25.00	30.00	35.75	61.25		

(据姚南瑜数据修正)

姚南瑜等(1987)[1]测定了 20 种潮间带底栖绿藻和红藻体内醇溶性糖含量,发现在一定浓度范围内,虽然介质浓度上升,体内可溶性糖也随之上升(见表 12 - 7),但其增加的程度并不足以跟上外界渗透势变化的幅度。说明对许多藻类来说,内部有机溶质的变化不是其调节渗透势的主要方式。通常认为这些有机物集中在海藻细胞质中,

---

[1]姚南瑜. 藻类生理学[M]. 大连:大连工学院出版社,1987:95 ~ 102.

而存在于细胞或液泡中的离子却构成了细胞渗透物质的 95% 甚至更多。因此,这些海藻几乎完全依靠调节离子浓度来改变膨压和内部渗透势。当液泡中渗透势发生变化时,细胞质中的渗透活性物质也必须相应调整,有机质可能有利于避免细胞质体积的变化。但没有液泡或液泡很小的海藻如单细胞微藻的渗透调节,可能主要靠有机质而非离子。

有机质对细胞的作用可能不限于降低细胞渗透势,还被认为对保护细胞质不受过高离子渗透冲击有重要作用。如外界渗透势变化较小,扁藻通过改变离子浓度进行渗透调节,而当变化增大时,扁藻开始只改变离子浓度,延长持续时间则其甘露醇浓度也随之增多,由于细胞酶与核糖体不能耐受离子组成和浓度的大幅波动,增加有机溶质也可能是细胞对胁迫的应激反应。

用 ^{14}C 标记发现,渗透胁迫时蕨藻(*Caulerpa simpliciuscula*)多糖 ^{14}C 标记增加,在可溶性 β-葡聚糖有 37 个葡萄糖单位和有 270 个葡萄糖单位的两个组分中出现明显标记。高渗也使管藻多糖中的 ^{14}C 结合增加,细胞液黏度提高,增加大分子物质可能对渗透胁迫有某些保护作用,但作用有限。尤其高盐对原生质结构和正常代谢均有危害,不能无限进入。

P. Mariani(1985)用组织化学和 SEM X 线分析阳离子在墨角藻(*Fucus Virsoides*)中的分布,提出潮间带藻类的耐盐能力是通过排斥盐进入体内实现的,并认为海藻细胞壁中含硫酸基团的酸性多糖对抵抗盐害有重要作用。带硫酸根的多聚糖在表皮细胞外壁形成覆盖层,是海水中阳离子(特别是 K^+ 和 Na^+)被结合的主要场所。说明大量含硫酸基团的酸性多糖使离子很难进入内层,成为离子进入细胞的屏障。这种耐盐方式显然是通过隔离避盐实现的。Levitt(1980)认为潮间带海藻通过避盐适应盐胁迫。在海藻抗重金属方面也有类似机制,例如镉主要在墨角藻最外层与一些多糖结合,成为褐藻耐受重金属能力较强的原因(Lignell,1982)。R. H. Reed(1981)发现紫菜(*Porphyra purpurea* Roth C. Ag)体内 Na^+ 含量和外界盐度(直至 3 倍海水盐度)呈线性关系,但大部分组织中 Na^+ 均以游离态或与带负电荷的基团结合的形式存在于细胞壁衬质中。在各种盐度的介质中,其细胞内 Na^+ 含量占藻体总 Na^+ 量不足 10%。而在所有盐度条件下,细胞内 K^+ 均构成藻体总 K^+ 量中的绝大部分,只有少量存在于细胞壁中。但 K^+ 的含量与外界盐度不呈线性关系。Kloareg(1984)指出细胞壁硫酸基的总阳离子交换量大小,受潮间带不同种类垂直分布的影响。事实上,海藻抗渗透胁迫的机理与陆生植物类似,同样存在着吸积盐和拒排盐以及泌盐的不同类型。这显示了植物耐盐生理在起源上的进化联系。

潮间带的含盐量是以海水为平衡点上下起伏的。有时高于海水,有时低于海水,涨潮时则等于海水。若不考虑陆源来水的影响,潮间带的含盐量是高于还是低于海水则主要取决于天气情况。天气因素将决定盐分及渗透势是高于还是低于海水,而潮汐因素则决定了高于或者低于的时间长度,最后从低潮线到高潮线之间的不同垂直位置将决定其所生长的海洋植物经受这种渗透冲击的时间长短。降雨时退潮的潮间带水沼盐度可低于2.88,而当晴天暴露在强烈阳光下的滩涂区,其盐度可在蒸发作用下升高到超过海水的三倍以上。垦利碱蓬(*Suaede kenliensis* J. W. Xing)就是在这种渗透势不断强烈变化且差异巨大的环境中正常生长的少数植物之一。

垦利碱蓬(*S. kenliensis* J. W. Xing)和盐地碱蓬[*S. salsa*(L.)Pall.]在土壤盐含量为3%至4%时,仍能正常繁茂生长并开花结实,高度可以达到30cm。甚至在盐场结晶池边土壤含盐量10%以上的环境,正常生长的盐地碱蓬,色红而稍矮,高约25cm,也能正常开花结实,该处地下水埋深20cm,全部是地下卤水(邢军武,1993)。

盐渍环境尽管含水量可能并不少,但对大多数植物来说却是极端干旱的。例如海水的渗透势是 $-2MPa$,一般植物尤其是淡生植物无法从这种环境中争取到水分。但是一些盐生植物却可以在这样的环境里正常生长,这些植物能够以更低的渗透势从环境中争取到充足的水分。除了像垦利碱蓬(*S. kenliensis* J. W. Xing)、盐地碱蓬[*S. salsa*(L.)Pall.]、碱蓬、盐角草等这样一些吸积盐植物外,还有红树、柽柳、獐茅、补血草等泌盐植物。泌盐植物其叶上有发达的盐腺,可以主动将根吸收进体内的盐分再泌出体外,从而形成一个可以吸收到水分的渗透势。

第七节　NaCl 与 KCl 对碱蓬属植物的不同作用

有报道认为植物能够耐受一定浓度的 NaCl 胁迫而不能耐受相同浓度的 KCl 胁迫(王宝山等,1999;Eshel,1985a;Weimberg 等,1984)。赵可夫等(1995)报道高浓度 KCl 可抑制中亚滨藜、补血草和杜氏盐藻等的生长,推测与光合速率降低有关。刘沛然和武维华(1999)发现高浓度 K^+ 对杜氏盐藻生长和光合作用有明显的抑制,这种抑制作用可能与 K^+ 抑制盐藻质膜的质子泵活性有关。Weimberg 等用渗透势 $-0.8 \sim 0$ MPa($-0.1MPa$ 相当于 23mmol/L 的 KCl 或 NaCl,15mmol/L 的 K_2SO_4 或 Na_2SO_4)的 NaCl、KCl、K_2SO_4 和 Na_2SO_4 处理高粱,结果表明钾盐对其生长的抑制大于钠盐,由此认为 K^+ 大量积累对生长不利。

相反,一定浓度的 NaCl 则可促进碱蓬生长和肉质化,而同浓度的 KCl 则导致碱蓬叶萎蔫,说明高浓度 K^+ 可能干扰碱蓬蒸腾作用或水分吸收(杨明峰等,2002)。研究发现碱蓬在 NaCl 处理下不但没有受伤害,还促进生长,使干重增加。相同浓度的 K^+

却严重抑制其生长,使碱蓬发生萎蔫甚至死亡。Wang 等推测 KCl 的积累造成光合作用减弱,有机物积累下降。而 NaCl 的积累则使碱蓬茎、叶因显著肉质化而增大了光合面积,导致有机物增加(Wang 等,2001)。

通常认为所有细胞内都是钾多钠少,K^+ 也是植物细胞生长及代谢所必需的重要元素,参与酶活性调节、蛋白质合成及渗透调节等多种生理过程,并且是唯一一种植物所必需的以高浓度存在的阳离子。通常,K^+ 作为植物必需营养元素的正常浓度是 6mmol/L,保持细胞质 K^+ 浓度,使其高于某阈值,对于植物的生长及耐盐性都是非常必要的(Zhu 等,1998)。因此,某些植物对 KCl 比 NaCl 更易受害是一个值得探讨的有趣现象。

李圆圆等(2003)报道 KCl 和 NaCl 对盐生植物碱蓬幼苗水分代谢的不同影响,发现相同浓度的 NaCl 处理能显著促进碱蓬生长,根吸水增加,含水量高于对照。而同浓度 KCl 处理却严重抑制其生长,含水量显著下降,400mmol/L 的 KCl 处理后 6 天,碱蓬地上部分发生萎蔫,随后死亡。认为 KCl 对碱蓬蒸腾速率无显著影响,而是抑制其根系吸水,使其水分吸收速率与蒸腾速率比值下降,使碱蓬水分代谢严重失衡,造成植株缺水伤害。NaCl 使碱蓬细胞渗透势明显下降,吸水速率提高,渗透调节能力增强。而高浓度 KCl 虽然也使碱蓬细胞液渗透势下降,但渗透调节能力却没有增强,反而造成生长受到严重抑制。对高浓度 KCl 如何造成碱蓬根系水分吸收障碍还有待研究[①]。

第八节　碱蓬属植物的肉质化

在含盐或含碱量过高的盐碱环境中,许多盐生植物如垦利碱蓬、盐地碱蓬、碱蓬和盐角草等都会通过肉质化来适应高盐环境的渗透胁迫,完成其生活史。通常认为肉质化可使植物吸收贮存生长所需要的水分,保证光合作用与生理功能的进行,是碱蓬属植物适应盐碱环境的重要方式。因此,在含盐或含碱较少的低盐环境,很多盐生植物例如碱蓬属植物的茎叶往往并不形成肉质化。

W. M. M. 巴若认为海洋植物在白昼涨潮时浸在海水中,退潮时土壤溶液浓度上升至高于植物体内浓度,植物就会发生生理干旱,不仅不能吸收水分,水分还会从植物体外渗。此时肉质叶贮存的水分可以帮助植物渡过这段困难时间[②]。

---

①李圆圆,郭建荣,杨明峰,王宝山. KCl 和 NaCl 处理对盐生植物碱蓬幼苗生长和水分代谢的影响.
　植物生理与分子生物学学报,2003,29(6):576~580.
②[英]W. M. M. 巴若著. 韩碧文等译. 植物的机体组成[M]. 中国农业出版社,1982:42~43.

高盐环境可使碱蓬属植物细胞增大,叶表面积与体积比减小,单位面积含水量增高。其中含水量与肉质化的一些关系分别为:

含水量% =(鲜重 - 干重)/鲜重×100%

肉质化程度 = 鲜重/干重

肉质化 = 含水量(mg)/表面积(mm²)

经测定盐角草含水量一般为91%,肉质化程度约为12。盐地碱蓬含水量为90%,肉质化程度为11(表12 - 8)。

表12 - 8　盐角草与盐地碱蓬植株实测

	鲜重/g	干重/g	含水量/g	含水量/%	肉质化程度
盐角草	35	3	32	91	12
盐地碱蓬	21	2	19	90	11

海水的渗透势通常是 - 2MPa,一些盐生植物能耐受到 - 30MPa 的渗透势。肉质植物通过在肉质化的叶或茎组织中储存水分,并通过减小叶面积和叶面积与体积比至最小,使叶形呈球形或圆柱形以降低耗水量。缩小同化器官体积也使对流冷却效率增大,不必像阔叶那样依赖蒸腾冷却[1]。

盐地碱蓬、垦利碱蓬、碱蓬和盐角草等都是典型真盐生植物,都具有耐盐碱涝渍特性,但盐地碱蓬和碱蓬比垦利碱蓬和盐角草耐涝能力稍弱,耐旱能力更强。盐地碱蓬在潮水经常浸没的潮间带和远离海边的内陆盐碱环境都能生长,垦利碱蓬则主要生长在潮间带滩涂区。潮间带滩涂区的垦利碱蓬、盐地碱蓬和盐角草主要受高盐、低温和涝渍影响,植物体通常呈艳丽的紫红或玫瑰红色。而在远离海边的内陆盐碱环境,上述植物则主要受盐分和干旱影响,其植物体在轻度盐碱环境通常呈绿色,在重度盐碱环境则呈紫红色。

不同的盐类对盐生植物肉质化影响不同。与很多盐生植物相同,碱蓬属植物在 NaCl 的盐碱环境中,其叶细胞比非盐碱的淡土环境中的大,表面积小(图12 - 8)。相反,在 Na_2SO_4 环境中很多植物的叶细胞变小,叶片增大。这表明硫酸盐使细胞分裂超过细胞扩大,而氯化物则使细胞扩大超过细胞分裂。

彭斌等(2017)用采自江苏盐城滨海潮间带和远离海岸的两种盐地碱蓬种子进行不同盐度的栽培试验,发现陆生种的肉质化程度受盐度和不同盐分的影响很大,潮间带种则不明显。以不同浓度的 NaCl 培养发现,200mmol/L 浓度对潮间带种的肉质化

---

[1]A. C. 利奥波德,P. E. 克里德曼. 植物的生长和发育[M]. 北京:科学出版社,1984:367.

无明显影响,但使陆生种的肉质化比对照增加 31.9%。以 400mmol/L NaCl 培养则对两种盐地碱蓬肉质化均无显著影响。用 200mmol/L 的 KCl 处理则其肉质化程度均降低。其中陆地种降低 21.4%(P < 0.01),潮间带种降低 5.9%(P > 0.05)。400mmol/L 的 KCl 则使两种盐地碱蓬肉质化程度分别降低 38.9% 和 10.6%。200mmol/L 的 NaCl 处理使陆地种肉质化及鲜、干重明显提高,叶含水量增加,促进了生长。更高浓度的 NaCl 和 2 种浓度的 KCl 则明显降低肉质化并抑制生长[①](图 12 - 9)。

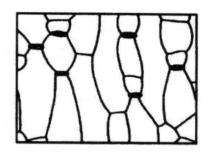 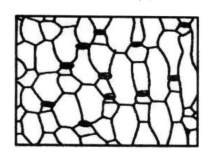

图 12 - 8　碱蓬属植物在盐碱环境(左)与淡土环境(右)
其表皮细胞发育的差别(转引自赵可夫,有修改)

需要指出的是:彭斌等所述源自盐城潮间带的盐地碱蓬种子,可能为垦利碱蓬(*Suaeda kenliensis* J. W. Xing),而非盐地碱蓬[*S. salsa*(L.)Pall.]。该种的种子明显比盐地碱蓬大,其花有清淡香味。特别耐海水,主要生长在海洋潮间带滩涂,分布在渤海湾中南部至黄海沿岸滩涂潮间带,肉质化程度较盐地碱蓬高。

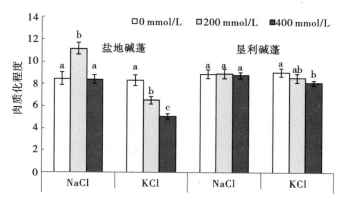

图 12 - 9　盐分对盐地碱蓬和垦利碱蓬幼苗肉质化的影响(据彭斌等数据)

很多离子都能使植物形成肉质化,尤以 NaCl 作用最显著,高 K^+ 时则不形成肉质

①彭斌,许伟,邵荣,封功能,石文艳.盐胁迫对不同生境种源盐地碱蓬幼苗生长、光合色素及渗透调节物质的影响.海洋湖沼通报,2017,1:63 ~ 72.

化。Keller(1925)和 Eijk(1939)曾分别推测肉质化主要是 Cl^- 而不是 Na^+ 的作用。但将 NaCl 引起的肉质化看成 Na^+ 或 Cl^- 的单独作用,很可能是一种认识错误。事实上,无论 Na^+ 或 Cl^- 在自然界和植物体内都很少单独存在,植物生理中的 Na^+ 或 Cl^- 也理应是阴阳平衡态。

很多关于钠离子诱导肉质化的报道,如 Jenning(1968)提出 Na^+ 影响 $ATP \underset{ATPase}{\overrightarrow{}}$ $ADP + Pi$ 过程,认为 Na^+ 是诱导肉质化的主要因子。Na^+ 在淡生、旱生和盐生植物中都有引起肉质化的作用,这些虽然提示不同植物肉质化应有相似机理,但对植物肉质化仍有不同认识。例如,有人认为肉质化不取决于 Na^+、Cl^- 或硫酸盐的绝对值,而是由所吸收的游离离子间的比例决定的,当离子积累超过一个临界点时,则引起植物的肉质化改变。某些盐生植物老叶中离子浓度的增大即与高度的肉质化相对应。也有人认为氯化物使盐生植物原生质膨胀形成肉质化。还有人认为氯化物使细胞壁化合物破坏,胞壁伸展导致细胞增大。Poktovskaya(1957)报道盐抑制和滨藜属细胞分裂并促使其细胞增大,使细胞数减少,体积增大,呈现肉质化。总之,认为单独的某种离子是肉质化形成的原因既不符合离子平衡的规律,也缺乏可靠的实验证据。

肉质化程度或许可作为高盐环境植物生存能力的指标。盐角草属、碱蓬属、盐爪爪属等真盐生植物往往通过肉质化适应高盐环境。此类盐生植物通过吸收环境中的盐离子,使茎叶肉质化,以吸收储存水分,并使体内的盐浓度保持在能正常生长的范围。而柽柳属、补血草属、滨藜属等泌盐盐生植物虽然通过盐腺或盐囊泡排除多余盐分,维持正常生理,但同时滨藜和补血草属的一些种类也能通过肉质化适应高盐环境。

Eijk(1939)用 NaCl、$CaCl_2$、$MgCl_2$、$NaNO_3$ 和 Na_2SO_4 对比研究,认为 NaCl 是盐生植物肉质化主要诱因。Amold(1955)则认为盐生植物肉质化不是细胞中 Na^+、Cl^- 或硫酸盐的绝对量,而是由离子间的比例造成。Pokrovskaya(1957)认为 NaCl 导致细胞数量减少和细胞个体增大是肉质化形成的主要原因。

几十年来,国内外关于盐生植物肉质化的研究很多,虽然多数研究认为 NaCl 是肉质化的主要诱因,但对其机制仍不甚明了。

垦利碱蓬(*Suaeda kenliensis* J. W. Xing)、盐地碱蓬和盐角草都是液泡区隔的肉质化植物,垦利碱蓬、盐地碱蓬为叶片肉质化,盐角草为茎肉质化。总体上,垦利碱蓬的肉质化程度与盐角草相当,盐角草的肉质化程度一般比盐地碱蓬高。有人测定山西运城盐湖区盐碱生境中盐角草的 Na^+、Cl^- 含量比盐地碱蓬更高,盐地碱蓬 Cl^- 大于 Na^+,盐角草 Na^+ 大于 Cl^-。但由于这些离子含量是对植物体总含量进行的混合测定,并不能反映离子在植物细胞中的真实分布情况和比例关系。如果 Na^+、Cl^- 是造成肉质化的主要离子,认为盐角草与盐地碱蓬肉质化程度差异与 Na⁺、Cl⁻ 间的比例有关或无关,都需要更细致精确的定位测定,以了解 NaCl 在植物体内的存在形态和分布情况。

　　值得注意的是,肉质化现象并非只出现在吸积盐型的盐生植物如盐角草属、碱蓬属中,在泌盐型盐生植物中也存在。例如前述泌盐型盐生植物滨藜属的某些种,既有通过盐囊泡排盐的泌盐特征,同时也有通过叶片肉质化适应高盐环境的生理特点,说明肉质化也是某些泌盐植物耐盐生理的重要组成部分。同样,碱蓬属植物也存在一定的泌盐机能与现象①。

第九节　碱蓬属植物的渗透调节物质

　　Kuiper(1984)测试到盐生植物膜囊 Mg^{2+} – ATPase 在一定浓度 Na⁺ 刺激下可提高其活性②。用与 NaCl 等渗的 PEG 液作对照,盐地碱蓬幼苗在 NaCl 浓度为 100 ~ 500mmol/L 时,其地上和根部鲜、干重均高于对照,且 NaCl 为 100mmol/L 时的鲜、干重最大,分别是对照的 1.83 和 1.75 倍,以及 3.10 和 2.20 倍。NaCl 浓度超过 100mmol/L 时,其地上部和根的鲜、干重则随外界盐浓度增加而逐步下降,下降趋势为:地上部大于根部,地上部及根的每 g 干物质中的有机物干重也同步下降。PEG 处理组则生长差,鲜、干重、有机物干重和含水量均远低于等渗的 NaCl 组(表 12 – 9)。

表 12 – 9　盐胁迫与盐地碱蓬幼苗鲜重(FW)、干重(DW)、有机物干重(ODW)和含水量(WC)

处理/(mmol/L)		地上部分					根部				
		FW/g	DW/g	ODW/g	ODW/(g/g DW)	WC/%	FW/g	DW/g	ODW/g	ODW/(g/g DW)	WC/%
CK		227.93	40.46	28.73	0.71 ± 0.064	82.84	13.98	4.35	3.90	0.90 ± 0.012	69.43
NaCl	100	418.16	70.84	43.92	0.62 ± 0.027	83.57	43.39	9.62	8.18	0.85 ± 0.027	77.83
	200	291.84	49.46	28.27	0.57 ± 0.058	83.00	18.56	5.02	4.22	0.84 ± 0.018	72.95
	500	268.84	46.11	25.38	0.55 ± 0.011	82.85	15.33	4.57	3.88	0.82 ± 0.031	70.19
PEG		84.87	33.60	24.19	0.69 ± 0.014	71.64	7.73	4.10	3.61	0.88 ± 0.015	62.82

　　盐地碱蓬幼苗叶无机离子含量随环境 NaCl 浓度升高而急剧增加(图 12 – 10),其

---

①邢军武. 盐碱荒漠与粮食危机. 青岛海洋大学出版社,1993.
②简令成,王红. 逆境植物细胞生物学. 科学出版社,2009:125.

中 Na^+ 和 Cl^- 增加最多,500mmol/LNaCl 时分别比对照高 30 和 13 倍,除 100mmol/L NaCl 处理的 NO_3^- 含量略有增加外,K^+、Ca^{2+} 和 NO_3^- 含量均呈下降趋势。其他离子含量均高于对照,但 Na^+、Cl^-、NO_3^- 的含量均低于 NaCl 等渗组。

NaCl 浓度为 100 和 200mmol/时,盐地碱蓬幼苗氨基酸、可溶性糖、有机酸等有机溶质总含量增加(图 12-11),NaCl 为 500mmol/L 时略有降低,有机酸和可溶性糖含量均低于对照。PEG 对照组有机溶质总含量明显增加,约为等渗 NaCl 组的 3 倍,其中 PEG 处理为 7.81μmol/g FW,对照为 0.56μmol/gFW,脯氨酸含量明显增加,约为对照的 14 倍。盐胁迫的影响和幼苗叶的渗透势变化见图 12-12 和表 12-10。

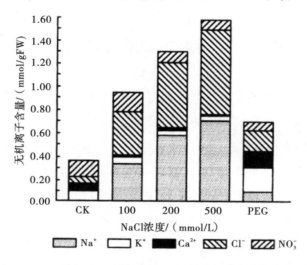

图 12-10 盐和水分胁迫对盐地碱蓬幼苗叶离子含量的影响

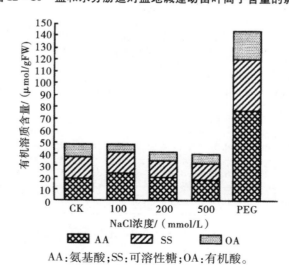

AA:氨基酸;SS:可溶性糖;OA:有机酸。

图 12-11 盐和水分胁迫对盐地碱蓬幼苗叶有机溶质含量的影响

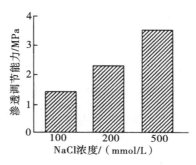

图 12 – 12　盐胁迫对盐地碱蓬幼苗叶渗透调节能力的影响

表 12 – 10　盐地碱蓬幼苗叶在不同盐胁迫时的渗透势变化

NaCl 浓度/（mmol/L）	MOP/MPa	COP/MPa	MOP – COP/MPa
0.00	− 1.13 ± 1.01	− 1.03	
100	− 2.59 ± 1.52	− 2.47	− 0.12
200	− 3.45 ± 1.52	− 3.42	− 0.17
500	− 4.70 ± 0.98	− 4.02	− 0.68

实测渗透势（MOP）、计算渗透势（COP）及 MOP 与 COP 的差值（MOP – COP），Na^+、K^+、Cl^-、NO_3^- 等占 COP 的百分比随盐浓度增加而增加（表 12 – 11）。盐胁迫时盐地碱蓬幼苗 Na^+ 和 Cl^- 占 COP 的 71% ~ 88%。NO_3^-、K^+、Na^+ 对 COP 的贡献随盐浓度增加而减小。总有机质、有机酸和可溶性糖占渗透势的百分比均随盐浓度增加而减小。脯氨酸对渗透势的贡献则随盐浓度增加而增加，NaCl 为 500mmol/L 时 K^+、Ca^+ 对渗透势的贡献为等渗 NaCl 组的 7.64%，在有机渗透调节物质中，游离氨基酸贡献最大，其次是可溶性糖，脯氨酸仅占 1%，对盐地碱蓬的生理作用并不清楚。

表 12 – 11　盐地碱蓬叶在 NaCl 和水胁迫时不同渗透调节物质及渗透势变化

处理/（mmol/L）		COP/MPa	渗透调节物渗透势占计算渗透势的%									
			无机物	有机物	Na^+	K^+	Ca^{2+}	Cl^-	NO_3^-	氨基酸	有机酸	糖	脯氨酸
CK		− 1.03	88.95	11.05	5.78	16.19	19.76	13.35	33.87	4.72	2.67	4.26	0.13
NaCl	100	− 2.47	95.30	4.70	34.89	5.35	1.68	36.34	17.06	2.42	0.67	1.67	0.12
	200	− 3.42	96.86	3.14	43.80	3.59	1.93	41.70	5.82	1.55	0.55	1.17	0.22
	500	− 4.02	97.58	2.42	43.59	2.18	0.99	44.79	4.76	1.17	0.40	0.84	0.46
PEG		− 2.10	83.07	16.93	11.38	26.42	15.80	21.49	7.80	9.11	2.73	5.10	0.92

Walter（1961）报道，转入盐渍培养基中的盐生植物，其渗透调节的平均速度为 1atm/d。其中碱蓬属植物 *Suaeda monoica* 的适应速度可能更快。盐生植物的渗透调节物质分有机和无机溶质两类，有机溶质主要是有机酸、氨基酸、可溶性糖类等，无机主要是 Na^+、K^+、Ca^{2+}、Mg^{2+}、Cl^-、NO_3^-、SO_4^{2-} 等离子。盐生植物的渗透调节物质主要以无机盐（NaCl）为主，淡生植物则以有机物进行渗透调节。张海燕等（1998）报道，用

不同浓度 NaCl 处理盐地碱蓬,其水势随浓度升高而降低,构成其渗透势的主要是无机离子,从对照到 400mmol/L NaCl 不同处理中,构成其渗透势的无机离子为 88.95% ~ 97.58%,构成渗透势的有机物质为 11.05% ~2.42%,无机离子的比例随 NaCl 处理浓度增大而增大,有机物则随 NaCl 浓度增大而降低(表 12 - 12)。

表 12 - 12   盐和水胁迫盐地碱蓬叶渗透调节物质的渗透势占计算渗透势(COP)百分比

处理/ (mmol/L)	COP/ MPa	COP/ %										
		无机物	有机物	Na$^+$	K$^+$	Ca^{2+}	Cl$^-$	NO$_3^-$	氨基酸	有机酸	糖	脯氨酸
CK	-1.03	88.95	11.05	5.78	16.19	19.76	13.35	33.87	4.72	2.67	4.26	0.13
NaCl 100	-2.47	95.30	4.70	34.89	5.35	1.68	36.34	17.06	2.42	0.67	1.67	0.12
NaCl 200	-3.42	96.86	3.14	43.80	3.59	1.93	41.70	5.82	1.55	0.55	1.17	0.22
NaCl 500	-4.02	97.58	2.42	43.59	2.18	0.99	44.79	4.76	1.17	0.40	0.84	0.46
PEG	-2.10	83.07	16.93	11.38	26.42	15.80	21.49	7.80	9.11	2.73	5.10	0.92

赵可夫等(2000)报道用 0、100mmol/L、200mmol/L、400mmol/L NaCl 处理盐角草和盐地碱蓬及滨藜属植物(Atriplex spongiosa)、二色补血草(Limonium bicolar)和獐茅等,发现双子叶盐生植物有机溶质随外界盐度升高而降低,单子叶则相反(表 12 - 13)。

表 12 - 13   几种盐生植物在不同 NaCl 浓度中的有机和无机溶质计算渗透势贡献(Pcop/%)

植物	NaCl/ (mmol/L)	ψcop/ MPa	无机	有机	Na$^+$	K$^+$	Ca^{2+}	Mg^{2+}	Cl$^-$	NO$_3^-$	AA	OA	SS	QACS	Pro
欧洲盐角草	0	2.15	76.27	3.77	11.63	13.95	3.72	15.35	13.95	17.67	9.30	2.23	10.70	1.41	0.09
	100	3.77	83.82	16.18	26.79	6.10	1.33	9.28	30.24	10.08	8.85	1.01	4.71	1.34	0.27
	200	5.29	84.56	15.44	34.40	3.46	0.76	6.24	33.46	6.24	10.02	0.69	2.84	1.32	0.57
	400	6.88	82.99	17.01	34.98	2.66	0.58	5.09	34.88	4.80	11.77	0.44	1.89	1.89	1.02
盐地碱蓬	0	1.76	91.15	8.85	11.31	22.59	18.29	5.22	14.08	19.76	2.71	1.53	2.56	1.90	0.06
	100	3.17	94.35	5.65	36.89	5.11	5.65	3.69	29.82	13.19	1.96	0.47	1.26	1.89	0.07
	200	3.70	95.40	4.60	40.38	2.70	2.63	3.11	40.38	6.20	1.22	0.32	1.03	1.95	0.08
	400	4.45	96.12	3.88	41.61	3.12	1.40	2.63	43.51	4.74	0.74	0.22	0.74	1.84	0.34
二色补血草	0	2.09	88.47	11.53	15.49	38.18	5.11	2.97	21.44	5.28	0.10	1.68	3.21	6.95	0.19
	100	2.83	90.06	9.94	33.38	21.11	4.07	3.18	23.76	4.56	1.06	1.16	2.55	4.92	0.25
	200	3.47	90.73	9.27	37.24	15.06	3.18	2.13	30.10	3.02	0.95	0.95	2.36	4.61	0.40
獐茅	0	1.75	72.20	27.80	4.19	30.72	11.03	11.45	3.22	11.59	2.79	2.52	13.96	8.39	0.14
	100	2.22	65.12	34.86	13.25	18.76	6.85	7.84	11.04	7.40	4.61	3.42	16.29	10.10	0.44
	200	2.59	56.80	43.20	13.22	15.11	4.58	9.13	15.11	3.78	5.61	4.34	12.20	12.20	0.85
隐花草	0	1.81	67.92	32.08	2.71	27.06	11.10	10.96	4.33	11.76	2.73	2.03	13.53	13.53	0.27
	100	2.52	54.87	45.13	9.72	17.54	5.92	5.64	9.73	6.32	3.89	4.86	21.40	14.59	0.39
	200	2.96	48.91	51.09	10.75	14.06	4.71	4.38	11.58	3.43	4.14	3.31	24.80	18.26	0.58

* AA:氨基酸;OA:有机酸;SS:可溶性糖;QACS:四元胺化物;Pro:脯氨酸。

Na⁺是碱蓬属盐生植物的必需生长元素，缺乏 Na⁺ 碱蓬属植物不仅不能正常生长，也不能完成生活史。实验室中 NaCl 浓度为 100～200mmol/L 的盐地碱蓬幼苗生物量最高，NaCl 浓度过高时，生物量增加不大甚至下降。盐地碱蓬幼苗在盐环境中吸收的 Na⁺ 和 Cl⁻ 占渗透势 COP 的 71%～88%，这与碱蓬属植物通过盐离子进行渗透调节有关。Bottacin 等曾将盐抑制 NO_3^- 的吸收归结为 NO_3^- 和 Cl⁻ 的拮抗作用。但盐地碱蓬在 NaCl 浓度为 100mml/L 时 NO_3^- 含量增加，NaCl 浓度为 150mmol/L 左右时，NaCl 有促进 NO_3^- 摄取的作用。还有报道在适度盐胁迫时，NaCl 也可促进较耐盐的大麦品系吸收 NO_3^-。

已知淡生植物在盐胁迫时会合成某些有机质，而盐生植物如碱蓬属植物则通过直接增加细胞中无机离子含量进行渗透调节。盐地碱蓬在盐胁迫时渗透调节能力增强，有猜测认为盐地碱蓬除无机离子为主要渗透调节物质外，可能也有少量有机物质参与渗透调节，如 Ptorey 和 Wyn 及 Cromwell 和 Rennie 曾报道藜科植物的甜菜碱含量在盐胁迫时增加。有报道盐碱环境的盐地碱蓬脯氨酸含量比非盐碱环境淡生植物高，据此认为脯氨酸也是盐地碱蓬的渗透调节物质。

Lee 和 Flowers(1972b)，Steward(1974)提出细胞质中的脯氨酸积累可抵抗液泡盐分过多并调节渗透。Barmnum 和 Polijakoff-Mayber(1977)报道 100μmol/L 脯氨酸，可减轻 120μmol/LNaCl 对种子萌发的抑制。100μmol/L 苯丙氨酸和天冬氨酸可促进 12μmol/L NaCl 条件下种子的萌发。虽然如此，碱蓬属植物的脯氨酸却可能系胁迫引起的次生代谢产物。将受胁迫时某种物质合成增多，解读成有利于抵抗此种胁迫，还是值得斟酌的。

第十节　碱蓬属植物的环境生理

碱蓬属植物能够适应的生存环境地理跨度很大，从内陆腹地到滨海滩涂潮间带皆可生存。但在不同环境中其细胞的离子、元素和化学组分甚至植物形态差异很大。

1. 碱蓬属植物的必需矿物质和营养元素

无论盐生植物或淡生植物，皆需从环境中获取必需的各种矿物质和营养元素。已知植物必需的大宗元素有碳、氢、氧、氮、钾、钙、镁、磷、硫和硅 10 种，此外还有氯、铁、锰、硼、钠、锌、铜、镍和钼(表 12－14)9 种微量元素。但 Na⁺ 和 Cl⁻ 虽是淡生植物的必需微量元素，却是碱蓬属盐生植物的大宗必需元素。

早在 19 世纪即证明 Cl⁻ 是高等植物所需营养成分，20 世纪认识到 Na⁺ 也是植物必需微量元素。Ovadia 和 Keren 分别于 1969、1970 年发现 Na⁺ 对滨藜(*Atriplex vesicar-*

ia)和碱蓬属植物的生长十分重要。白刺和盐生草(*Halogeton glomeratus*)也必需 Na^+ 才能正常生长。1968 年 Brownell 证明 23 种高等盐生植物需要 Na^+ 作为必需微量元素。

表 12 - 14   高等盐生植物必需元素

元素	符号	植物利用形式	干重/%	含量/($\mu mol/g$ 干重)	元素	符号	植物利用形式	干重/%	含量/($\mu mol/g$ 干重)
碳	C	CO_2	45	40 000	氯	Cl	Cl^-	0.01	3.0
氧	O	O_2, H_2O, CO_2	45	30 000	铁	Fe	Fe^{3+}, Fe^{2+}	0.01	2.0
氢	H	H_2O	6	60 000	锰	Mn	Mn^{2+}	0.005	1.0
氮	N	NO_3^-, NH_4^+	1.5	1000	硼	B	H_3BO_3	0.002	2.0
钾	K	K^+	1.0	250	钠	Na	Na^+	0.001	0.4
钙	Ca	Ca^{+-}	0.5	125	锌	Zn	Zn^{2+}	0.002	0.3
镁	Mg	Mg^{2+}	0.2	80	铜	Cu	Cu^{2+}	0.0001	0.1
磷	P	$H_2PO_4^-, HPO_4^{2-}$	0.2	60	镍	Ni	Ni^{2+}	0.0001	0.002
硫	S	SO_4^{2-}	0.1	30	钼	Mo	MoO_4^{2-}	0.0001	0.001
硅	Si	$Si(OH)_4$	0.1	30					

Cl^- 是植物光合过程分解水的必需元素,Na^+ 也是植物光合反应的必需元素。C_4 植物缺 Na^+ 丙酮酸转化 PEP 将受严重影响。叶绿体丙酮酸转化 PEP 需要磷酸化提供能量,缺 Na^+ 时 C_4 植物代谢产物 PEP、苹果酸及天冬氨酸含量下降,C_3 植物则积累丙氨酸和丙酮酸代谢产物。

2. 盐与碱蓬属植物的离子生理

碱蓬属植物具有在高盐环境保持离子平衡的能力,在外界 NaCl 浓度从微量增至 10mmol/L 时,碱蓬属植物钾含量可随之降低,但降至其最小钾含量后,即使 NaCl 浓度继续增大 10 倍,钾含量也不再降低。

碱蓬属植物的 Ca^{2+} 含量也有上述特征(图 12 - 13),在 NaCl 浓度为 10mmol/L 时 K^+ 和 Ca^{2+} 含量降至最低,继续提高 NaCl 浓度 K^+ 和 Ca^{2+} 含量则维持不变。

而用 KCl 替换 NaCl 时,碱蓬属植物 K^+ 含量仅占植株干重的 9.65%,相当于 NaCl 培养的 15% Na^+。碱蓬属植物 Na^+ 摄取率超过 K^+ 摄取的 9 倍。但老枝叶的 Na^+/K^+ 会下降。

盐生植物对离子的选择性摄取机制目前还不清楚。有些盐生植物例如海榄雌叶片对 Na^+ 和 K^+ 的摄取具有相关性,滨藜则似乎是各自独立的。在 NaCl 浓度为 100mmol/L 时獐茅生长不受影响,但组织中 Na^+ 和 Cl^- 含量明显增大,K^+ 和 Ca^{2+} 含量均降低。通常盐地碱蓬生长的土壤环境中，Na^+、Cl^-含量明显高于K^+、Mg^{2+}、Ca^{2+}，一般呈碱性环境。据报在内陆如山西运城盐湖盐碱环境中，盐地碱蓬分布在以阳离子Na^+和阴离子SO_4^{2-}为主的环境，盐角草则生长在以阳离子Na^+和阴离子Cl^-为主的盐渍环境。但在沿海地区，这两种典型盐生植物却都同样生长在相同的以阳离子Na^+和阴离子Cl^-为主的盐渍环境。盐地碱蓬的区域适应性远大于盐角草，盐角草对水和盐的需求则大于盐地碱蓬。

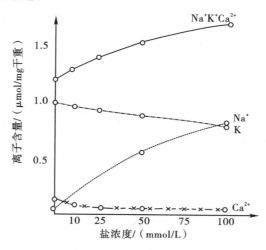

图 12 – 13　不同浓度 NaCl 对碱蓬 $Na^+K^+Ca^{2+}$ 含量影响

表 12 – 15　山西运城盐湖区盐地碱、蓬盐角草环境土壤测定（离子单位 mg/g）

	全盐	Na^+	Cl^-	SO_4^{2-}	Ca^{2+}	Mg^{2+}	K^+
盐地碱蓬	3.71	0.11	0.25	0.37	0.01	0.0039	0.03
盐角草	6.83	0.58	0.40	0.36	0.03	0.01	0.02

盐地碱蓬和盐角草 Na^+、Cl^-含量均很高（表 12 – 15），山西运城盐湖环境中盐角草 Na^+含量为盐地碱蓬的 5.3 倍。此外，盐角草的 Na^+多于 Cl^-，而盐地碱蓬 Cl^-多于 Na^+。盐角草的 K^+/Na^+为 0.03，盐地碱蓬的 K^+/Na^+为 0.27。已知植物细胞膜受损时产生丙二醛，高盐环境中盐地碱蓬和盐角草丙二醛含量均不高，说明其细胞均完好无损。山西运城盐湖区盐地碱蓬脯氨酸和过氧化物酶比盐角草含量高，盐角草的可溶性糖含量略高于盐地碱蓬。同一环境中的盐地碱蓬与盐角草物质组分的不同提示其耐盐机制与生理或不尽相同。垦利碱蓬叶 Cl^-含量低于盐地碱蓬，根在 600 mmol/LNaCl 生境的 Cl^-含量高于盐地碱蓬。显示其可根据生境含盐量高低有效调控根系对 Cl^-的积累和向地上部的转运量，调控叶盐离子的积累，使其地上部 Na^+和 Cl^-含量在高盐条件下比盐地碱蓬少。

垦利碱蓬在东营滨海滩涂潮间带生境土壤 Na^+ 和 Cl^- 含量分别为 3.9 和 6.1 g/kg 干土,含盐量超过 10‰。盐地碱蓬生境土壤 Na^+ 和 Cl^- 含量分别为 1.6 和 2.1 g/kg 干土,含盐量约 3.7‰。

碱蓬属植物叶及根 Na^+ 和 Cl^- 含量均随盐浓度升高而增多。1 和 600 mmol/L NaCl 条件下,盐地碱蓬叶 Na^+ 含量比垦利碱蓬高 1.5 倍和 1.1 倍。与叶相反,垦利碱蓬根系 Na^+ 含量比盐地碱蓬高。200 和 600 mmol/L NaCl 条件下,垦利碱蓬根系比盐地碱蓬高 1.4 倍和 1.3 倍。

在 1、200 和 600 mmol/LNaCl 条件下,盐地碱蓬叶 Cl^- 含量比垦利碱蓬高 2.8 倍、1.6 倍和 1.2 倍。与叶相反,垦利碱蓬根 Cl^- 含量比盐地碱蓬高 2.2 倍、1.2 倍和 1.1 倍。

囊果碱蓬(*Suaeda physophora*)比白梭梭(*Haloxylon persicum*)吸收和向茎叶转运的 Cl^- 少。垦利碱蓬的 NO_3^- 比盐地碱蓬多,而 Cl^- 比盐地碱蓬少。Greenway & Munns (1980)认为对 Na^+ 和 Cl^- 的吸收及向地上部分转运的调控是植物耐盐的关键。垦利碱蓬根系中 Na^+ 和 Cl^- 浓度大于盐地碱蓬,而茎叶小于盐地碱蓬的含量,显示根系具调控 Na^+ 和 Cl^- 吸收、储存及转运能力,较多 Na^+ 和 Cl^- 保存于根系表皮和皮层而少进入中柱,能降低渗透势以从高盐生境争取水分。

3. 盐与碱蓬属植物的有机溶质

生境中离子成分和浓度的不同,对盐生植物生理有重要影响。如运城盐湖区的盐地碱蓬生境阳离子是 Na^+,阴离子是 SO_4^{2-},而盐角草生境阳离子是 Na^+,阴离子是 Cl^-,而盐地碱蓬与盐角草的脯氨酸和可溶性糖含量也有明显不同(表 12 – 16)。这显示其植物体内生化反应既受环境影响,也有自身生理机制的差异。

表 12 – 16　盐地碱蓬和盐角草的几种生理生化指标

	MDA/(umol/L)	Pro/(µg/g)	可溶性糖/%	葡萄糖/%	POD
盐地碱蓬	0.42 ± 0.10	17.1 ± 4.68	3.52	0.17	0.19 ± 0.05
盐角草	0.49 ± 0.02	5.57 ± 2.97	6.10	0.25	0.02 ± 0.06

注:数据为 5 次测定结果的平均值 ± 误差。

孙黎等(2006)对新疆含盐量为 1.0% ~3.0% 高盐碱环境生长的盐爪爪、盐角草、费尔干猪毛菜、碱蓬、盐地碱蓬、亚麻叶碱蓬和高碱蓬、异苞滨藜和軛軛滨藜、雾冰藜属的钩刺雾滨藜等 10 种藜科盐生植物叶和嫩枝测定并与淡生植物菠菜和白车轴草幼叶对照,比较保护酶(超氧化物歧化酶 SOD,过氧化物酶 POD)、脯氨酸(Pro)、有机酸、可溶性糖、膜脂过氧化产物丙二醛(MDA)、膜透性及肉质化(表 12 – 17)。

表 12 – 17　部分藜科盐生与淡生植物理化比较

分组	种名	肉质化	膜透性/%	可溶性糖/($\mu g \cdot g^{-1}$ DW^{-1})	有机酸/‰	脯氨酸/($\mu g \cdot g^{-1}$ DW^{-1})	丙二醛/($\mu mol \cdot g^{-1}$ DW^{-1})	POD/(U $\cdot g^{-1}$ DW^{-1})	SOD/(U $\cdot g^{-1}$ DW^{-1})
盐生	高碱蓬	5.08	6.58	52.81	39.69	477.04	2.83	44.67	3623.53
	亚麻叶碱蓬	4.72	5.40	123.66	37.64	432.03	6.88	32.89	3678.28
	碱蓬	4.61	10.57	149.03	36.67	292.06	1.66	26.82	3227.05
	盐地碱蓬	2.92	9.39	58.87	38.58	189.27	5.85	21.90	3285.67
	盐角草	6.17	7.38	50.33	19.06	145.66	12.60	38.87	5148.12
	盐爪爪	5.29	8.54	124.01	16.57	189.23	2.89	60.18	3609.54
	鞑靼滨藜	6.21	8.26	41.23	44.08	112.41	3.14	55.38	4357.06
	钩刺雾滨藜	4.50	7.39	21.84	35.86	310.06	5.74	76.42	4131.90
	异苞滨藜	3.06	11.35	55.88	24.82	106.06	2.65	42.06	3762.71
	费尔干猪毛菜	3.28	6.75	68.75	46.54	120.20	2.77	43.56	4435.68
	平均	4.58	8.16	74.43	33.95	186.94	4.70	44.28	3925.95
淡生	菠菜	5.36	16.33	112.34	11.48	84.33	0.89	15.39	754.86
	白车轴草	4.67	19.25	129.0	12.97	95.56	1.20	17.28	893.12
	平均	5.02	17.79	120.67	12.23	89.95	1.05	16.34	823.99

注：高碱蓬已合并为碱蓬。保护酶系统：超氧化物歧化酶 SOD,过氧化物酶 POD。(据孙黎等改编)

　　显示高盐环境碱蓬可溶性糖含量略高于淡生植物菠菜和白车轴草,亚麻叶碱蓬和盐爪爪则与菠菜和白车轴草相当,其余 7 种盐生植物均比菠菜和白车轴草低[1]。但该研究缺乏对照组含盐量的描述,用含盐量为 1.0% ~3.0% 的高盐碱环境生长的盐生植物,与非盐胁迫的淡生植物比较可溶性糖和有机溶质差异,在实验设计上存在问题。大量实验证实,通常淡生植物遭盐胁迫时会合成更多脯氨酸,盐生植物的脯氨酸含量增高也应理解为胁迫标志。但在相同环境生长的盐角草,脯氨酸含量远低于盐地碱蓬的事实,证明对脯氨酸在植物耐盐生理中的确切作用,还缺乏深入认识。

　　已知可溶性糖是淡生植物的主要渗透调节剂,芦苇也通过提高可溶性糖含量适应干旱胁迫。碱蓬在高盐环境中可溶性糖含量略高于淡生的菠菜和白车轴草,高盐环境生长的盐生植物如高碱蓬(碱蓬)、亚麻叶碱蓬和钩刺雾滨藜的游离脯氨酸含量比非

---

[1]孙黎,刘士辉,师向东,肖敏,汤照云,朱红伟,陈建中. 10 种藜科盐生植物的抗盐生理生化特征. 干旱区研究,2006,23(2):309 ~313.

盐碱环境的淡生植物高,盐碱环境生长的宁夏枸杞营养器官脯氨酸含量远大于对照。甚至著名禾本科盐生植物互花米草,也随环境含盐量增加而提高脯氨酸含量。目前还不能确知这些盐生植物为什么增加脯氨酸的合成。

此外,碱蓬属盐生植物必须从盐碱环境吸收阴阳离子,实现体内无机与有机离子的平衡。其合成的有机酸也参与平衡阳离子及细胞液 pH。孙黎等报道的碱蓬等 10 种生于高盐环境的盐生植物,平均有机酸含量均高于淡生植物。膜脂过氧化使植物氧自由基增多,超氧化物歧化酶 SOD 和过氧化物酶 POD 有防止膜脂过氧化作用。碱蓬属等盐生植物超氧化物歧化酶 SOD 和过氧化物酶 POD 活性很高,有利于清除氧自由基修复细胞膜。氧自由基导致膜脂过氧化,使细胞膜通透性增加,丙二醛 MDA 含量上升,超氧化物歧化酶 SOD 活性与丙二醛 MDA 是膜损伤与修复的动态反应。由于超氧化物歧化酶 SOD 活性比过氧化物酶 POD 更高,在盐胁迫保护酶系统中可能比过氧化物酶 POD 更重要。碱蓬属等盐生植物保持高超氧化物歧化酶 SOD,过氧化物酶 POD 含量和很低的膜透性,说明盐胁迫对碱蓬属植物细胞膜损害很小。

植物通过抗氧化系统超氧化物歧化酶 SOD、过氧化物酶 POD 和 CAT(过氧化氢酶)等防止氧化损害。增加超氧化物歧化酶 SOD 和过氧化物酶 POD 活性可减轻膜脂过氧化,但当其不足以弥补膜脂过氧化时,丙二醛 MDA 含量就会增高。盐胁迫涉及一系列生理变化,植物抗盐能力取决于保护酶和多种渗透物质间的作用。在盐胁迫时,盐生植物会主动积累无机离子,或合成有机物质进行调节,以降低渗透势,维持正常生理。盐胁迫造成淡生植物蛋白质分解与脯氨酸合成增强,脯氨酸氧化酶失活,导致脯氨酸在体内大量积累。因此,脯氨酸的积累是盐胁迫的结果,不是耐盐能力提高的标志。

盐地碱蓬、高碱蓬(碱蓬)和亚麻叶碱蓬积累较多脯氨酸,盐角草积累较多超氧化物歧化酶 SOD 和丙二醛 MDA,费尔干猪毛菜有机酸含量较高等报道,显示了盐生植物与环境生理的复杂性。

通常认为丙二醛 MDA 是脂质过氧化代谢产物,显示膜受损状态,脯氨酸 Pro 是植物遭渗透胁迫时产生的水溶性氨基酸,与可溶性糖等有机溶质参与维持细胞渗透势。盐胁迫时植物还通过增加过氧化物酶 POD 等降低细胞氧损伤。低盐环境的盐地碱蓬丙二醛含量与高盐环境中盐角草的含量相当,提示碱蓬属与盐角草属盐生植物的丙二醛含量可能与其生境含盐量没有线性关系。盐角草在含盐量比盐地碱蓬高一倍的生境中,脯氨酸和过氧化物酶含量却显著低于盐地碱蓬,说明这些物质对盐角草来说,并不具有通常所认为的抗逆作用,其真正的植物生理功能和意义还值得深入研究。但盐地碱蓬作为有突出耐盐能力的盐生植物,在土壤含盐量还不到 4‰ 的环境里,丙二醛的含量即达到0.42umol/L,仅比生在含盐量近7‰的盐角草0.49umol/L略低一点,这一现象显示盐地碱蓬与盐角草具有不同的盐生生理。盐角草可溶性糖略高于盐地碱蓬,对其渗透调节应有一定作用。盐地碱蓬较多的脯氨酸和过氧化物酶含量,对维持细胞膜的完整性及渗透势的作用并不清楚。孙黎等报道的藜科盐生植物中4种碱蓬属植物的脯氨酸含量普遍偏高。

第十一节 碱蓬属植物的酶系统与离子通道及载体

碱蓬属植物通过根系从生长环境吸收积累大量盐离子进行渗透调节和生长繁衍,同时又通过区隔化将多数离子运输到液泡中,以避免对细胞质的损害。碱蓬属盐生植物 Na^+ 含量及其分布与淡生植物不同,存在离子分布的区隔化现象(表12-18)。

表12-18 碱蓬属盐生植物与淡生大麦、玉米细胞离子分布比较

植物	培养液 Na^+/(mmol/L)	细胞质中 Na^+/(mmol/L)	
		细胞质	液泡
淡生大麦(根)	0	1.5	4
	76	1	22
	46	1	2.1
淡生玉米(根)	1	1.8	2.5
	16.4	30	5.8
盐生碱蓬属(叶)	340	109	565

1990年 Leach 等发现海滨碱蓬液泡膜蛋白质含量较低,其多肽含量与淡生植物差别很小,但其液泡膜具有的高饱和脂肪酸与拟脂类物质对 NaCl 通透性很低。1992年 Mathius 等测定海滨碱蓬液泡,发现 Na^+ 可通过液泡膜阳离子通道回到细胞质,且当 Na^+ 增多到使细胞质呈正电时,Cl^- 也随之从液泡泄漏回细胞质。

细胞内离子的区隔化可使细胞质 K^+、Na^+ 比值正常,含量平衡,以维持正常生理代谢。在碱蓬属植物细胞内,盐离子通过一系列酶系统、离子通道和离子载体的协同作用,经被动及主动运输进入细胞质和液泡。与此过程相关的主要有酶系统、转运系统、离子通道系统和胞饮系统。

1. 酶系统

液泡膜 H^+-ATP 酶(V-H^+-ATP 酶)存在于各种植物液泡膜及内质网、高尔基体、膜被小泡、原液泡等内膜系统。主要是由多个分子量为 $600 \sim 750kDa$ 的亚基组成的转运蛋白。

V-H^+-ATP 酶至少有 10 种亚基,其结构包括膜周(V_1)和跨膜(V_0)两个功能区,呈头柄状结构(图 12-12)。V_1 为亲水部分,V_0 为疏水的质子通道。亲水部 V_1 有 A(63~72kDa)和 B(52~60kDa)两种亚基,各三个拷贝。C~H 构成连接 V_1 和 V_0 的柄,分子量分别是 37~52kDa(C)、30~42kDa(D)27~32kDa(E)、14kDa(F)、13kDa 和 51~54kDa(H)。V_0 部分包含 a 亚基(100kDa)和 6 个拷贝的 C 亚基(16kDa)。拟南芥中 A、B、C、D、E、G 和 c7 种亚基已被克隆,其他几个亚基(F、H、i 和 d)尚未克隆到。盐地碱蓬(*Suaeda salsa*)的 V-H^+-ATPase 其组成亚基至少有 9 种。

V-H^+-ATP 酶利用胞质中 ATP 的 r-磷酸键断裂释放能量将质子运入液泡,形成跨膜质子梯度,作为离子和代谢物运输的动力。

V-H^+-ATP 酶在维持细胞正常代谢和细胞质离子平衡的同时,还通过改变亚基表达和酶结构对胁迫做出响应。其最适 pH 值约为 7.2,其抑制剂有 Bafilomycin A1、NO_3^-、DCCD、DIDS、NEM 等。对胞质中 NO_3^-、寡霉素和钒酸钠不敏感,不同阴离子对其活性影响不同,依次为:$Cl^- > Br^- > I^- > HCO_3^- > SO_4^{2-}$。

植物液泡膜蛋白的 6.5%~35% 是 V-H^+-ATP 酶,该酶是区隔化 Na^+ 的质子泵,每 μm^2 的膜上有 970~3380 个 V-H^+-ATP 酶分子,其活性随盐胁迫而增加。

H^+-ATP 酶跨膜转运离子通常先在膜内侧 ATP 与 M^+ 结合,ATP 水解成 ADP,H^+-ATP 酶改变结构将 M^+ 移至膜外释放,H^+-ATP 酶构型复原,在膜内释放无机磷 Pi。如此反复将液泡膜内离子跨膜运输到膜外,液泡膜 V-H^+-ATP 酶则同样将细胞质中的离子跨膜运输到液泡中。由于 H^+-ATP 酶转运的都是 H^+,故又称为质子或离子泵。被其转运的离子系逆电势梯度的主动运输。

H^+-ATP 酶不断将 H^+ 从液泡内泵到细胞质,使液泡 pH 值低于 5,而细胞质 pH 值则在 7 左右。

液泡膜焦磷酸酶 V-H^+-PP 酶存在于多种陆生植物、海藻、绿藻、光合细菌、原生动物和原始细菌中,但在哺乳动物和酵母细胞的原生质及内膜系统却未发现。该酶是一种简单的质子泵,由单一多肽组成,分子量约 80kDa,常以二聚体形式存在,单个亚基转运 H^+ 效率低。不同植物的 V-H^+-PP 酶多肽序列非常保守,有 86%~91% 的一致性,是高等植物最保守的多肽之一。该酶分解生物合成过程的副产品 PPi;与 V-H^+-ATP 酶共存于植物液泡膜上。Maeshima 曾提出一个 V-H^+-PP 酶的模型,认为其可能有 14 个跨膜区域,3 个保守片段(CS1、CS2、CS3),底物结合位点可能为 e 环。CS1 区域内的氨基酸残基可能参与 PPi 水解和 H^+ 的转运。

生长细胞中的核酸、蛋白质、淀粉合成、脂肪酸的 β-氧化等都会产生大量的副产品焦磷酸 PPi,V-H^+-PP 酶催化分解 PPi,可消除 PPi 对细胞质合成的影响,并利用

PPi 的高能磷酸键运输 H^+。

V-H^+-ATP 酶也参与建立跨液泡膜的 pH 梯度和电化学势梯度,并作为合成酶将 Pi 合成 PPi。K^+ 可增强 V-H^+-ATP 酶的活性,IMDP、KF、DCCD、DES、NEM、DIDS 等则抑制其活性。不同物种的 V-H^+-PP 酶在不同环境中对盐的反应也不同,其活性有的增加,有的则降低。

植物液泡膜同时拥有 V-H^+-PP 酶与 V-H^+-ATP 酶两种酶,其中 V-H^+-PP 酶的含量一般较低,但在幼嫩组织中其活性和含量则较高,此时组织中合成反应加快,PPi 产量增大。

在幼嫩组织中 V-H^+-PP 酶与 V-H^+-ATP 酶既有此消彼长的关系,也有平行变化的情况。玉米胚芽鞘液泡膜的 V-H^+-ATP 酶比 V-H^+-PP 酶活性大,种子液泡膜却是 V-H^+-PP 酶活性比 V-H^+-ATP 酶大,说明两种酶在不同组织和发育阶段具有不同的生理作用。通常细胞中 ATP 含量易随呼吸增强而降低,PPi 含量则不随呼吸变化,所以在 ATP 供应受限时,V-H^+-PP 酶对植物生长有重要作用。

2. 离子转运蛋白

液泡膜 Na^+/H^+ 双向转运蛋白,可以逆 Na^+ 浓度梯度将 Na^+ 运送到液泡中,以减少盐对细胞中细胞器和酶的损伤,增加液泡浓度,降低水势,提高细胞吸水力,同时可将液泡中的 H^+ 泵入细胞质调节其 pH 值。Na^+/H^+ 双向转运蛋白分布于液泡膜两端。其多肽能提高液泡膜 Na^+/H^+ 双向转运蛋白活性,但其组成则随不同植物而异,盐藻有 30kDa、50kDa,拟南芥有 47kDa,盐处理的甜菜则出现 170kDa 多肽。提示不同植物的 Na^+/H^+ 双向转运蛋白可能源于不同的祖先蛋白。

Na^+/H^+ 双向转运蛋白转运迅速,呈电中性。主要靠跨膜 Na^+、H^+ 及液泡膜 H^+-ATP 酶的跨膜质子梯度驱动。用 0.1mol/LNaCl 处理大麦根 10min 即可测到 Na^+/H^+ 双向转运蛋白活性,0.5~1h 活性达最大值。用不同浓度 NaCl 处理向日葵根也可激发 Na^+/H^+ 活性,用 H^+、Rb^+、Cs^+、Li^+ 等不同阳离子代替 Na^+,均证明 Na^+ 有提高 Na^+/H^+ 双向转运蛋白活性的特殊作用,而 K^+ 和 Cl^- 则被认为没有该作用。

不同植物中 Na^+/H^+ 双向转运蛋白对 Na^+ 的亲和力不同,植物的 Na^+/H^+ 双向转运蛋白的 Km 值在 2.4~48mmol/L 之间,但因测量条件不同,最大值之间尚缺乏可比性。

Na^+/H^+ 双向转运通过液泡膜两侧 H^+ 产生的 pH 梯度造成的电化学势差运行,细胞质膜 H^+-ATP 酶,液泡 H^+-ATP 酶和液泡膜 H^+-焦磷酸酶(H^+-PP 酶)均为其提供转运能量①。

氨氯吡嗪咪及其类似物是 Na^+/H^+ 双向转运蛋白的竞争抑制剂,可抑制大麦根 Na^+/H^+ 双向转运蛋白活性,但对水稻、甜菜则抑制轻微,而其类似物 MIA、EIPA、HMA 却严重抑制水稻 Na^+/H^+ 双向转运蛋白活性。说明这些同功酶尽管具有几乎相同的氨基序列,但不同植物的氨氯吡嗪咪,其结合位点的分子结构和调控机制差别很大。

盐生植物细胞质的 Na^+ 大多被 Na^+/H^+ 转运至液泡内,液泡中的 H^+ 则同时被泵入细胞质。Na^+ 在根系、茎基部木质部薄壁细胞、叶鞘细胞等处的液泡中积累,被认为减少了向地上部的输送,提高了叶片细胞的 K^+/Na^+。细胞通过 H-ATP 酶、H-PP 酶及 Na^+/H^+ 双向转运蛋白的协同作用,在离子通道和其他离子载体参与下,将 Na^+ 从细胞质泵入液泡,其中 H^+-ATP 酶和 H^+-PP 酶提供能量,由 Na^+/H^+ 双向转运蛋白通过离子通道实施转运。

3. 离子通道

离子通道是一种离子跨膜孔道结构,分别有 K^+ 离子通道、Cl^- 离子通道、Ca^{2+} 离子通道等。

钾离子通道又分内外两类。内向钾通道的多肽链由 6 个疏水段构成通道结构。其中 S5 和 S6 反段是钾离子孔道区主要结构,S4 疏水段含带正电荷的赖氨酸和精氨酸,是通道的电压受体(voltage sensor),当跨膜电压适于通道开放时,S4 做出响应使通道开放。外向钾通道由 4 个跨膜疏水段和 2 个孔道区组成。钾通道肽链 C 端有 2 个高度亲和 Ca^{2+} 的结合位点并受 Ca^{2+} 激活。

碱蓬属盐生植物细胞的 Na^+ 可经钾离子通道进入液泡。该通道对 NH_4^+、Rb^+、Li^+ 等皆有一定通透性。Cl^- 通道分布于质膜和液泡膜上,供 Cl^- 进入液泡。大量区隔在液泡内的 Na^+ 造成膜内外较强的电势差,吸引 Cl^- 从细胞质经 Cl^- 通道进入液泡。

4. 胞饮

所谓胞饮是质膜表层内折将吸附物包裹成小囊泡转运的过程。该过程可以转运水、离子、大分子等物质。囊泡或通过自溶将内容物留在细胞特定区域,或囊泡膜与液泡膜融合并开口将胞饮物排入液泡内,但通过胞饮转运的 Na^+ 或 Cl^- 不多。

第十二节　碱蓬属植物的光合作用

植物的生物量通常取决于光合作用的结果,在盐碱环境生物量更是植物耐盐力的

---

① [美]B. B. 布坎南,W. 格鲁依森姆,R. L. 琼斯主编. 植物生物化学与分子生物学. 科学出版社,2004:961.

综合体现。长期以来,有关盐对光合速率的胁迫知识多来自淡生作物。现在已知盐对淡生植物光合作用的胁迫是全方位的,包括光合作用中的 CO_2 吸收、输送、固定,光能吸收、转化和电子传递及光合产物利用、转运等各个方面,造成光合速率和气孔导度随盐度增加而降低。但因淡生植物的生理及光合器官与盐生植物均存在差异,基于淡生植物获得的光合作用机理尚难准确阐释盐生植物的光合机制。

1. 光合器官与盐生定理

淡生植物生物量随生境盐含量增加而直线下降。盐生植物则在一定范围内,生物量随含盐量增高而增高,其生物量与盐度大略呈抛物线关系(图 12 – 14)。这说明盐生植物不仅需要克服盐的渗透胁迫,还要利用盐和离子形成所必需的适于光合过程的内生理环境,而这种含盐的内环境是由盐生植物光合器官特殊的嗜盐性所决定和需要的。

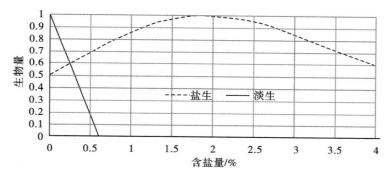

图 12 – 14　环境含盐量对淡生植物和盐生植物生物量的影响示意图(邢军武图)

因此,所谓植物的耐盐能力,事实上是由植物光合器官或叶绿体的嗜盐程度决定的。正是叶绿体的耐盐程度决定了植物的耐盐程度和耐盐方式。因此,某盐度范围内植物的生物量最高,或植物最高生物量所对应的盐度范围,即是植物叶绿体的最适生理盐度的反映。

众所周知,叶绿体是对盐胁迫最为敏感的细胞器之一。

淡生植物在轻微盐胁迫下会发生叶绿体的类囊体膨大,并出现基粒排列不规则等异常改变。此时,其光合作用尚能勉强维持,若胁迫解除,可恢复正常。相反,若胁迫加重,则叶绿体即遭破坏,光合作用随之崩溃。

碱蓬属植物能在淡生植物无法耐受的高盐碱环境正常进行光合作用,以满足生长需求,首先是由其叶绿体的先天嗜盐性决定的。Cohen(1970)年提出了植物叶绿体源自类似蓝藻的光合有机体的共生假说[1],1993 年邢军武据此推测碱蓬属等盐生植物的

---

[1][美]A. C. 利奥波德,[澳大利亚]P. E. 克里德曼编著. 植物的生长和发育. 科学出版社,1984:5.

叶绿体应来源于耐盐的海洋蓝藻[1]。目前国内外对碱蓬属等盐生植物叶绿体及其光合生理的研究仍很贫乏,对碱蓬属叶绿体的了解仍很少。这无疑应是今后盐生植物生理的重要研究方向。

2. 植物的不同光合类型

已知有些同属盐生植物存在不同的光合代谢途径。S. W. L. Jacobs 曾指出碱蓬属植物分别具有 C_3 和 C_4 两种光合类型的种。滨藜属也存在这一现象,如滨藜光合途径是 C_3 型,其同属 *Atriplex spongiiosa* 和 *A. semibaceata* 则是 C_4 型。同属盐生植物存在不同光合途径的种,是一个问题。通常 C_4 植物适应强光高温生境,比 C_3 植物有更高的最大光合值和低补偿点。光照可促进 C_4 植物吸收氯化物,对 C_3 植物则无此作用。C_4 植物滨藜 *Atriplex spongiiosa* 缺少光呼吸,而 C_3 植物戟叶滨藜光呼吸高达其 8 倍,但 *A. spongiiosa* 的 CO_2 固定速度却比戟叶滨藜快 3 倍,并具有低羧基歧化酶、低羟乙酸氧化酶和高 PEP 羧化酶活性。通常低补偿点也与低光呼吸速度相一致。

3. 盐生植物的最适光合同化盐度与所在环境的含盐量

盐通常会加速盐生植物的同化作用,在重度盐碱环境中也可维持其正常光合作用。与很多盐生植物能够适应其所在环境的含盐量相似,海洋沉水植物大叶藻的最适光合同化盐度与海水含盐量一致。川蔓藻在水体 NaCl 含量从很小增至 1.8mol/L 时,对光合作用影响很小。碱蓬属、盐角草属、柽柳属和芦苇属等盐生植物在高盐环境仍有很高的光合效率。CO_2 的同化作用受盐度变化影响,当植物从高盐转为低盐时同化作用增强。但盐度若反复由高至低周期性变动,则会严重降低同化作用。高盐环境盐角草叶绿素含量降低,颜色变浅,而盐度和根被淹程度等因素均会影响植物的叶绿素含量和同化作用。

4. 叶绿素和叶绿体的结合状态与环境的含盐量

Strogonov(1964)分别对 96% 和 60% 乙醇提取的植物组织进行测定,发现叶绿素和叶绿体的结合状态,取决于细胞的离子含量。高盐时叶绿素和叶绿体的结合松散,导致叶绿素受高盐破坏。受伤叶片比健康叶片提取的叶绿素更多,而叶绿素和叶绿体的结合度,可以用 96% 和 60% 乙醇进行提取判定。即 96% 乙醇可以提取所有叶绿素,而 60% 的乙醇则只能提取结合较弱的叶绿素。因此,96% 提取的叶绿素量与 60% 提取的之比,可作为判定叶绿体保持叶绿素光合能力的依据。该比值在一定程度上代表组织的耐盐性,比值越高植物耐盐能力越强,相反,则越不耐盐。可见叶绿素与叶绿体结合得越紧密,植物的耐盐能力越强。

---

①邢军武. 盐碱荒漠与粮食危机. 青岛海洋大学出版社,1993.

用 0.2% $NaHCO_3$ 溶液处理棉花叶片,其叶绿素含量也降低,叶片颜色变浅,但将 pH 从 9 降至 6.4 时,叶片可重新变成暗绿色。这说明叶绿体损伤在一定范围内具有可逆性。

5. NaCl 实验与自然盐碱生境对植物叶绿体及其光合作用的影响

已知碱蓬属和盐角草属等盐生植物,在盐环境都能维持较高叶绿素 a、b 含量和光合效率。但用 NaCl 等单一盐分进行的实验,与自然盐碱生境的情况不同,其结果往往难以反映盐生植物的真实生理。例如 NaCl 溶液培养的滨藜属植物叶绿体呈畸形,而生长在相同盐度的自然盐碱环境则正常。在含盐量为 3.71‰ 的天然盐渍生境中生长的盐地碱蓬叶绿素 a 含量为 1.6264,叶绿素 b 含量为 0.6411[①]。人工培养在 NaCl 含量为 2.5‰ 的盐地碱蓬幼苗,其叶绿素 a 含量为 0.579,b 含量为 0.279,均显著低于野生状态。人工 NaCl 含量为 7.5‰ 培养的盐地碱蓬的叶绿素 a 含量为 0.419,b 含量为 0.220。可见盐地碱蓬的叶绿素含量,在 NaCl 条件下比在自然盐渍生境中低很多。这既说明 NaCl 环境对碱蓬属等盐生植物光合器官形成和发育存在不利影响,又说明碱蓬属叶绿体的叶绿素含量具有受环境调控的特点。但在自然生境中,碱蓬属盐生植物如盐地碱蓬等却大量从环境向体内吸收和富集 Na^+,即使在环境中 Na^+ 含量很低的情况下,也是如此。

在维持相近的叶绿素含量时,盐地碱蓬从比盐角草更劣的环境中,主动吸收富集了远高于盐角草的钠、氯、钙、镁等盐离子,自然状态下,盐地碱蓬对这些离子的生理需求远大于盐角草。而盐地碱蓬的叶绿素和过氧化物酶及叶片 Mg^{2+} 含量较高,有利于其光合作用。这都显示出自然生境的盐地碱蓬与盐角草具有不同的光合生理特征(表 12-19)。

表 12-19 自然生境盐地碱蓬与盐角草成分比较

项目	盐地碱蓬		盐角草		环境与植物成分比较结论
	生境	叶片	生境	叶片	
pH	7.69		7.94		pH 接近
全盐/(mg/g)	3.71		6.83		生境含盐量差异大
Na^+/(mg/g)	0.11	756(umol/g FW)	0.58	384(umol/g FW)	盐地碱蓬富集 Na^+
Cl^-/(mg/g)	0.25	631(umol/g FW)	0.40	501(umol/g FW)	盐地碱蓬富集 Cl^-
SO_4^{2-}/(mg/g)	0.37		0.36		生境 SO_4^{2-} 含量接近

[①]张莹莹,佘慧,刘维仲.对运城盐湖地区盐角草和盐地碱蓬耐盐性的分析.山西师范大学学报(自然科学版),2012,26(4):66~70.

项目	盐地碱蓬		盐角草		环境与植物成分比较结论
	生境	叶片	生境	叶片	
Ca^{2+}/(mg/g)	0.01	41(umol/g FW)	0.03	48(umol/g FW)	盐地碱蓬吸 Ca^{2+} 能力大于盐角草
Mg^{2+}/(mg/g)	0.0039	53(umol/g FW)	0.0100	74(umol/g FW)	盐地碱蓬吸 Mg^{2+} 能力大于盐角草
K^+/(mg/g)	0.03	48(umol/g FW)	0.02	53(umol/g FW)	盐角草生理需要更多 K^+
MDA/(umol/L)		0.42 ± 0.10		0.49 ± 0.02	盐角草含量虽绝对值高,其生境含盐量更高
Pro/(μg/g)		17.14 ± 4.68		5.57 ± 2.97	盐地碱蓬含量突出
可溶糖含量/%		3.52		6.10	含量与含盐量相当
葡萄糖含量/%		0.17		0.25	含量与含盐量相当
POD		0.19 ± 0.05		0.02 ± 0.06	盐地碱蓬含量突出
叶绿素 a		1.6264		1.5627	盐角草合成叶绿素的能力比盐地碱蓬强
叶绿素 b		0.6411		0.6276	
叶绿素 a/b		2.54		2.49	盐地碱蓬与盐角草光合途径属 C_3 型

注:POD 为过氧化物酶,MDA 为丙二醛,Pro 为脯氨酸。

6. 盐地碱蓬(*Suaeda salsa*)的光合作用

因叶绿素 a 适于吸收长波光,叶绿素 b 适于短波,叶绿素 a 和 b 含量的差异,显示盐地碱蓬在光合作用中,更多利用的是长波光谱并与短波保持适当比例。但盐地碱蓬叶绿素 a 与 b 之比值在不同生境和生长期不是常量,而是变量。一般幼株比成株的叶绿素含量低很多,其叶绿素含量随植株增长而增多。叶绿素 a 与 b 的比值通常在 2 左右变化。盐地碱蓬叶绿素 a 对 NaCl 含量增加更为敏感,在 NaCl 含量为 7.5‰的生境,其叶绿素 a 大幅减少,b 略微减少,a 与 b 比值明显降低(表 12 - 20)。当光强 > $1400\mu mol \cdot m^{-2} \cdot s^{-1}$,盐地碱蓬叶绿素 a、类胡萝卜素含量,叶绿素 a/b、类胡萝卜素/叶绿素的比值以及最大光合速率(Amax)、光饱和点(LSP)、光补偿点(LCP)等均明显降低,暗呼吸速率(Rd)耗能增大,对强光的适应力降低。NaCl 含量为 2.5‰、5‰时盐地碱蓬的光系统Ⅱ活性高且稳定,盐度过高则光系统受损[1]。

表 12-20　不同 NaCl 条件下的盐地碱蓬幼苗叶片光合色素含量

NaCl/‰	叶绿素 a/ mg·g⁻¹	叶绿素 b/ mg·g⁻¹	类胡萝卜素/ mg·g⁻¹
2.5	0.579	0.279	0.076
5	0.572	0.260	0.069
7.5	0.419	0.220	0.048

（据尹海龙等数据）

光强在 $0 \sim 1600 \mu mol \cdot m^{-2} \cdot s^{-1}$ 之间时,盐地碱蓬净光合速率随光强增加而增大,尤以低盐组增幅最大。当光强大于 $1600 \mu mol \cdot m^{-2} \cdot s^{-1}$ 时,低盐组净光合速率趋平缓,中盐组先缓升后降低,高盐组则缓慢下降。气孔导度与蒸腾速率在各盐度组均随光强增大而增大,光强大于 $1000 \mu mol \cdot m^{-2} \cdot s^{-1}$ 时,气孔导度表现出:低盐 > 中盐 > 高盐。胞间 CO_2 浓度也随光强增加呈先急降后缓升趋势,且低盐 > 中盐 > 高盐。当光强在 $0 \sim 100 \mu mol \cdot m^{-2} \cdot s^{-1}$ 之间各组盐地碱蓬光能利用率均急剧升高,且后两组显著高于低盐组。光强大于 $100 \mu mol \cdot m^{-2} \cdot s^{-1}$ 时,低盐组光能利用率先升后趋平缓,中、高盐组则先缓降后趋平缓。水利用效率亦如此。各组盐地碱蓬的最大光合速率(Amax)、光饱和点(LSP)、光补偿点(LCP)均随盐度增大而降低,暗呼吸速率(Rd)和表观量子效率(AQE)则呈递增趋势。参见图 12-15 至图 12-18 及表 12-21。

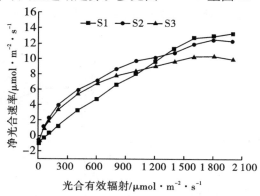

NaCl 浓度 S1 = 2.5‰,S2 = 5‰,S3 = 7.5‰。

图 12-15　不同盐度盐地碱蓬幼苗净光合速率与有效辐射（尹海龙等图）

[1]尹海龙,田长彦.不同盐度环境下盐地碱蓬幼苗光合生理生态特征.干旱区研究,2014,31(5):850~855.

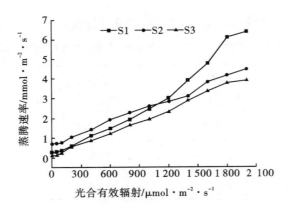

NaCl 浓度 S1 = 2.5‰, S2 = 5‰, S3 = 7.5‰。

图 12 - 16　不同盐度盐地碱蓬幼苗蒸腾速率与有效辐射(尹海龙等图)

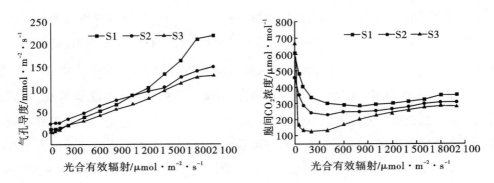

NaCl 浓度 S1 = 2.5‰, S2 = 5‰, S3 = 7.5‰。

图 12 - 17　不同盐度对盐地碱蓬幼苗气体交换和二氧化碳参数的影响(尹海龙等图)

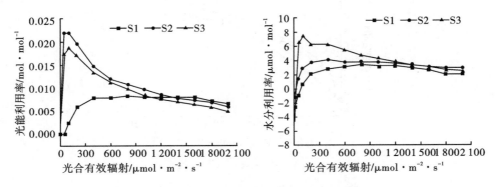

NaCl 浓度 S1 = 2.5‰, S2 = 5‰, S3 = 7.5‰。

图 12 - 18　不同盐度对盐地碱蓬幼苗光能利用效率和水分利用效率的影响(尹海龙等图)

表 12－21　不同盐度盐地碱蓬幼苗光响应参数

NaCl/‰	最大光合速率/$\mu mol \cdot m^{-2} \cdot s^{-1}$	光补偿点/$\mu mol \cdot m^{-2} \cdot s^{-1}$	光饱和点/$\mu mol \cdot m^{-2} \cdot s^{-1}$	暗呼吸速率/$\mu mol \cdot m^{-2} \cdot s^{-1}$	表观量子效率
2.5	14.820	76	1884	－0.850	0.011
5	12.738	16	1604	－0.269	0.017
7.5	10.875	12	1408	－0.200	0.019

在 NaCl 含量 2.5‰~7.5‰的范围内,盐地碱蓬叶绿素荧光值等参数均呈平缓略低趋势(表 12－22)。光强大于 $1400\mu mol \cdot m^{-2} \cdot s^{-1}$ 时,净光合速率(A)、气孔导度(GH_2O)、胞间二氧化碳浓度(Ci)均随盐度增加呈下降趋势,气孔阻力增大或气孔导度降低可引起净光合速率下降。低盐和中盐组均具较高光饱和点(LSP)和较低光补偿点(LCP),高盐组 Amax、LSP、LCP 明显低于前两组,暗呼吸速率(Rd)明显高于低盐组,对强光耐受降低,暗呼吸耗能使生物量减少。

表 12－22　不同 NaCl 条件下盐地碱蓬幼苗的叶绿素荧光值

NaCl/‰	初始荧光 Fo(mV)	最大荧光 Fm(mV)	可变荧光 Fv(mV)	最大光学效率 (Fv/Fm)	PSⅡ的潜在活性(Fv/Fo)
2.5	206.57±10.75bB	1098.7±40.36cC	892.1±34.70cC	0.812±0.008bB	4.326±0.215bB
5	193.50±7.77bAB	1007.8±44.85bB	814.3±38.74bB	0.808±0.005bB	4.209±0.135bAB
7.5	178.33±4.51aA	859.3±23.35aA	681.0±21.00aA	0.792±0.005aA	3.819±0.114aA

光合色素作为类囊体膜重要组分,其含量多少决定叶绿体光合能力的高低,其中叶绿素含量直接影响光合速率与光合产物的形成,类胡萝卜素既是光合色素,又是内源抗氧化剂,除光合作用外,还可吸收细胞内剩余光能,防止膜脂过氧化。中盐组叶绿素荧光参数与低盐组相比,最大荧光、可变荧光极显著降低,初始荧光 Fo、可变荧光 Fv/最大荧光 Fm、可变荧光 Fv/初始荧光 Fo 值无显著变化,高盐组则均大幅降低。

盐地碱蓬(*Suaeda salsa*)幼苗分别在 50、100 和 200mmol/L NaCl 培养46d,各组生长差异不明显并皆显著高于对照。而在低盐时,其光能利用和二氧化碳同化能力有一定升高。

7. 垦利碱蓬的光合作用

垦利碱蓬因生长在潮间带高盐滩涂海水周期性淹没区域,其光合色素虽含量不高,但非常稳定,不易受外界环境变化影响而大幅度升降,可以保持光合作用和生物量的稳定。在自然生境含盐量剧烈变动或人工 NaCl 培养条件下,其叶绿素 a、b 含量、光合放氧速率、光化学效率以及有机干重均比盐地碱蓬低,但高盐时其光合色素降幅很小,在 1～200mmol/LNaCl 条件下无显著变化。在 200 和 600 mmol/LNaCl 条件下盐地碱蓬叶绿素 a、b 含量显著降低,垦利碱蓬则降幅较小。在 1、200 和 600 mmol/L NaCl 条件下盐地碱蓬叶绿素 a、b 含量比垦利碱蓬多 1 倍多,但叶绿素 a/b 的比值垦利碱蓬均高于盐地碱蓬(表 12－23)。说明其叶绿体的类囊体垛叠程度比盐地碱蓬高,而叶绿素 a/b 值越大,类囊体垛叠程度就越高,也就越不容易光抑制和氧化胁迫,故垦利碱蓬适于在潮间带海水周期性涨落的高盐环境生长。

表 12－23　不同 NaCl 垦利碱蓬叶绿素含量和放氧速率及有机物干重

NaCl 含量/ (mmol/L)	叶绿素/ (μg/g)	放氧速率/ mmol	有机物干重/g		
			整株	地上	根部
1	9.92	2.56	0.220	0.179	0.041
200	8.52	1.968	0.231	0.195	0.036
600	5.94	1.368	0.090	0.070	0.020

8. 碱蓬的光合作用

碱蓬(*Suaeda glauca*)是典型需盐植物,也是碱蓬属中最高大的种,生物量大,分布和耐盐范围广。生境中一定的含盐量不仅不抑制其生长,反而增强其光合作用并促进生长,提高生物量。

碱蓬幼苗经 30d 不同 NaCl 浓度培养,100mmol/L NaCl 组显著促进了株高、地上部含水量和植株生物量,预计在 NaCl 为 200mmol/L 时生物量和干重应该更高。100mmol/L NaCl 碱蓬幼苗的净光合速率、气孔导度和蒸腾速率均比对照高,显示了一定的盐分可促进其光合作用。而叶绿素与类胡萝卜素含量、净光合速率、气孔导度、细胞间 CO_2 浓度和蒸腾速率在更高盐浓度时降低。气孔限制随盐度升高而增大,高盐引起的气孔限制可能是其净光合速率下降的主要原因。但实验证实碱蓬在 800mmol/L NaCl 存活仍无问题,干重生物量仍是对照的 52%。

碱蓬幼苗在 100mmol/L NaCl 条件下叶绿素含量稳定,类胡萝卜素含量明显提高,净光合速率、气孔导度和蒸腾速率以及株高、地上部干重和含水量均比不加 NaCl 的培养液显著提高,其中株高提高 21%,为四个实验组中最高。400mmol/L NaCl 的株高、地上部干重和含水量与对照均无显著差异,细胞间 CO_2 浓度渐明显降低,800mmol/L NaCl 则气孔变小净光合速率下降,株高比对照明显降低,干重和含水量均明显降低,细胞间 CO_2 浓度显著高于对照。叶绿素、类胡萝卜素含量在 400 与 800 mmol/L NaCl 组均显著降低,叶绿素 a/b 值随 NaCl 浓度增加逐渐上升,叶绿素/类胡萝卜素呈先降后升趋势。①

碱蓬在高盐生境仍能保持高光合效率和水分利用率,其根部含水量在 100 mmol/L NaCl 条件下,显著高于对照及 400 和 800mmol/L NaCl 组,其中地上部含水量也最高,400mmol/L NaCl 根部和地上含水量与对照无显著差异,800mmol/L NaCl 根和地上部含水量均降低,地上部降幅比根大(表 12 – 24)。

表 12 – 24　不同 NaCl 培养 30d 碱蓬幼苗株高与含水量

NaCl 含量/（mmol/L）	株高/cm	根部含水量/%	地上部含水量/%
0	40. 90 ± 5. 55b	816. 35 ± 17. 63ab	857. 97 ± 17. 63b
100	49. 62 ± 2. 95a	831. 45 ± 10. 69a	957. 40 ± 17. 74a
400	37. 91 ± 4. 14b	791. 32 ± 15. 41b	822. 17 ± 15. 76b
800	21. 34 ± 2. 97c	666. 29 ± 10. 11c	621. 73 ± 10. 48c

注:同一植物同列不同的小写字母表示差异显著($P < 0.05$),下同。

碱蓬幼苗的根与地上部干重在 100 和 400mmol/L NaCl 组均比对照显著提高,800mmol/L NaCl 组比对照显著降低。地上部干重与整株干重在 100mmol/L NaCl 组均最高,400mmol/L NaCl 与对照无显著差异,800mmol/L NaCl 比对照大幅降低(表 12 – 25)。根冠比在 100mmol/L NaCl 达最大值,叶绿素含量无影响,类胡萝卜素含量显著增加。100 ~ 400mmol/L NaCl 叶绿素、净光合速率、根干重、地上干重、植株干重与根冠比皆保持最大数值范围,800mmol/L NaCl 时叶绿素、净光合速率、根干重、地上干重、植株干重皆大幅降低(表 12 – 25)。

表 12 – 25　不同 NaCl 培养 30d 碱蓬幼苗叶绿素及生物量和根冠比

NaCl/（mmol/L）	叶绿素/（μg/gDW）	净光合速率/（CO_2/kgFw·S）	根干重/mg DW	地上干重/mg DW	植株干重/mg DW	根冠比（R/S）
0	7. 69	35. 80	139. 45	1117. 51	1255. 3	0. 11
100	7. 69	44. 34	283. 71	1798. 58	2080. 9	0. 17
400	5. 66	32. 34	178. 66	1188. 92	1364. 9	0. 16
800	2. 98	13. 02	68. 84	588. 33	656. 2	0. 11

碱蓬叶绿素 a/b 值随盐度增高而渐显著增加,叶绿素/类胡萝卜素在 100mmol/L NaCl 时显著低于对照,达最低值。而 800mmol/L NaCl 条件下显著高于对照(表 12 – 26)。

---

①彭益全,谢橦,周峰,万红建,张春银,翟瑞婷,郑青松,郑春芳,刘兆普. 碱蓬和三角叶滨藜幼苗生长、光合特性对不同盐度的响应. 草业学报,2012,21(6):64 ~ 74.

表 12 – 26　不同 NaCl 条件下的碱蓬幼苗叶片光合色素含量(mg/g)与比值

NaCl/‰	叶绿素 a	叶绿素 b	类胡萝卜素	叶绿素 a/b	叶绿素/类胡萝卜素
0	4.57	3.12	0.90	1.46	8.54
100	4.61	3.09	1.03	1.49	7.47
400	3.40	2.26	0.73	1.50	7.75
800	1.84	1.14	0.24	1.61	12.42

9. 碱蓬属植物光合作用的比较

相关实验显示,碱蓬属植物并不适合在没有 NaCl 的条件下生长,这与野外结果相吻合。通常认为,碱蓬属植物最适生长的 NaCl 含量应为 200mmol/L 左右。Aghaleh 等报道木碱蓬(*Suaeda fruticosa*)最适生长盐度为 200mmol/L NaCl。碱蓬在 NaCl 浓度从 0 ~ 400 mmol/L 之间的叶绿素含量很稳定,超过 400mmol/L 则大幅度降低,但在 800mmol/L 仍能正常生长(表 12 – 27)。盐地碱蓬和垦利碱蓬在各个盐度下叶绿素含量、叶绿素 a/b 的比值虽然都比碱蓬高,但作为最终光合产物的生物量和株高却明显低于碱蓬。说明碱蓬的光合系统转化效率比盐地碱蓬和垦利碱蓬高,提示碱蓬有不同于盐地碱蓬和垦利碱蓬的特殊耐盐光合机理。参见表 12 – 28,29。

表 12 – 27　不同 NaCl 的三种碱蓬幼苗叶绿素含量(mg/g DW)与比值

NaCl/(mmol/L)	碱蓬				盐地碱蓬				垦利碱蓬			
	a + b	a	b	a/b	a + b	a	b	a/b	a + b	a	b	a/b
0	7.69	4.57	3.12	1.46	–	–	–	–	–	–	–	–
1	–	–	–	–	13.74	10.23	3.51	2.91	9.92	7.41	2.51	2.95
100	7.7	4.61	3.09	1.49	–	–	–	–	–	–	–	–
200	–	–	–	–	9.62	7.21	2.41	2.99	8.52	6.35	2.17	2.93
400	5.66	3.40	2.26	1.51	–	–	–	–	–	–	–	–
600	–	–	–	–	7.02	5.15	1.87	2.75	5.94	4.47	1.47	3.04
800	2.98	1.84	1.14	1.61	–	–	–	–	–	–	–	–

注:–未测。

表 12 – 28　碱蓬与三角叶滨藜幼苗在不同 NaCl 浓度培养 30d 株高与含水量

名称	NaCl 含量/(mmol/L)	株高/cm	根部含水量/%	地上部含水量/%
碱蓬 *S. glauca*	0	40.90 ± 5.55b	816.35 ± 17.63ab	857.97 ± 17.63b
	100	49.62 ± 2.95a	831.45 ± 10.69a	957.40 ± 17.74a
	400	37.91 ± 4.14b	791.32 ± 15.41b	822.17 ± 15.76b
	800	21.34 ± 2.97c	666.29 ± 10.11c	621.73 ± 10.48c

续表

名称	NaCl 含量/(mmol/L)	株高/cm	根部含水量/%	地上部含水量/%
三角叶滨藜 *A. triangularis*	0	44.58 ± 1.82a	833.74 ± 11.35a	669.90 ± 9.87a
	100	45.17 ± 2.92a	863.93 ± 14.05a	611.96 ± 12.12b
	400	40.17 ± 2.62a	850.00 ± 14.57a	493.68 ± 8.67c
	800	29.17 ± 3.19b	462.05 ± 9.36b	391.49 ± 6.69d

注:同一植物同列不同的小写字母表示差异显著($P < 0.05$),下同。

表 12 - 29　相同盐度下碱蓬与三角叶滨藜幼苗生物量等比较

指标	生物量	
	碱蓬	三角叶滨藜
株高	0.817	0.804
根含水量	0.836	0.8243
地上部含水量	0.914	0.991
根冠比	0.831	− 0.489
叶绿素含量	0.800	0.980
类胡萝卜素含量	0.897	0.937
叶绿素 a/b	− 0.380	− 0.774
叶绿素/类胡萝卜素	− 0.836	0.009
净光合速率	0.922	0.957
气孔导度	0.833	0.854
细胞间 CO_2 浓度	0.723	− 0.338
蒸腾速率	0.942	0.874
水分利用效率	− 0.602	− 0.001
气孔限制值	− 0.723	0.338

盐地碱蓬光合放氧速率整体上比垦利碱蓬高,NaCl 浓度为 200 mmol/L 时盐地碱蓬和垦利碱蓬光合放氧速率均明显降低,但有机干重与 1 mmol/L NaCl 条件下相当,说明两种碱蓬的光合系统在 1 ~ 200mmol/L NaCl 的范围内,叶绿体均可生成稳定的光合产物与生物量(表 12 - 30,31)。

表 12 - 30　两种碱蓬幼苗在不同 NaCl 培养 46d 的叶绿素含量(mg/g DW)

与光合放氧速率(umol O_2/m²)和有机干重比较

NaCl/ (mmol/L)	盐地碱蓬					垦利碱蓬				
	叶绿素	放氧 速率	有机物干重/g			叶绿素	放氧 速率	有机物干重/g		
			整株	地上	根部			整株	地上	根部
1	13.74	2.69	0.451	0.393	0.058	9.92	2.56	0.22	0.179	0.041

NaCl/ (mmol/L)	盐地碱蓬					垦利碱蓬				
	叶绿素	放氧 速率	有机物干重/g			叶绿素	放氧 速率	有机物干重/g		
			整株	地上	根部			整株	地上	根部
200	9.62	2.056	0.467	0.414	0.053	8.52	1.968	0.231	0.195	0.036
600	7.02	1.872	0.209	0.178	0.031	5.94	1.368	0.09	0.07	0.020

表 12 - 31   盐地碱蓬与垦利碱蓬幼苗根叶在不同 NaCl 浓度的离子含量

NaCl/ (mmol/L)	盐地碱蓬				垦利碱蓬			
	叶		根		叶		根	
	Na^+	Cl^-	Na^+	Cl^-	Na^+	Cl^-	Na^+	Cl^-
1	2.17	0.60	0.63	0.32	1.46	0.21	0.61	0.70
200	5.94	1.24	1.54	0.94	6.09	0.79	2.25	1.09
600	9.71	1.67	2.40	1.14	9.14	1.38	3.46	1.28

垦利碱蓬叶还原型谷光甘肽（GsH）和抗坏血酸（AsA）、超氧化物歧化酶（SOD）、抗坏血酸过氧化物酶（APX）的活性均高于盐地碱蓬。过氧化物酶（POD）和过氧化氢酶（CAT）活性低于盐地碱蓬。说明垦利碱蓬可通过提高非酶促抗氧化剂谷光甘肽（GSH）、抗坏血酸（AsA）含量和关键抗氧化酶（SOD）和（APX）活性适应潮间带高盐、缺氧、低温等综合逆境。垦利碱蓬在潮间带生长期皆以紫红色为主，兼有绿色或红绿混合的植株。

超氧化物歧化酶等抗氧化酶能提高植物对水淹缺氧的耐受，其活性增高利于维持植物体自由基平衡。垦利碱蓬叶中丙二醛含量远低于盐地碱蓬，显示膜脂过氧化及膜系统受损程度低。而 H_2O_2、GSH、AsA、超氧化物歧化酶（SOD）、抗坏血酸过氧化物酶活性远比盐地碱蓬高。盐地碱蓬过氧化物酶（POD）和过氧化氢酶（CAT）活性则显著高于垦利碱蓬，提示其抗氧化系统可能与盐地碱蓬不同。

通常认为：GSH 是与植物抗逆有关的低分子多肽，可提供还原巯基，使含巯基酶和蛋白巯基稳定，提高保护酶和其他蛋白质巯基的抗氧化，参与相关酶对自由基的清除，维持细胞内硫醇和二氧化硫平衡，充当逆境信使等。AsA 是重要抗氧化剂，其含量高也是抗坏血酸过氧化物酶（APX）清除 H_2O_2 的必要条件，抗坏血酸也可消除活性氧，并作为叶黄素循环的辅助因子参与光保护，还可作为次级抗氧化物参与生育酚合成、病原菌防御及金属和生物异源物清除。

超氧化物歧化酶（SOD）、抗坏血酸过氧化物酶、过氧化氢酶（CAT）和过氧化物酶（POD）都是清除 H_2O_2 的酶类，且 POD 对环境敏感，抗坏血酸过氧化物酶（APX）对

AsA、H₂O₂ 亲和性高。垦利碱蓬 SOD、抗坏血酸过氧化物酶（APX）活性比盐地碱蓬高很多，POD、CAT 活性低于盐地碱蓬。说明垦利碱蓬主要靠 SOD 和抗坏血酸过氧化物酶（APX）清除 O_2 和 H_2O_2，并通过 GSH、AsA 和 SOD 和抗坏血酸过氧化物酶（APX）适应潮间带高盐缺氧和温差逆境。盐地碱蓬则主要靠 SOD、POD、CAT 清除 O_2 和 H_2O_2。

第十三节　碱蓬属植物的开花生理

开花是高等植物发育繁衍的关键环节，很多外在或内在条件都会影响植物的开花过程。碱蓬属植物的花与芽由同一分生组织细胞形成，均在叶腋和顶端发育，极细小，黄色，其中垦利碱蓬有独特香气。目前，对碱蓬属植物的开花生理报道不多，仍缺乏了解。作者拍摄的开花照片见图 12 – 19 至图 12 – 21。

图 12 – 19　盛开的垦利碱蓬（左）、盐地碱蓬（中）和碱蓬（右）（邢军武摄）

图 12 – 20　镰叶碱蓬的花（邢军武摄）

图 12-21　10 月仍在开花的盐地碱蓬(邢军武摄)

1. 水对开花的影响

水对不同植物开花有不同影响。大部分盐生植物开花较晚,碱蓬属花期通常在6—11 月,且多在夏秋季开花。白刺属植物在春季土壤含水充足时开花延迟,夏季水分亏缺时则花不能发端。獐茅则在供水充足时常年开花。多数植物在花的发端期、开花期和产果早期等阶段需要水分。但缺水也可诱导如咖啡属(*Coffea*)等植物开花,有些植物需经缺水一定时间才诱导开花。

2. 盐对碱蓬属植物开花的影响

盐对盐地碱蓬的花及种子形成具有明显促进作用。200mmol/LNaCl 处理的盐地碱蓬开花株数为 100%,每株平均总花数达 1856,种子达 1677 粒,种子形成率为 90%,400mmol/LNaCl 处理的开花株数为 100%,每株平均开花总数为 1969,种子形成平均总数为 1796 粒,种子形成率为 91%(表 12-32)。花和种子数随盐度增加而增多。

表 12-32　盐度对盐地碱蓬开花的效应

盐度/(mmol/L)	处理植株数	成花植株数	每株成花数/朵
0	50	7	82 ± 13
200	50	50	914 ± 47
400	50	50	877 ± 39

Mnkewn(1915)曾报道猪毛菜缺盐时不能开花。盐对野生大豆也有促花作用,以NaCl 浓度为 50mmol/L 和 100mmol/L 处理的 50 株野大豆成花率均为 100%,无盐对照组 50 株的成花率只有 24%。且 NaCl 浓度为 100mmol/L 组每株花数高于 50mmol/L 组(表 12-33)。

表 12 - 33　盐度对野大豆开花的效应*

盐度/(mmol/L)	处理植株数	成花植株数	每株成花数/朵
0	50	12	65 ± 12
50	50	50	123 ± 22
100	50	50	134 ± 26

* 表中所有数据为 6 株处理 30 天后的平均数 ± SE。

盐角草在无盐条件下开花明显减少,开花数只有 NaCl 浓度为 200 ~ 400mmol/L 时的1/5。在一定范围内,盐角草成花数量与盐度正相关,无盐条件时每株开花 75 朵,NaCl 浓度为 200mmol/L 时每株开花 1186 朵,浓度为 400mmol/L 时每株开花 1757 朵(表 12 - 34)。

表 12 - 34　盐度对毕氏盐角草开花的效应

盐度/(mmol/L)	处理植株数	成花植株数	每株成花数/朵
0	50	5	75 ± 14
200	50	50	1186 ± 112
400	50	50	1757 ± 164

3. 光、热周期与光强对碱蓬属植物开花的影响

很多因子均可影响碱蓬属植物的开花生理,其中包括光照、温度以及其他环境理化因子。

3.1　盐地碱蓬的临界日照长度和光周期

盐地碱蓬是绝对短日照和宽光周期开花植物。

赵可夫等(2002,2003)报道盐地碱蓬在日照为 8h、10h、12h 和 14h 时开花(表 12 - 35),而在 15h 及以上时,则只进行营养生长而不开花。说明 14h 是诱导盐地碱蓬开花的临界日照长度,超过该临界日照值即不开花。短于该临界值时,则开花数随日照增加而增加,且在日照为 12 ~ 14h 时花量最多。这种模式的短日照植物称宽光周期植物。

表 12 - 35　不同日照长度对盐地碱蓬成花的影响

日照长度/h	植株数	完全开放花数/朵	总花数/朵
8	6	202.4 ± 7.3	809.0 ± 17.3
10	6	296.8 ± 7.7	1187.0 ± 17.5
12	6	483.8 ± 20.3	1935.0 ± 68.4
14	6	462.0 ± 18.4	1898.0 ± 62.2
15	6	0	0
16	6	0	0

3.2 盐地碱蓬开花的光周期诱导数

诱导盐地碱蓬开花的光周期数是 5 ~ 8 天,在 8 个诱导光周期下开花率是 100% , 而在诱导光周期数为 5 ~ 7 天时,开花率仅为 10% ~ 15% 。在光周期数超过 8 天时, 花的数量随光周期诱导数增加而增加,因此,盐地碱蓬的光周期诱导数是 8 天(表 12 - 36)。

表 12 - 36 不同光诱导周期对盐地碱蓬开花的影响

天数	1	2	3	4	5	6	7	8	9	10	11	12	13	14	15
花数/朵	0	0	0	0	80 ± 2	344 ± 10	4323 ± 14	1032 ± 40	1240 ± 52	1560 ± 70	1600 ± 69	2136 ± 98	2576 ± 124	2600 ± 120	2604 ± 124
开花植株占总数的比例/%	0	0	0	0	25	67	75	100	100	100	100	100	100	100	100

与盐地碱蓬不同,毕氏盐角草的临界光照长度为 15h。实验显示毕氏盐角草在光照 15h/d 以下皆能开花,而光照在 16h/d 不能开花。光照 8h/d 花序形成和开花均最早,其中花序形成比自然日照提前 53 天,开花时间提前 67 天。而光照 15h/d 开花时间仅比自然日照提前 12 天。在开花数量上,临界光照长度以下时,也与盐地碱蓬一样随光照时间延长,开花数量增多(表 12 - 37)。

表 12 - 37 日照长度对毕氏盐角草开花的效应*

日照长度/h	第一花序出现日期(日/月)	第一朵花出现日期(日/月)	平均开花数/朵
6	9/6	30/6	121 ± 27.6
7	5/6	7/7	125 ± 28.9
8	2/6	20/6	312 ± 57.7
9	4/6	29/6	356 ± 52.1
10	8/6	26/6	421 ± 88.6
11	12/6	2/7	660 ± 95.3
12	15/6	11/7	692 ± 93.4
13	24/6	15/7	
14	15/7	12/8	
15	18/7	15/8	
16			0
ND	25/7	27/8	

*5 月 17 日开始处理,开花数为 7 月 12 日统计的 6 株平均值 ± SE。ND 为自然日照长度。

毕氏盐角草在光照 8 h/d 条件下,光周期数在 12 天和 12 天以下皆不开花,在 13 个和 13 个以上都开花。且随光周期数增加,开花时间提前,每株形成的花序数和开花数目皆有增多的趋势。13~18 个光周期处理的植株,有的花序不能形成正常的花,而 19 个以上光周期处理,所有花序均可形成正常花(表 12-38)。

表 12-38 光周期对毕氏盐角草开花的效应*

光周期数	第一朵花出现日期(日/月)	每株花序数	平均开花数/朵
11		0	0
12		0	0
13	28/6	6.1	45 ± 8.9
14	24/6	6.5	52 ± 9.8
15	25/6	7.4	89 ± 12.5
16	21/6	8.1	121 ± 23.7
17	21/6	8.3	196 ± 26.2
18	20/6	8.3	211 ± 22.3
19	19/6	8.9	293 ± 33.2
20	19/6	9.7	337 ± 40.7
25	19/6	10.1	352 ± 49.9

* 处理自 5 月 17 日开始,开花数为 7 月 15 日统计的 6 株植物的平均值 ± SD。

3.3 盐地碱蓬的花逆转

对盐地碱蓬以 10h 的光周期诱导 4~6 天时,花芽基本形成,此时再以 16h 的光周期处理 15 天,这些已形成的花原基却不再发育成花器官,而是长成肉质叶片。但经 7 个光周期诱导后,已形成的花原基就会发育成花器官而不会变成叶片,说明盐地碱蓬最终成花至少需要 7 个以上光周期诱导(表 12-39)。因此,盐地碱蓬顶端分生组织的花原基,只有发育到一定阈值才可能成花,但若此时环境改变,则将终止成花发育而不开花并直接转入营养生长,出现花的发育逆转。光周期诱导数可能是造成盐地碱蓬花逆转的原因之一。

表 12-39 花诱导不同周期后置于 16h 光周期后的状态

10h 光周期下诱导的周期数	植株数	置于 16h 光周期后的生长状态	花数/朵
4	6	营养生长	0
5	6	营养生长	13 ± 0.3
6	6	营养生长	38 ± 0.9
7	6	开花	1579 ± 676

续表

10h 光周期下诱导的周期数	植株数	置于 16h 光周期后的生长状态	花数/朵
8	6	开花	1987 ± 89.4
9	6	开花	2134 ± 102
10	6	开花	2160 ± 104.6

Long(1985)曾认为开花是一个"全或无"的过程,后来证明并非如此。盐地碱蓬发育成花或叶子的是同一细胞组织,最终发育成叶子还是发育成花器官,不仅取决于外在条件的变化,而且在某一阶段内也是可逆的。

赵可夫认为:根据花器官形成的 ABC 模型,许多基因如 LFY、AP2、AP3、AG、AI 在花萼、花瓣、雄蕊、心皮以及叶片的表达是连续的或重叠的,其中任何一个基因的突变或失活都会造成同源异型现象。外界条件如光周期数目的变化可能会影响这些基因的表达,因此出现花逆转现象。

Battey(1990)曾报道野生大豆的成花逆转,并认为属部分逆转型。随后韩天富等发现短日照在促进大豆开花的同时,也促进开花后的发育过程。一种自贡冬豆在长日照下能恢复到营养生长状态。白素兰等(2000)报道了多种成花逆转植物。赵可夫等(2001)则报道盐地碱蓬也有成花逆转现象。以往认为开花过程一经启动就一定会形成完整的花,现已证明是错误的。植物组织的成花决定是逐步积累的过程,只有当分生组织中成花决定细胞达到一定数量时,才最终形成花。成花决定态的细胞未达到一定数量时,就分化成节和节间。

与盐地碱蓬相似,盐角草也有花逆转现象。如毕氏盐角草经 13~18 个短日照(光照 8h/d)处理,再在光照 17h/d 的长日照下,穗状花序的花序轴拉长,花序轴上形成节和节间,顶部分生组织不再形成带苞花芽,而是长出凸起的鳞片(退化的叶片)。叶腋内长出新枝,长日照生长一段时间后,可形成多回分枝。移至自然日照条件下,叶腋内重新长出的枝条在对照植株(一直处于自然日照条件下)开花时可形成正常的花。而在主茎上的花序轴下部,有的花器官发育不全,形成的雌蕊不能突出苞叶,也不能形成花药。

第十四节　碱蓬属植物耐盐中枢的位置

碱蓬属的耐盐能力取决于根茎叶的协同作用,其植物体完整程度越高,则耐盐能力越强。相反,植物体损伤程度越重,则耐盐能力越低。碱蓬属植物愈伤组织的耐盐能力甚至不如一般淡生植物。

　　邢军武(1993)通过分别去掉盐地碱蓬的茎叶或者去掉其根茎,发现与去掉了根的茎叶相比,去掉了叶和顶端的根茎在盐土中更先脱水、失色、干枯、死亡(表 12 - 40)。由此提出碱蓬属植物的耐盐控制中枢不在根部,而在叶与顶端。

表 12 - 40　不同部位和完整程度的盐地碱蓬在 1.5% NaCl 环境中的生长状况

天数	部位				
	根茎(无顶端及叶)	茎叶(有顶端有子叶,叶三对,无根)	茎叶(有顶端无子叶,真叶三对,无根)	无顶端有根茎及子叶一对	无子叶有根茎及顶端叶一对
1	切口初五分钟有汁流出、正常坚挺	插入土中浇水,正常	插入土中浇水,正常	正常	正常
2	创面处收缩	未见异常	未见异常	未见异常	
3	正常、坚挺	子叶光亮稍减	未见异常	未见异常	未见异常
4	未见异常,坚挺	子叶饱满度稍差	植株倾斜	子叶光亮肥壮坚挺、色浓,茎顶部粗	稍有增长
6	未见异常,直立	稍有萎蔫状	稍有萎蔫状	顶端继续长粗	又出叶一对
9	倒伏、茎由绿变白	脱水加剧,子叶发黄,茎稍细,叶无光	脱水加剧,第一对叶发黄,倒伏	肥壮光亮坚挺	增长
11	收缩变细,死亡	子叶枯萎,第二对叶细弱,第三对似仍正常	第一对叶枯萎,第三对似正常	肥壮叶腋有绿亮点形于透明膜下,两叶夹角原180°现110°	第一对叶比原初增长 3mm,第二对增长 2mm
12	茎干收缩如细丝,无色	通体收缩,顶端尚有灰绿色,仍直立	倒伏,通体收缩	腋芽明显外凸,两叶夹角60°肥壮	增长
14	继续脱水,顶部尚有残绿	继续脱水,顶部尚有残绿	芽破膜弓屈外露,两叶夹角30°	继续增长,第三对叶形成	
15		尚有残绿	完全失色干枯	继续出芽	增长
16		完全失色干枯		芽凸约2mm	增长
21				两芽伸出,每芽带叶三对,迅猛生长	明显增长,第四对叶形成

(邢军武,1993)

第十五节　碱蓬属植物的电导率生理

通过测定盐地碱蓬幼苗及成年期不同部位的起始电导率,作者发现其根部电导率最低,茎部最高,叶次之(图 12 – 22)。电导率高低顺序为:茎 > 叶 > 根。

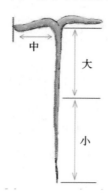

图 12 – 22　盐地碱蓬幼苗不同部位电导率(邢军武图)

这说明盐地碱蓬体内可流动盐离子的分布以茎为最多,叶次之,根部最少。在盐环境中,根茎在失去叶子和顶芽之后可以维持 7 天正常(饱满)状态,随后即迅速失水死亡。叶和顶叶在失去根后,可以维持 4 天正常(饱满)状态,随后缓慢失水死亡,这可能是因为盐地碱蓬的茎可流动盐离子含量很高,可在 7 天之内保持强大的渗透势,使根茎不发生失水,甚至在刚切去叶和顶部时,还有少量水分在短时间内(约 1 分钟)从切口处向上涌出,形成一个小水珠。也许正因为这种流动离子含量很高,所以一旦发生离子流失,其脱水干枯过程就特别迅速。但是为什么根茎能在一个星期之内保持渗透势而一个星期之后保持渗透势的机能迅速崩溃?伴随着这种崩溃脱水的同时,其茎中的色素也由下而上逐渐消失(图 12 – 23)。

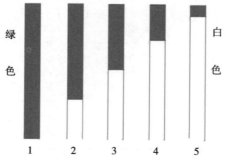

1 为绿色茎,2 – 5 茎色素由下而上逐渐流失,表明其水分主要由茎向根并向土壤倒流。

图 12 – 23　切去叶和顶端的盐地碱蓬地上茎(邢军武图)

盐地碱蓬的分生组织在顶端和叶腋部,丧失了这些部位之后,尽管有完整发达的地下根系和地上茎,且茎中叶绿素含量很高,色素浓绿,最终仍不能生长成活,但可在7天内呈饱满和正常态。7天后则色素水分均迅速经地下根系倒流。说明去掉顶端及叶后的盐地碱蓬根茎,在短时间内仍能将水从土壤争取进体内往上输送,且能保持体内水和色素的稳定,7天后水分迅速倒流回土壤。当然,该过程在不同温、光、湿以及蒸发量和环境盐浓度下也会有所不同。

切去顶端的盐地碱蓬若保留子叶,其切口则无液体涌出(图12-24)。自第4天起,茎顶部变粗,形同杵状(图12-25),色浓绿油亮如同叶子,两片子叶也变粗大、肉质肥厚、油亮、坚挺。至第11天,两叶腋部有芽呈鲜亮绿点在皮膜下出现,1天后腋芽明显外凸,3天后芽破膜弓屈外露,5天后凸高2mm,10天后两芽端完全伸出,每芽带叶3对(图12-26)。自有芽点在腋部出现时起,随着芽的生长,两叶渐向下垂,夹角由180°渐缩为20°(图12-27)。芽生出后,子叶由基部折断,只有少许与表皮相连,此后新生的两芽生长迅速。

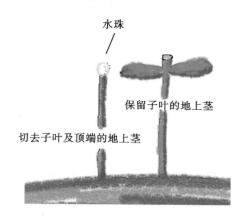

图12-24 保留子叶的地上茎切口无水珠涌出(邢军武图)

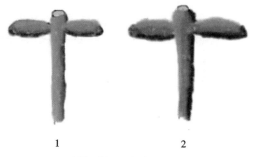

1. 刚切断;2. 切断后4天。

图12-25 从子叶以上切断的地上茎变粗成杵状(邢军武图)

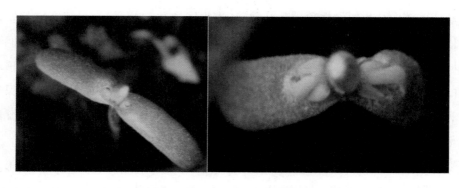

图 12 - 26　盐地碱蓬子叶以上切除后腋部出芽过程(邢军武摄)

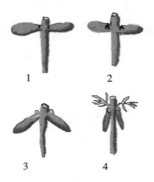

图 12 - 27　盐地碱蓬出芽压迫子叶下垂(邢军武图)

有完整根茎和顶端及叶子而去掉了子叶的盐地碱蓬也能正常生长,但不如无顶端只有子叶的生长旺盛、迅速,尤其当叶芽生出之后,其生长速度远超过无子叶有真叶的盐地碱蓬。

值得注意的是,没有根的盐地碱蓬插入盐土之后,若不能生根成活,其失水失色过程则相当缓慢,不像无叶根茎那样突然而迅速(图 12 - 28),这与盐地碱蓬子叶中的盐分状况有关。

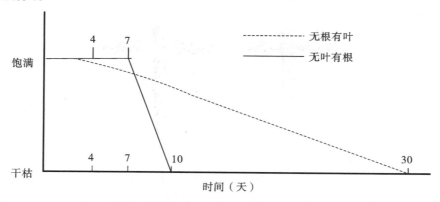

图 12 - 28　无叶有根与有叶无根的盐地碱蓬在盐土中的失水状况(邢军武图)

邢军武(1993)发现,盐地碱蓬子叶的起始电阻比茎高出很多,但持续通电一段时间,电阻可降得很低(图12-29),其最终电阻比茎低,说明子叶含盐比茎多,因细胞对盐离子的保持能力较强,水分丧失缓慢。

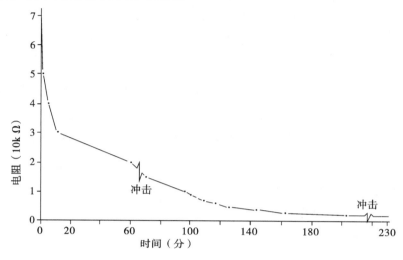

图 12-29　子叶电阻随通电时间而降低(邢军武,1993)

截断根的盐地碱蓬,尽管叶面气孔关闭,但由于很大的暴露面积,通过蒸发丧失的水分仍将比没有叶的茎多,所以有叶无根的盐地碱蓬比有根无叶的盐地碱蓬较早表现出失水状态,而较晚完全干枯。

盐地碱蓬子叶的电导率具有明显的方向性,当正极在叶端的时候,电导增大,负极在叶端的时候,电导降低(图12-30)。我们知道,在导电的液体(如酸、碱、盐溶液)或气体里,在电场力的作用下,正离子和负离子都能做定向移动,正离子顺着电场的方向移动,即从高电势位置移向低电势位置;负离子是逆着电场方向移动,即从低电势位置移向高电势位置。所以在导电的液体或气体里,电流的方向跟正离子移动的方向相同。而对植物叶子来说,水分的输送是从基部向顶端,光合同化产物的运输则是由顶端向基部(图12-31)。所以当负极在顶端时,正离子向叶端运动,负极在基部时,正离子向基部运动。这表明当正离子在盐地碱蓬体内逆着光合同化产物的运输方向运动时,电阻增大,顺着这一方向运动时,电阻变小。这一现象揭示了盐地碱蓬体内正离子的运动状态可能与光合器官有密切联系。

A. Poljakoff 和 Mayber 等曾经指出:从一些盐生植物分离的酶,在体外对盐的敏感程度与从淡生植物分离出的一样。因此,盐生植物细胞中许多种酶由于细胞中离子的区隔化,实际上是不接触高浓度盐的。过去曾试图发现离子区隔化的存在证据,但早期对 Na 和 Cl 离子在细胞中的定位研究,未获确切结果(Neeman,1968)。一般认为钠对膜有很高吸引力,而氯化物则扩散到整个细胞。在细胞核和线粒体中,在靠近细胞壁的细胞间隙中,以及在细胞壁和质膜之间,都发现了标记钠存在位置的锑酸盐颗粒。在海榄雌属和柽柳属植物的盐腺中,这种锑酸盐主要沉淀在细胞质的细胞器中以及细胞核和核仁中,并且在一定程度上存在于线粒体中(Shimony,1972),在这些分泌细胞的角质层和细胞壁之间发现明显的颗粒形成,据此,钠的区隔化获得承认,氯化物的区隔化则未确认[1]。

邢军武(1993)发现盐地碱蓬叶的电阻随通电时间延长,电阻逐渐降低,表现出特征性的曲线(见图 12 – 29、12 – 30),而且不同生活状态的盐地碱蓬叶,其电阻有明显的差异。由表 12 – 41 可以看到盐地碱蓬子叶活力的降低与电阻的降低相一致,离子的流动性随子叶活力的降低而增高,说明了活子叶中离子的间隔化的存在。植物的死亡引起离子间隔化的破坏,从而导致电阻迅速降低。

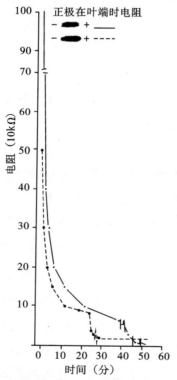

图 12 – 30   子叶电阻的方向性

正极在叶端电阻变小,负极在
叶端电阻增大(邢军武,1993)

**图 12 – 31   植物叶中水分与光合
产物的运输方向**(邢军武,1993)

---

①A. 波吉科夫等主编. 盐渍环境中的植物. 科学出版社,1980:154.

表 12 -41　不同状态下盐地碱蓬子叶的最小电阻/(10KΩ/1cm)

状态	最小电阻
刚取下的活子叶	2.2
死亡很久的失色子叶	1.6
密闭瓶中 8 天外观正常的子叶	1.2
密闭瓶中 8 天外观水解的子叶	1
捣烂的活子叶	0.6

(邢军武,1993)

表 12 -42　海水、自来水、去离子水与滤纸中的海水电阻/(10KΩ/1cm)

名称	电阻
海水(测 Cl 1.728%,NaCl 2.845%)	0.3
自来水(测 Cl 0.006%,NaCl 0.010%)	1
去离子水	1.2
饱含海水的滤纸	1.2

(邢军武,1993)

比较 Cl 含量为 1.728%,NaCl 含量为 2.845%的自然海水的电阻(见表 12 -42),可以看出捣烂的活子叶的电阻 0.6×10KΩ/1cm 与海水电阻 0.3×10KΩ/1cm 相当接近。用同一海水浸泡至饱和状的滤纸,其电阻则为 1.2×10KΩ/1cm,与去离子水的电阻相同,而正常活子叶的最低电阻是 2.2×10KΩ/1cm(图 12 -32)。一方面是活盐地碱蓬的最低电阻 >滤纸中的海水电阻,另一方面是滤纸中海水的电阻 >捣烂的盐地碱蓬子叶电阻 >海水电阻,这一现象是很耐人寻味的。前一组的数字关系是:2.2 >1.2 >0.3,后一组的数字关系是:1.2 >0.6 >0.3(单位 10KΩ),同一海水的电阻在滤纸中增加了几乎 10KΩ,说明介质对电阻的影响十分显著。与滤纸不同的是,植物体作为一种介质具有很大的可变范围,这种变化取决于其活力状态。

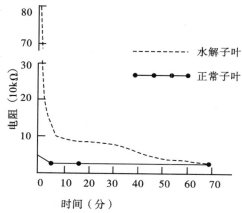

图 12 -32　置瓶内密闭 8 天的正常子叶与已水解腐烂子叶的电阻(邢军武,1993)

第十六节　碱蓬属植物正离子与叶绿体的电场迁移

邢军武(1993)在 4.5V 直流电压下,对活盐地碱蓬子叶通电,随子叶电阻降低约 10 分钟,在负电极上即有绿色物富集,并能清楚看到子叶的绿色由正极到负极出现一道十分明显的深绿与浅绿色分界线。此分界线随通电时间延长而逐渐由负极向正极移动,浅色区域逐渐扩大,负极上富集的绿色物质逐渐增多(图 12 –33),推测系叶绿素或叶绿体。子叶电阻的降低速度与幅度都与该绿色物在电场中的移出情况有关,移出量越大,则电阻降得越低。死亡已久完全没有色素的盐地碱蓬,经测定发现无论茎还是叶的起始电阻都比活体低 1～2 个数量级(表 12 –43),可见盐地碱蓬子叶和茎的起始电阻与其叶绿体的含量及活性成正比,叶绿体含量越高,活性越强,则起始电阻越大,相反则越小。至于捣烂的活子叶其起始电阻与最终电阻都比死亡失色的子叶更低,极可能是由于死亡子叶在死亡过程中还伴有体内离子的丢失,从而使其电阻稍高于刚捣烂的离子丢失极少的鲜活子叶。

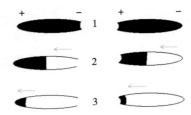

1. 通电开始时颜色深绿的子叶;
2. 一段时间后深浅界线向正极处移动,负极上有绿色物富集;3. 深色区几乎消失,负极上富集着大量绿色物。

图 12 –33　通电引起子叶负极端颜色变浅且浅色区随通电时间而逐渐向正极端扩展(邢军武,1993)

表 12 –43　盐地碱蓬活叶与死亡无色叶的电阻(10KΩ/1cm)

部位	状态	起始电阻	最终电阻
子叶	活	100	
		80	
		70	2.2
		50	
	捣烂活子叶	1	0.6
	死	1.6	2
茎	活	20	4
	死	2.6	2.4

(邢军武,1993)

十分明显,这种很像叶绿体的绿色物质带有正电荷。实验发现:对白嫩幼茎通电一段时间后,即有绿色物在茎的负极处出现,并使白茎变绿且绿色逐渐向正极方向扩展(图 12－34a)。对死亡无色的茎叶则无论通电多久,负极都未见有富集物出现,相反在正极附近以及正电极上却逐渐出现蓝色物质(图 12－34b),这些带负电荷的蓝色物质在对活盐地碱蓬子叶通电时没有发现过。

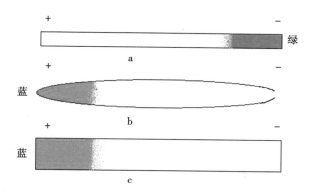

图 12－34　a 对白嫩幼茎通电后负极处随时间延长白色变为绿色渐向正极方向扩展;**b** 对死亡后已失色的子叶(或茎)通电后正极端出现蓝色产物且逐渐向负极方向扩展;**c** 对饱含海水的滤纸通电后出现与 **b** 相似的情况(邢军武,1993)

对经海水浸泡至饱和的滤纸通直流电压 4.5V,10 分钟后正极端滤纸和正极上均有蓝色物质出现,与死亡盐地碱蓬茎叶出现的蓝色相同(图 12－34c)。由于电极含铜,该蓝色物应是氯化铜。死亡失色的盐地碱蓬氯离子在电场中向正极的富集与海水的情况完全相同,而活力旺盛的子叶则不出现这一富集,说明 Cl^- 在盐地碱蓬子叶中也存在间隔化,并且随子叶活力的降低其间隔化也逐渐破坏,从而导致流动性增强。

正电极上蓝色物的形成是由于 Cl^- 向电极的富集对铜的腐蚀引起,而死亡失色的盐地碱蓬茎叶与滤纸上的蓝色物由正极向负极方向的逐渐扩展,则是有铜离子在电场作用下向负极方向运动的结果。铜离子在运动过程中不断与氯离子结合形成氯化铜的蓝色物,在滤纸上呈现着由正极向负极方向的扩展移动,同时氯离子在电场中向正极的运动则导致对正极的腐蚀并形成氯化物。

已知细胞的胞间连丝可传递电波,转移小分子的有机溶质和离子,也可转移蛋白质、核酸等大分子,甚至整个细胞器和细胞核都可以通过胞间连丝通道进行穿壁运动。在细胞衰老时,细胞内含物由衰老部位向新生部位转移和撤退,主要是通过半解体的原生质的胞间运动完成的[1]。Olesen(1975)曾报道 C_4 型植物钾猪毛菜 *Salsoa Kali* 的叶肉细胞和维管束细胞之间的胞间连丝比 C_3 型植物多。A. Л. 库尔萨诺夫认为这是

---

[1]孙敬三等. 植物细胞的结构与功能. 科学出版社,1983:34.

C_4 型植物的共性[1]。邢军武(1993)认为 C_3 型植物盐地碱蓬的叶绿体及叶绿素可以在直流电场中穿壁向负极运动富集[2]。

盐地碱蓬是一种喜 NaCl 的植物,电极富集的绿色物质所表现出的电正性,应该是由大量的钠离子等正离子引起的。试验表明钠离子等正离子与疑似叶绿体结合的非常牢固,在电场中可以在 Na^+ 等正离子携带下穿过层层细胞壁向负电极移动并富集于负极处。说明钠等正离子在盐地碱蓬体内应主要分布于叶绿体并与之紧密结合。

曾经有人指出过叶片中的钠大部分集中在叶绿体中,但 Jacoby 等发现 C_3 型植物菜豆叶片从培养中吸收钠似乎局限于叶脉。用同位素^{42}K 和^{22}Na 自显影术证明菜豆叶组织大部分细胞都能吸收^{42}K,但^{22}Na 的吸收则只局限于维管组织。此外许多人都观察到钠保持在菜豆根和茎中的维管束组织里。Shone 等用 C_4 型植物玉米幼苗所做的试验得到了与菜豆相似的结果:吸收的大部分钠都保留在根或茎的下部。后来 Besford(1978)发现番茄也是如此。但现已明确:对钠吸收的多少及是否转运到叶部是区别盐生植物与淡生植物的重要标志。一般说来,不耐盐的淡生植物吸收较少的钠,并且很少转运到叶部,大部分保持在根部和茎的下部。而盐生植物则能从根部环境中吸收大量的钠,并运送到叶部累积起来而无伤害,同时,盐生植物尽管大量地吸收钠,却并不严重抑制对其他必需离子的选择性吸收[3]。碱蓬属植物对钠的吸收不仅数量大,而且主要转到叶内。这是碱蓬属植物的一个重要生理特征。以往认为钠在盐生植物叶中主要隔离积累在液泡里,但 1993 年邢军武指出钠在碱蓬属植物叶中的分布应主要在叶绿体,这与碱蓬属植物叶绿体的嗜盐性有关。

许多试验表明缺钠会导致某些植物的叶片出现缺绿并发生坏死。人们还发现,"凡属 C_4 型光合途径的种对钠都有需要,缺钠叶片会出现缺绿病,或同时出现坏死区;凡属 C_3 型的植物都不出现缺钠症状,并且一般也无生长效应,仅个别 C_3 型植物型有生长效应;同属于滨藜属或地肤属的植物,也只有 C_4 型的种表现对钠需要,其 C_3 型的种则没有这种需要。因此,对钠的要求似乎是 C_4 型植物的特异性反应"[4]。推测钠不仅在这类植物中参与叶绿体的光合作用,"还可能代替钾在张开气孔,减少 CO_2 进入叶部的阻力上发挥作用,还有人指出供给钠能增加一些植物的叶绿素含量,适量的钠还能提高细胞原生质的亲水性,改善光合细胞的水分状况,从而促进光合作用"[5]。

---

[1] А. Л. 库尔萨诺夫. 植物体内同化物的运输. 科学出版社,1986:64.
[2] 邢军武. 盐碱荒漠与粮食危机. 青岛海洋大学出版社,1993.
[3][4][5] 邹帮基等. 植物的营养. 中国农业出版社,1985:296~301.

第十七节　碱蓬属植物叶绿体的盐生起源

　　与盐生植物相反,淡生植物在高盐环境中除了过量的 Cl^- 引起伤害外,Na^+ 过多则使叶片出现缺绿和坏死,生长与生物量减少、萎蔫以至死亡。这提示植物对盐碱环境的适应范围取决于其叶绿体的差异,不同的叶绿体导致不同的生理需求。很早就认识到最受盐度影响的细胞器是叶绿体[1]。电镜观察 NaCl 处理的小麦,开始时叶绿体内类囊体轻度膨胀,后随盐胁迫强度增大,丙二醛(MDA)含量也逐渐增大,叶绿体的整个片层系统逐渐膨大,基粒消失,内外膜逐步瓦解,叶绿体内脂质小滴增多,叶绿体从正常椭圆形膨胀成球形[2]。事实上无论是盐度过高还是干旱水涝以及其他逆境胁迫,最终几乎都会危害叶绿体。因此,叶绿体能适应何种环境,植物就能在何种环境生存。因此可以说有什么样的叶绿体,就有什么样的植物。有人指出叶绿体是细胞中离子转移贮存 Ca^{2+}、Na^+、K^+ 等阳离子和阴离子如 PO_4^{3-}、Cl^- 等的重要驱动"泵",但机理不清[3]。现在可以肯定盐生植物与淡生植物的叶绿体对 Na^+ 和 Cl^- 有不同的需求及效应。根据不同叶绿体对 NaCl 的需要程度和反应,可以了解植物怎样实现由海至陆、由盐生到淡生的演化。

　　很早就有人指出叶绿体源于原核生物蓝藻。蓝藻作为寄主细胞的内部共生体,在与寄主共同生活中成为植物的叶绿体。这一共生起源假说已获大量证据支持[4][5]。而如果蓝藻是叶绿体的祖先,海生蓝藻对寄主的选择必然要求其具有类似海洋的盐环境。盐生植物在体内尤其是叶茎内积累大量盐分的习性,正是其叶绿体源于海洋蓝藻的重要标记,也是盐生植物叶绿体偏爱钠和氯的原因。

　　试验表明:钠不仅对光合作用具有重要意义,且能通过提高细胞原生质亲水性增加植物抗旱力。Hobukob(1948)发现培养在 5%~6% NaCl 溶液中的海蓬子和盐地碱蓬,耗水量比栽培在淡土的少。原因是 Na^+ 能增强引起细胞胶体膨胀的电解质、pH 与亲水胶体的积累,提高细胞胶体与水的结合力,从而降低蒸腾作用。施用钠盐能使大麦和燕麦减少耗水量 6%~7% 或 9%[6]。

---

①A. 波杰科夫－梅伯等. 盐渍环境中的植物. 科学出版社,1980:77.

②陈少裕. 膜脂过氧化对植物细胞的伤害. 植物生理学通讯,1991,2:87.

③沈允钢等. 国际光合作用研究近况//光合作用的研究进展(第三集). 科学出版社,1984:3.

④小川和朗等. 植物细胞学. 科学出版社,1983:392~406.

⑤石田政弘等. 光合作用器官的细胞生物学. 科学出版社,1986:328~344.

⑥邹帮基等. 植物的营养. 中国农业出版社,1985:298.

　　除了钠,氯也是植物必需元素。20 世纪 60 年代初即证明氯对离体叶绿体放氧是必需的,从而推测其参与光合作用的水光解放氧反应。但至 70 年代末,有人用甜菜进行的试验没有发现氯对活体叶的光合速率(单位叶面积单位时间 CO_2 净吸收量)有影响,但在缺氯情况下由于叶片细胞的增殖速度降低,叶面积减少,植物生长量甚至降低 60%。试验者据此怀疑光合作用未必需要氯,然而在水光解放氧反应中,锰已被确认是不可缺少的,有人提出氯可能是锰的配合基,有助于稳定其较高的氧化态。

　　植物如果缺氯就生长不良,严重时会出现典型的病症,如番茄缺氯时先在叶尖发生凋萎,接着叶片失绿,进一步变为青铜色并至坏死,由局部遍及全叶,最后植株不能结实,根细短,侧根少。对缺氯植物施以含氯肥料都有显著改善。试验发现:氯在菜豆、向日葵、欧洲海蓬子和美洲地肤等植物中,主要累积在生理机能减弱的组织中,用放射性自显影研究 ^{36}Cl 在植株中的分布,发现水稻中 ^{36}Cl 随蒸腾流而迅速移动,在茎和叶尖较多,但几乎不运往穗中。菜豆中氯的分布在不同品种中有明显差异,在高浓度 NaCl 培养液中最耐盐的品种根中累积氯多而叶中少;敏感品种则相反,氯迅速转运到叶中累积而受害;中间品种氯或多或少是全株均匀分布的[1]。菜豆是淡生拒盐型植物,其耐盐能力取决于拒盐能力。氯虽是植物必需元素,但过量则导致伤害,且伤害也往往表现在植物叶片。如滨海地区的茶树易出现的盐毒害症状就是叶片呈赤褐色烧灼状,严重时落叶。烟草当氯施用量过大时,移栽 20 天后大叶片边缘也出现卷曲状。塞尔维亚云杉(Piceaomorika)和挪威云杉(P. abies)对氯均特别敏感,针叶中氯含量大于 0.03% 即产生毒害,枝梢针叶尖端出现失绿斑点和变褐。过量的氯会使一切淡生植物减产并受害,其损伤部位主要是叶片。事实证明,淡生作物耐盐能力的大小往往取决于是否能够阻止过量盐分向地上部尤其是叶部的运输。例如 Cl^- 向大麦地上部的运输量,其不抗盐的品种比抗盐的高 1.7 ~ 2 倍[2]。从缺氯的损害部位及症状很容易推知氯与植物叶及光合作用的密切关系。与钠相似,不同植物对氯的需求量和体内分布均有差异。氯离子在碱蓬属植物的花器官和种子里都有很高积累量,而在水稻中则几乎不能进入其稻穗,说明盐生与淡生植物不仅生理不同,叶绿体起源也不相同。

　　盐地碱蓬不仅叶和叶绿体中盐含量特别高,且木质部中 Na^+ 浓度也特别高,是其外部介质钠浓度的 23%,而大多数盐生植物导管中 Na^+ 的浓度约为外部介质盐度的

---

①②刘友良等. 植物耐盐性研究进展. 植物生理学通讯,1987,4:1 – 7.

3% ~ 10%[①]。

比较盐地碱蓬与淡生植物的根对盐分的吸收可以发现,盐地碱蓬根主动大量地吸收盐分输往地上部分,而淡生植物则分完全不耐盐与相对耐盐两种,前者不能限制盐分进入根部和体内,导致植物因胁迫死亡;后者则努力抵制过量盐分进入体内,从而比前者能耐受一定轻微盐渍。

通常碱蓬属植物能正常生长的盐度,对所有淡生植物都是致死的。植物地上部的盐含量取决于木质部的盐浓度和蒸腾速率。在340mmol/L NaCl 溶液中生长的海滨碱蓬($S.\ maritima$)向地上部运输的 Na^+ 量是 5 ~ 9mmol/g DW 根·d,明显高于淡生植物的钾离子流量 1 ~ 2mmol/g DW 根·d[②]。一般植物不同叶片间含盐量不同,老叶的盐含量比新叶高,但具有排盐结构的植物及肉质化的植物,新老叶含盐量差异较小。已知盐分进入叶后的一般动向是:

(1)经质膜和液泡膜在液泡中积累,液泡增大,肉质化增加,起渗透调节作用;

(2)由盐腺或盐泡排出;

(3)由木质部或叶肉细胞运到韧皮部,然后再运到新生叶片或根系并分泌到介质中;

(4)积累在细胞质中;

(5)积累于质外体中[③]。

盐角草属的 $Salicornia\ olivieri$ 和 $S.\ romosissima$ 在 2% ~ 3% NaCl 条件下生长得最好,碱蓬属的碱蓬、海滨碱蓬、盐地碱蓬和垦利碱蓬等也是耐高盐的植物。

盐在盐生植物生理代谢中的作用仍不甚清楚。Jennings(1968)曾提出过量的 Na^+ 可穿越质膜而无需耗能,将 Na^+ 运输到液泡的过程产生 ATP,ATP 又用于生长,以此解释 NaCl 促进盐生植物生长的原因。白刺生长在缺盐生境中叶片显示典型的感染状态,生长在 NaCl 溶液中叶片可以保持正常。在大洋洲滨藜和碱蓬属植物 $Suaeda\ monoica$ 中也有相同结果。

在无盐培养基中生长的 $Suaeda\ monoica$ 转到 1mol/L NaCl 几小时,生长速率加倍。这些现象均可用叶绿体来源于高盐生境获得解释。因为,源于海洋蓝藻叶绿体的盐生植物,需要植物提供和维持一个体内的盐环境,犹如人体血细胞必须维持一个生理盐度一样,其叶绿体才能正常工作。这一点也可以从近来发现的碱蓬属等盐生植物体内存在大量内生嗜盐菌群得到印证。

―――――――――――――

①②③刘友良等. 植物耐盐性研究进展. 植物生理学通讯,1987,4:1 ~ 7.

第十八节　碱蓬属植物的泌盐性

碱蓬属通常是肉质化盐生植物,属吸积盐型,以往认为其不具泌盐功能。1993 年邢军武首次发现盐地碱蓬幼苗期茎叶表面出现大量 NaCl 结晶(图 12 – 35)[①]。任昱坤(1995)报道发现碱蓬属植物具有表皮毛等泌盐结构,证实碱蓬属植物具有泌盐功能。

图 12 – 35　盐地碱蓬幼苗茎叶上的盐结晶(董瑞琪摄)

在底部封闭不透水的塑料盆播种的盐地碱蓬,土层 6cm,3cm 表层 NaCl 含量为 9.745%,出苗茂密旺盛,出芽后 7 天幼苗子叶和茎上部有盐晶形成。茎基部没有盐晶,在幼苗高 5cm 时结晶最多,有的几乎成一晶莹外套,但只在子叶及其上下的茎出现,真叶未发现,以后随子叶衰老死亡,结晶消失。从照片可见盐壳下盐地碱蓬茎叶饱满、色泽油绿、生长旺盛,结晶持续时间 2~3 个月。

盐渍生境实际并不缺水,而是渗透势太低,例如海水渗透势是 – 2MPa,淡生植物无法从中获取水分,因而呈现出极端生理"干旱"状态。盐生植物则能通过降低自身渗透势而从环境中争取到所需水分,以维持正常生长。如垦利碱蓬、盐地碱蓬、碱蓬、盐角草等吸积盐植物和红树、柽柳、獐茅、补血草、大米草等泌盐植物皆可在高盐环境生长。泌盐植物将吸进体内的盐通过盐腺分泌出去,形成获取水分的低渗透势以应对高盐环境。

适量 NaCl 能促进盐生植物生长并适应干旱环境,有些盐生植物叶渗透势甚至可低至 – 3MPa。

---

①邢军武. 盐碱荒漠与粮食危机. 青岛海洋大学出版社,1993.

第十九节 碱蓬属植物的蛋白质合成

通常认为高盐使碱蓬属植物酸性磷酸酶活性受抑，而 PEP 磷酸酶活性提高。ATPase 对植物耐盐生理很重要，盐生与淡生植物的 ATPase 对 Na^+ 的响应不同。提高光照、干燥度和 Na^+ 浓度都导致 ATP 增多以及肉质化。有报道 100mmol/L NaCl 抑制碱蓬属和滨藜的 ATPase 活性，但促进淡生植物菜豆和玉米根的 ATPase 活性（表 12 - 44）。

表 12 - 44 生长培养基和反应配料中 NaCl 对不同植物 ATPase 活性的效应*

植物种类	反应配料	生长培养基				
		- NaCl (A)		+ NaCl (B)		
			a 的%		a 的%	- NaCl (A)的%
菜豆	- NaCl a	4. 78		7. 00		146
	159 + NaCl b	5. 06	106	8. 04		115
玉米	- NaCl a	2. 67		4. 85		182
	208 + NaCl b	5. 42	203	11. 30		233
碱蓬	- NaCl a	4. 04		1. 87		46
	47 + NaCl b	2. 53	63	1. 20		64
滨藜	- NaCl a	7. 02		4. 33		62
	55 + NaCl b	4. 76	68	2. 60		60

* 单位：nmol Pi/30min/mg 蛋白质

植物从盐碱环境中按不同比例吸收离子，细胞的离子含量和组分改变也使其代谢随之改变。如细胞离子含量增高可使某些蛋白质水解，影响硫氢基活性和原生黏度。不同离子对酶蛋白具不同水解效应，并可改变其活性。通常认为 Na^+ 能造成蛋白质水解，而 K^+ 则不能。蛋白质在极端高盐条件下可被沉淀。

盐生境使一些酶活性减小而另一些酶增强。盐可减少淡生植物 RNA 和 DNA 含量，RNA 减少利于增强细胞质 RNase 活性，而合成减弱则降低了 DNA 含量。淡生植物在干旱或盐胁迫时蛋白酶水解增大，蛋白质合成降低，植物组织的蛋白质含量随之降低，此时也因转氨过程受抑而导致氨的积累。淡生植物豌豆在盐胁迫时根尖蛋白亮氨酸吸收受抑代谢紊乱。其中 Na_2SO_4 导致氨基酸中亮氨酸增多，NaCl 在 10atm 时，核蛋白质合成增加，超过 10atm 则蛋白质合成被抑制，核糖体蛋白质合成稍降低，蛋白质氮含量随 NaCl 浓度增大而降低。大量 RNA 被分解，蛋白质合成受抑制。NaCl 对淡生植物蛋白质合成的抑制或促进是通过 RNA 酶活性实现的。

NaCl 促使淡生植物 DNA 与组蛋白分离抑制其蛋白质合成,蛋白质合成早期需要 Mg^{2+},Na^+ 与 Mg^{2+} 交换可取代 Mg^{2+},造成蛋白质无法合成或合成受抑。Cl^- 还可促进核糖核酸酶释放并提高其活性,从而加速 mRNA 分解,进一步抑制蛋白质合成。

但碱蓬属等盐生植物的蛋白质合成具有与淡生植物不同的机理。

实验表明,适当高盐生境的碱蓬属植物蛋白质合成不仅未受抑制,反而表现出更高的合成效率。碱蓬属植物及其种子蛋白质含量往往比淡生植物更高,其鲜嫩茎叶的蛋白质含量甚至可占干物质的 40%。盐地碱蓬茎叶与种子蛋白质不仅含量高,而且其氨基酸组成还具有较为全面的均衡性和小分子量、水溶性强等优良特征。参见下表:

表 12 - 45　盐地碱蓬的氨基酸组成（g/100g 蛋白质）

性质	氨基酸	盐地碱蓬	
		茎叶	种子
必需氨基酸	胱 Cys + 蛋 Met	3.55	3.48
	赖 Lys	5.6	4.97
	异亮 Ile	4.95	4.58
	亮 Leu	7.68	6.65
	苯丙 Phe + 酪 Tyr	11.23	9.88
	苏 Thr	4.54	3.62
	色 Trp	0.99	0.97
	缬 Val	6.03	5.29
半必需	组 His	2.4	2.9
	精 Arg	7.3	10.7
非必需	天冬 Asp	9.8	8.6
	丝 Ser	4.5	4.6
	谷 Glu	15.2	19.2
	甘 Gly	6.6	6.6
	丙 Ala	5.4	4.3
	脯 Pro	4.1	3.68

表 12 - 46　盐地碱蓬茎叶和种子蛋白质的分子量分布及其相对含量

茎叶		种子	
分子量/万	含量/%	分子量/万	含量/%
1.85	2.62	1.7	13.1

续表

茎叶		种子	
分子量/万	含量/%	分子量/万	含量/%
3.6	14.97	2.75	6.2
4.5	6.05	2.9	1.51
5.1	9.43	3.65	15.49
5.7	43.87	4.4	6.1
6.3	21.7	5.1	6.5
8.7	0.39	5.5	48.97
10.0	0.14	8.2	0.6
10.5	0.18	9.3	0.25
11.2	0.13	10.3	0.81
13.2	0.5	12.5	0.4

（据梁寅初，1988）

理论上，植物游离氨基酸越多，细胞液浓度也越高，结合水的比例升高，代谢相对减弱，抗逆性提高。

第二十节　碱蓬属植物的脂肪酸

脂肪酸是一类重要生化物质。许多研究曾认为质膜脂肪酸组分与植物抗盐性有关（Stuiver，1978；Harzallah et al，1980；王洪春，1981；赵可夫等，1984），但后来赵可夫等对比盐生与淡生植物质膜8种脂肪酸组分和不饱和脂肪酸指数，未发现很大差异和规律。不仅盐地碱蓬、盐角草和柽柳、大米草等不同类型盐生植物间质膜脂肪酸组分和不饱和脂肪酸指数差异不大，甚至与淡生植物玉米相比也没有显著差异，而盐生与淡生植物之间耐盐能力的差别却是巨大的。显然，脂肪酸组分与不饱和脂肪酸指数不能解释植物耐盐能力的差距。因此，对植物脂肪酸在耐盐生理中的作用还需深入研究。目前还不清楚其是否参与盐生植物的耐盐生理以及具有何种作用。

测定的不同植物质膜8种脂肪酸组分分别为：肉豆蔻酸（14：0）、肉豆蔻脑酸（14：1）、棕榈酸（16：0）、棕榈油酸（16：1）、硬脂酸（18：0）、油酸（18：1）、亚油酸（18：2）和亚麻酸（18：3）等。结果显示，盐生植物叶片的质膜不饱和脂肪酸指数均大于根部（表12-47）。

表 12 - 47　不同植物根叶质膜脂肪酸组分

植物		部位	质膜脂肪酸占总脂肪酸的百分比								不饱和脂肪酸指数
			14:0	14:1	16:0	16:1	18:0	18:1	18:2	18:3	
泌盐	柽柳	根	1.4	1.1	25.6	1.4	2.4	14.8	45.1	8.2	144.7
		叶	1.4	0.6	29.3	0.7	1.7	9.0	8.6	48.6	173.3
	补血草	根	1.3	0.6	23.9	0.9	1.1	8.7	48.3	15.2	152.4
		叶	1.2	1.2	16.7	2.4	1.6	4.4	20.2	52.7	206.5
	大米草	根	6.4	2.6	29.1	1.6	1.9	8.2	34.6	15.6	128.4
		叶	2.9	–	12.8	4.6	1.8	1.9	22.4	53.6	212.1
积盐	海蓬子	根	1.7	1.6	29.3	–	2.6	9.7	42.9	12.5	134.6
		叶	0.6	0.2	24.3	2.1	1.5	6.2	21.8	43.5	182.6
	碱蓬	根	1.7	0.9	29.9	0.9	1.5	5.8	52.0	7.4	133.8
		叶	0.9	0.2	21.6	2.5	2.1	5.2	16.9	50.6	193.5
拒盐	白蒿	根	2.1	0.7	28.8	–	1.5	6.0	50.7	10.2	138.7
		叶	0.4	0.4	15.1	1.7	3.0	15.6	19.6	44.3	188.8
	海滨蒿	根	1.9	0.9	26.8	1.0	2.5	7.7	49.2	10.0	138.0
		叶	0.6	0.2	14.1	2.7	3.6	15.0	17.0	46.9	192.6
淡生	玉米	根	4.3	3.9	24.5	6.1	6.9	11.7	27.9	14.8	122.3
		叶	1.0	0.2	20.1	1.6	1.2	1.0	15.2	59.9	212.3

第十三章　碱蓬属植物比较营养学

碱蓬作为食物被记载如果从《救荒本草》算起,已有六百余年,若从宋朝曾巩《隆平集》算起,则有近千年。其民间食用史应远比文字记载悠久。我国华北盐碱地区自古就有食用碱蓬的习俗,还有用碱蓬熬盐制碱的传统。首先从生物学意义上记述碱蓬特征分布、绘制图形并详述蔬食加工方法的是明代《救荒本草》,是第一篇关于碱蓬的最有价值的历史文献。但书中未提种子的食用。

第一节　碱蓬属植物的营养成分

碱蓬属植物的碱蓬和盐地碱蓬营养成分均较完整而丰富,其鲜嫩茎叶的蛋白质含量甚至可占干物质的 40%,种子的脂肪含量高达 36.54%,花粉的碳水化合物高达 38.40%。仅此三项,就足以奠定其作为人类食物的牢固基础。此外,它还含有丰富的维生素、矿物质和纤维素等成分。

表 13 – 1　盐地碱蓬(*S. Salsa*)茎叶、种子、花粉的主要成分(g/100g 干物质)

成　分	茎叶	种子	花粉
粗蛋白	40	26.51	12.86
粗脂肪	3.3	36.54	11.87
碳水化合物	5	13.21	38.40
粗纤维	16.5	17.61	9.73
粗灰分	32.5	5.25	27.14

(邢军武,1993)

第二节　碱蓬属植物的蛋白质与氨基酸

已知蛋白质是生命的物质基础,也是细胞的重要组分,其代谢在生命过程中起着不可替代的作用。人在幼年童年期,必须食用含蛋白质丰富的食物,才能维持正常生长和发育,成年后必须摄入足够的蛋白质,才能维持新陈代谢。对组织创伤的修复,需要蛋白质作为原料,而催化体内化学反应的酶、调节机体代谢过程的某些激素、防御微生物侵袭的抗体,所有这些,都是蛋白质或其衍生物。蛋白质的一种生理功用就是维持组织的生长、更新和修复。这些极为重要的功能使蛋白质经常处于机体的新陈代谢中,必须予以不断的补充才能满足机体的需要,而蛋白质的这些基本功能是不能用糖或脂类替代的。

蛋白质本身也是能量的一种来源,每克蛋白质在体内氧化可提供约 4 千卡的能量,这些能量与糖和脂类所提供的能量一样可用于促进合成、维持体温及生理活动。但因提供能量的功能可以由糖和脂类替代,所以在正常情况下,提供能量只是蛋白质的次要功用。

人体必须从食物中摄取蛋白质以满足日常需要,食物中蛋白质的含量是一项非常重要的营养指标。从表 13 - 2 可见与日常食物的蛋白质含量相比,盐地碱蓬的蛋白质含量与大豆相当,比所列其他日常食物的蛋白质含量都高。

表 13 - 2 盐地碱蓬与日常食物的蛋白质含量比较 (g/100g 干物质)

食物	蛋白质含量	食物	蛋白质含量	食物	蛋白质含量	食物	蛋白质含量
猪肉	13.3 ~ 18.5	稻米	8	大豆	40	菠菜	1.8
牛肉	15.8 ~ 21.7	小麦	12.4	花生	25.8	油菜	1.4
羊肉	14.3 ~ 18.7	面粉	11.2	豌豆	33	黄瓜	0.8
鸡肉	21.5	小米	10.9	绿豆	26.3	橘子	0.9
鲤鱼	18.1	玉米	7.8	土豆	11.4	苹果	0.2
鸡蛋	13.4	高粱	9.5	白萝卜	0.6	碱蓬茎叶	40
牛奶	3.3	地瓜	5.5	大白菜	1.1	碱蓬种子	26.51

(邢军武,1993)

表 13 - 3 盐地碱蓬茎叶、种子与主要食物比较 (g/100g 干物质)

名称	粗蛋白	粗脂肪	碳水化合物	粗纤维	灰分
碱蓬茎叶	40	3.3	5	16.5	32.5
碱蓬种子	26.51	36.54	13.21	17.21	5.25
大豆	40	20.3	27.9	5.3	5.5
地瓜	5.5	0.6	89.4	1.6	2.7
大米	8	4	86	0.9	1
标准粉	11.2	2	84.5	0.7	1.2
玉米	7.8	4.7	82.4	2.1	2

续表

名称	粗蛋白	粗脂肪	碳水化合物	粗纤维	灰分
小米	10.9	3.9	81.7	1.8	1.5
土豆	11.4	0.5	82.3	1.5	4
绿豆	26.3	0.6	61	4.6	3.5
豌豆	33	1.4	55	6	4.1

（邢军武,1993）

表 13-4　螺旋藻的营养成分（干重%）

水分	粗蛋白	粗脂肪	粗纤维	糖类	粗灰分
5.0	67.0	4.2	4.1	15.9	3.8

（程双奇等,1990）

　　盐地碱蓬与几种重要粮食作物的营养成分比较如表 13-3。从中可以看出,其茎叶蛋白质含量与大豆相同,但脂肪含量很低,而种子蛋白质含量虽不如大豆,其脂肪含量却远高于大豆。大豆是著名高蛋白植物,除了一些单细胞藻类和微生物,几乎没有能超过者。植物蛋白质的极限含量可能是由螺旋藻（*Spirulina*）创造的。它的干重的67.0% 为蛋白质（表 13-4）,如果去掉表 13-4 中所含的 5.0% 的水分,螺旋藻干物质中蛋白质含量则更高,在植物中确属罕见,因此在 1974 年被联合国世界粮食会议确认为重要蛋白质源。这种原产非洲和南美洲盐湖中的蓝藻,迅速发展到许多国家,由于其极高的蛋白质含量而受到重视[1]。

　　但从营养价值上看,光有很高的蛋白质含量还不够,组成蛋白质的氨基酸种类多寡及含量是更为重要的营养指标。人并不是需要蛋白质本身,而是需要蛋白质中的那些氨基酸组分。人以蛋白质中的氨基酸为原料合成自身的蛋白质,因此食物蛋白质中氨基酸种类越多,含量越高,营养价值就越大。

　　在组成蛋白质的 20 余种氨基酸中,有 8 种是人体不能合成的必需氨基酸,这类氨基酸必须由食物蛋白质提供,它们是赖氨酸、色氨酸、苯丙氨酸、蛋氨酸、苏氨酸、亮氨酸、异亮氨酸及缬氨酸。除了必需氨基酸以外,非必需氨基酸的含量也很重要,因为所谓必需或非必需氨基酸是指其碳架能或不能被人从头合成,由于酪氨酸是直接从苯丙氨酸经过一步反应而形成,而半胱氨酸的硫皆由食物中的甲硫氨酸衍生得来,所以实际上应将酪氨酸和半胱氨酸加到必需氨基酸中去。因此苯丙氨酸表面上的需要量实际上是苯丙氨酸加上酪氨酸的需要量,而甲硫氨酸的每日需要量是甲硫氨酸加上半胱

---

①程双奇等.螺旋藻的营养评价.营养学报,1990,4:415.

氨酸的需要量。许多学者认为非必需氨基酸只有很少几种,如丙氨酸、天冬氨酸和谷氨酸可由柠檬酸循环所产生的 α - 酮酸通过转氨基作用形成;脯氨酸可从谷氨酸形成;丝氨酸可从酵解作用的中间物形成;甘氨酸可从丝氨酸合成。这些都是合成作用最为简单的氨基酸,它们的直接前体都经常存在于各种生物包括哺乳动物体内,由于它们在蛋白质中含量丰富,因此在天然食物中都不可能缺乏。但实验证明,减少以至中断食物中这些非必需氨基酸,则会导致对必需氨基酸需求量的增加。因此,当只给机体提供必需氨基酸时,为了补充合成蛋白质所需的非必需氨基酸,机体必须将必需氨基酸的氮用来制备非必需氨基酸,而这对机体来说是很不经济的。由此可见,除了必需氨基酸以外,非必需氨基酸的含量也是一项重要指标。

在动物蛋白中,鸡蛋是最优质的蛋白质,在植物蛋白中,大豆是最优质的蛋白质,螺旋藻则是新兴食物蛋白质来源,其特点是蛋白质含量极高,而比较盐地碱蓬,螺旋藻、大豆和鸡蛋的氨基酸组成(表 13 - 5)可以发现,在 10 种必需氨基酸(包括胱氨酸、酪氨酸)中,盐地碱蓬茎叶的氨基酸有 5 种含量高于螺旋藻。它们是胱氨酸、蛋氨酸、苯丙氨酸、酪氨酸和色氨酸;有 8 种含量高于鸡蛋,它们是胱氨酸、蛋氨酸、异亮氨酸、亮氨酸、苯丙氨酸、酪氨酸、苏氨酸和缬氨酸;而在这 10 种氨基酸中,盐地碱蓬竟有 9 种的含量高于大豆,只有色氨酸含量比大豆低。与世界卫生组织给出的完全蛋白标准对照表明(表 13 - 6),盐地碱蓬茎叶和种子的蛋白质中各项必需氨基酸含量与这一标准相当接近,而螺旋藻、大豆、鸡蛋的胱氨酸、蛋氨酸含量却远低于标准。因此从世卫组织的标准看,盐地碱蓬比这三种优质食物更为优良,具有更优良均衡的必需氨基酸组成。其中缬氨酸、苯丙氨酸和酪氨酸含量特别丰富,比标准高 1.65 倍和 6.45 倍,加之盐地碱蓬蛋白质中丰富的非必需氨基酸含量(表 13 - 5),更使盐地碱蓬成为营养完善的植物蛋白。

表 13 - 5　盐地碱蓬、螺旋藻、大豆与鸡蛋 18 种氨基酸组成(g/100g 蛋白质)

性质	氨基酸	盐地碱蓬		螺旋藻	大豆	鸡蛋
		茎叶	种子			
必需	胱 Cys + 蛋 Met	3.55	3.48	1.99	1.87	0.89
	赖 Lys	5.6	4.97	6.22	5.50	6.14
	异亮 Ile	4.95	4.58	5.49	4.05	4.26
	亮 Leu	7.68	6.65	9.15	6.71	6.87
	苯丙 Phe + 酪 Tyr	11.23	9.88	8.30	8.15	6.98
	苏 Thr	4.54	3.62	5.03	2.83	4.32
	色 Trp	0.99	0.97	0.91	1.50	1.38
	缬 Val	6.03	5.29	6.33	4.44	5.17

续表

性质	氨基酸	盐地碱蓬		螺旋藻	大豆	鸡蛋
		茎叶	种子			
半必需	组 His	2.4	2.9	2.06	1.96	1.85
	精 Arg	7.3	10.7	8.21	6.83	4.95
非必需	天冬 Asp	9.8	8.6	9.63	9.34	7.49
	丝 Ser	4.5	4.6	4.93	3.76	6.00
	谷 Glu	15.2	19.2	15.37	16.30	10.72
	甘 Gly	6.6	6.6	5.60	3.62	2.74
	丙 Ala	5.4	4.3	7.67	3.84	4.11
	脯 Pro	4.1	3.68	4.22	3.03	2.21

(邢军武,1993)

表 13-6 碱蓬、螺旋藻、大豆、鸡蛋必需氨基酸含量与世卫组织标准（g/100g 蛋白质）

名称	胱-蛋	赖	异亮	亮	苯丙-酪	苏	色	缬
世卫组织标准	3.5	5.5	4.0	7.0	6.0	4.0	1.0	5.0
碱蓬茎叶	3.55	5.60	4.95	7.68	11.23	4.54	0.99	6.03
碱蓬种子	3.48	4.97	4.58	6.65	9.88	3.62	0.97	5.29
螺旋藻	1.99	6.22	5.49	9.15	8.30	5.03	0.91	6.33
大豆	1.87	5.50	4.05	6.71	8.15	2.83	1.50	4.44
鸡蛋	0.89	6.14	4.26	6.87	6.98	4.32	1.38	5.17

(邢军武,1993)

表 13-7 盐地碱蓬茎叶和种子蛋白质的分子量分布及其相对含量

茎叶		种子	
分子量/万	含量/%	分子量/万	含量/%
1.85	2.62	1.7	13.1
3.6	14.97	2.75	6.2
4.5	6.05	2.9	1.51
5.1	9.43	3.65	15.49
5.7	43.87	4.4	6.1
6.3	21.7	5.1	6.5
8.7	0.39	5.5	48.97
10.0	0.14	8.2	0.6
10.5	0.18	9.3	0.25
11.2	0.13	10.3	0.81
13.2	0.5	12.5	0.4

(据梁寅初,1988)

碱蓬属植物作为一种优质蛋白不仅表现在其氨基酸的种类与含量上,而且表现在其蛋白质组分的分子量分布上。盐地碱蓬茎叶和种子含有各种分子量的蛋白质 11 种,在种子蛋白质中分子量为 5.5 万的组分几乎占总蛋白质的 50%,分子量为 1.7 万的占总蛋白质量的 13.1%,分子量为 3.7 万的占 15.5%,其他 8 种蛋白质共占总蛋白质的 21%。茎叶蛋白质的分子量分布与种子蛋白质相似,分子量为 5.7 万和 6.3 万的两部分占全部蛋白质的 65% 以上,其次是分子量为 3.6 万的占 14.97%,分子量 4.5 万的占 6.05%,分子量为 5.1 万的占 9.4%,其余蛋白质占总蛋白质的 3.96%(表 13 – 7)。

综上所述,盐地碱蓬茎叶和种子的蛋白质,分子量为 5 万 ~6 万的组分占总蛋白质的 50% ~60%。这些蛋白质水溶性都很好,因此特别有利于人体对其水解利用,因为在天然食物中氨基酸很少单独存在,而是以多种蛋白质的形式存在着,这些蛋白质必须先经水解,其中的氨基酸才能被细胞所利用[①],所以水溶性也是蛋白质的重要营养指标。盐地碱蓬种子蛋白质的这种特性还很适宜作为制造高蛋白饮料的原料。而这一可与大豆、螺旋藻以至鸡蛋媲美的优质蛋白质,来源于传统作物无法生长的盐碱荒漠,对缓解人类食物危机具有重大意义。

第三节　脂肪与脂肪酸

除了蛋白质,碱蓬属植物的其他营养成分也相当丰富完善,盐地碱蓬茎叶的脂肪含量虽然不高,但种子的脂肪含量却远超过大豆(表 13 – 3),占干物质的 36.54%。

脂肪在营养中具有非常重要的功能,它一方面为机体提供能量和供生物合成用的碳原子,一方面是必需脂肪酸和脂溶性维生素等脂溶性活性物质的携带者。由于脂肪提供的能量高达 9.1 ~9.3 千卡/克,约 38 千焦耳/克,因此食物的体积可以很小,这对食物需要量高的重体力劳动者尤为重要。此外,由于停留胃中时间较长,脂肪使人有很强的饱腹感,在一些发达国家和我国部分人群中,脂肪食用量不断上升,有的已超过总供给能量的 40%,这对非重体力劳动者来说太高了。流行病学调查认为,大量食用饱和脂肪酸为主的脂肪是导致心肌梗死、动脉硬化的重要因子。

根据脂肪酸组成可将普通食用脂肪分为四组:

(1)含大量饱和脂肪酸,如黄油、猪油、牛羊油、可可油等;

(2)含大量不饱和单烯脂肪酸,如花生油、橄榄油、菜籽油等;

(3)含大量不饱和双烯必需脂肪酸,即亚油酸的脂肪,如棉籽油、葵花籽油、豆油、

---

①A. 怀特等. 生物化学原理. 科学出版社,1979:458.

玉米油、红花籽油等。

(4)含大量高度不饱和的多烯脂肪酸、以含亚麻酸类为主的脂肪,如鱼油、亚麻籽油等。

盐地碱蓬的脂肪(表13-8)中不饱和脂肪酸占脂肪酸总量的91.84%,必需脂肪酸含量高达75.14%,饱和脂肪酸只占8.14%,与一些主要食用脂肪的脂肪酸含量相比(表13-9),其种子油中的不饱和脂肪酸和必需脂肪酸的含量具有突出的优势。

表13-8　盐地碱蓬种子油的脂肪酸成分

脂肪酸名称		含量/%
棕榈酸	C16:0*	6.08
棕榈烯酸	C16:1	1.35
硬脂酸	C18:0	1.22
油酸	C18:1	10.82
亚油酸	C18:2	75.14
花生酸	C20:0	0.56
亚麻酸	C18:3	4.53
山酸	C22:0	0.28

*前面数字表示脂肪酸碳数,后面数字表示双键数。　　　　　(据梁寅初,1988)

表13-9　盐地碱蓬种子油与主要食用油脂肪酸含量(脂肪酸总量%)

脂肪	饱和脂肪酸	单烯酸(以油酸为主)	双烯酸(以亚油酸为主)	多烯酸(以亚麻酸为主)
可可油	80~85	7~10	2~8	0
黄油	56~70	20~30	2~14	0
猪油	30~40	45~55	5~15	0
橄榄油	9~11	84~86	4~7	1
花生油	17~18	50~68	22~28	0
菜籽油	5~10	70~80	5~10	0
棉籽油	23~27	15~40	50~55	0
豆油	12~14	22~25	50~55	7
玉米油	10~17	23~30	56~60	1
盐地碱蓬油	8.14	12.17	75.14	4.53
鱼油	20~30	20~45	1~7	20~36

(邢军武,1993)

对人最重要的必需脂肪酸是亚油酸。由于碳链增长及合成了新双键,亚油酸在体内转变为有 20 个碳原子和含有 4 个双键的花生四烯酸。机体主要用必需脂肪酸合成磷脂,磷脂是所有细胞结构的组成部分,尤其是线粒体的组成部分。缺乏必需脂肪酸将使线粒体结构发生改变,导致严重的代谢紊乱,甚至引起死亡。必需脂肪酸具有一定的分子结构,从 CH_3^- 基团开始数起,第一个双键必须在第六个和第七个碳原子之间,分子的二乙烯基甲烷链节的结构中至少要有两个双键,并且双键必须全是顺式构型。缺乏必需脂肪酸的最初症状是发生严重水代谢紊乱的皮肤病变、生殖机能障碍和器官病变,尤其是肾脏病变及血尿。年轻人对必需脂肪酸的缺乏尤为敏感。

从花生油、棉籽油到豆油、玉米油,其必需脂肪酸含量虽然都很高,但远不如盐地碱蓬油的含量,在表 13-9 所有主要食用脂肪中,必需脂肪酸含量最高的是玉米油,可达 60%,而盐地碱蓬油的必需脂肪酸含量却是 75.14%。所以从脂肪酸来看,碱蓬属植物也是非常优良的食用脂肪来源。这有利于人类防止心血管系统疾病以及对抗饥饿的威胁,为增进人类健康做出贡献。

第四节　挥发油及其成分

挥发油是植物次生代谢产物,通常具多种抗菌活性和功能,有的能破坏微生物膜,或抑制细菌包膜形成,有的能干扰细胞代谢,或降低微生物毒性。碱蓬属挥发油研究较少,生长在北非和阿拉伯半岛的碱蓬属 Suaeda vermiculata 具明显特征性气味,Hamdoon A. Mohammed(2019)[①]等从沙特阿拉伯沙漠卡西姆平原高盐地区的 S. vermiculata 叶中,经 GC 和 GC/MS 分析,得到 17 种挥发油成分。其中,十二烷占挥发油的 1.18%,单萜氧化物桉树醇占 4.49%,其余大多为酮类和醇类。其中酮类化合物樟脑占 28.74%,异樟脑酮占 0.24%,β-大马烯酮占 0.49%。醇类挥发油占总挥发油的 61.84%。其中 α-松油醇占 22.78%,冰片占 33.77%(表 13-10)。值得强调的是,约 96% 的红曲霉挥发油是具较高抗氧化和抗菌活性的含氧单萜类化合物。从 Suaeda vermiculata 还分离出高含量的具较强抗氧化活性及清除自由基和螯合铁的活性酚类和类黄酮。

[①]Hamdoon A. Mohammed, Mohsen S. Al-Omar, Mohamed S. A. Aly, Mostafa M. Hegazy. Essential Oil Constituents and Biological Activities of the Halophytic Plants, *Suaeda Vermiculata* Forssk and Salsola Cyclophylla Bakera Growing in Saudi Arabia. Journal of Essential Oil Bearing Plants,2019:82~93.

表 13 – 10　碱蓬属 *S. vermiculata* 挥发油化学成分

化合物	化合物	RI^E	RI^R	RT	鉴定方法	%^RP
α-Terpinenel	α-松油烯	1016	1016	10.158	RI,MS	0.35
Eucalyptol	桉树油	1029	1031	10.565	RI,MS	4.49
Linalol	芳樟醇	1100	1082	12.746	RI,MS	0.89
Fenchol	芬科尔	1114	1120	13.201	RI,MS	0.44
trans-Pinocarveol	反式香芹酚	1140	1140	13.99	RI,MS	0.74
Camphor	樟脑	1145	1149	14.152	RI,MS	28.74
β-Terpineol	β-松油醇	1149	1158	14.29	RI,MS	0.50
Isocamphopinone	异樟脑酮	1161	1170	14.654	RI,MS	0.24
Borneol	冰片	1167	1170	14.852	RI,MS	33.77
Terpinen-4-ol	萜品四醇	1178	1178	15.172	RI,MS	2.38
Neoisomenthol	新异薄荷醇	1186	1188	15.435	RI,MS	0.34
α-Terpineol	α-松油醇	1191	1197	15.599	RI,MS	22.78
Dodecane	十二烷	1196	1199	15.745	RI,MS	1.18
Bornyl acetate	乙酸苄酯	1288	1286	18.402	RI,MS	0.68
β-Damascenone	β-大马烯酮	1387	1383	21.204	RI,MS	0.49
γ-Elemene	γ-榄香烯	1431	1432	22.39	RI,MS	1.17
trans-Longipinocarveol	反式龙胆香酚	1667	1651	28.245	RI,MS	0.82
Total percentage	总百分比					100
Oxygenated monoterpenes	氧化单萜					95.99
Monoterpene ketones	单萜酮					28.98
Monoterpene alcohols	单萜醇					61.84

E. 在相同实验条件下使用一系列正构烷烃(C10～C40)的实验保留指数(RI);

R. 根据 NIST 图书馆报告的保留指数和在相同实验条件下进行的公开文献数据;

RP. 根据峰面积计算的单个挥发性成分的相对百分比。

上述挥发油对白色念珠菌抑制作用强,对铜绿假单胞菌抑制作用中等,显示出比 Trolox 标准更显著的抗氧化活性。

在浓度为 10mg/ml 时,*S. vermiculata* 挥发油活性可能是高浓度的单萜氧化挥发油(95.99%)如冰片和 α-松油醇,分别占挥发油总成分的 33.77% 和 22.78%。此外,还检测到樟脑(28.74%)等著名抗氧化成分。

S. vermiculata 挥发油中的樟脑和苯甲酸酯衍生物有良好抗菌活性。对白色念珠菌有明显抑制作用,对铜绿假单胞菌抑制更强,对金黄色葡萄球菌无抑制作用,但对化

脓性链球菌和表皮葡萄球菌的抑制作用分别为 7 和 9mm。对铜绿假单胞菌革兰氏阴性菌株的最大抑菌浓度分别为 15 和 11mm IZD，最小抑菌浓度分别为 66 和 75mg/ml。对大肠杆菌表现为 10 mm IZD，对白色念珠菌的抑制作用强于克霉唑标准品，为 19 mm IZD。*S. vermiculata* 挥发油的 MIC 为 5.2mg/ml。

第五节　维生素与微量元素

碱蓬属植物的维生素和微量元素含量也很丰富。盐地碱蓬的鲜嫩茎叶中维生素及钙、磷、铁、铜、锌、锰、硒等含量如表 13－11，其种子里的成分如表 13－12 所示。盐地碱蓬的钙、磷、铁及三种维生素含量与我国北方几种主要蔬菜的比较见表 13－13，其中钙、磷、铁与核黄素的含量有明显的优势，而胡萝卜素的含量只低于胡萝卜和菠菜，抗坏血酸的含量虽不如菠菜、大白菜、红萝卜三种蔬菜的含量高，但仍明显高于其他蔬菜。

表 13－11　盐地碱蓬鲜嫩茎叶营养成分含量（鲜重 100g）

成分	含量/g	成分	含量/mg
水分	84.80	胡萝卜素	3.06
粗蛋白	3.80	维生素 B_2	0.30
粗脂肪	0.31	维生素 C	16.67
碳水化合物	0.48	钙	210.00
粗纤维	1.58	磷	62.00
粗灰分	3.10	铁	18.03
		铜	0.54
		锌	2.17
		锰	1.38
		硒	0.011

（据张普庆，1990）

表 13－12　盐地碱蓬种子营养成分含量（种子 100g）

成分	含量/g	成分	含量/mg
水分	5.21	钙	170.00
粗蛋白	20.55	磷	600.00
粗脂肪	28.50	铁	14.09
粗纤维	13.73	铜	1.55

续表

成分	含量/g	成分	含量/mg
碳水化合物	10.30	锌	5.78
粗灰分	4.09	锰	5.20
		硒	0.11

（据张普庆，1990）

表 13-13　盐地碱蓬与主要蔬菜的微量成分比较（mg/鲜重 100g）

名称	钙	磷	铁	胡萝卜素	核黄素	抗坏血酸
盐地碱蓬茎叶	210	62	18.03	3.06	0.30	16.67
盐地碱蓬种子	170	600	14.10	未测	未测	未测
胡萝卜	32	30	0.6	3.62	0.05	13
番茄	8	24	0.8	0.37	0.02	8
菠菜	72*	53	1.8	3.87	0.13	39
大白菜	61	37	0.5	0.01	0.04	20
芹菜	92	—		0.04	0.05	7
油菜	181	40	7.00	—	—	—
青萝卜	58	27	0.4	0.32	0.03	—
红萝卜	23	24	0.6	0.01	0.03	27

*人体不能直接吸收　　　　　　　　　　　　　　　　　　　（邢军武，1993）

从表 13-14 中可以看出盐地碱蓬与螺旋藻的维生素含量的区别，螺旋藻的胡萝卜素含量极高，维生素 C 的含量则是盐地碱蓬占优势。盐地碱蓬的钙、磷、铜、铁、锌、锰、硒含量全部高于螺旋藻（表 13-15）。

表 13-14　盐地碱蓬茎叶与螺旋藻维生素含量（干物质 100g）

名称	胡萝卜素/mg	维生素 E/mg	维生素 B_2/mg	维生素 C/mg
盐地碱蓬茎叶	20.13		1.97	109.67
螺旋藻	400	4		8.8

（邢军武，1993）

表 13-15　盐地碱蓬茎叶与螺旋藻的几种元素含量（干物质 100g）

名称	钙/mg	磷/mg	铁/mg	铜/mg	锌/mg	锰/mg	硒/mg
盐地碱蓬茎叶	1388.15	407.89	118.61	3.53	14.29	9.05	0.07
螺旋藻			93.1	0.46	4.82	4.20	0.01

（邢军武，1993）

维生素是维持机体健康所必需的一类低分子有机化合物,这类物质由于体内不能合成或合成不足,虽然需要量很小,每日仅以毫克或微克计,但必须由食物供给。维生素既不是构成各种组织的主要原料,也不是体内能量的来源,却对调节物质代谢过程具有十分重要的作用。机体缺乏维生素则发生代谢障碍。因各种维生素生理功能不同,缺乏不同的维生素,将导致不同的疾病。

盐地碱蓬花粉中维生素含量也很丰富(表 13 - 16),其中,水溶性维生素为286.67mg/kg,脂溶性维生素为3322.88mg/kg。脂溶性维生素约为水溶性维生素的12倍,尤其是维生素 E 高达3305.31mg/kg,具有重要保健价值。

表 13 - 16　盐地碱蓬花粉维生素及含量(mg/kg)

维生素	含量	维生素	含量
A	6.50	C	276.30
B_1	1.76	D	1.95
B_2	2.39	E	3305.31
B_6	6.22	胡萝卜素	9.12

人体需要的维生素主要靠食物供给,所以食物的维生素含量是一项重要的营养指标。唐代医学家孙思邈,在一千四百年前即已利用某些食物中特定的维生素治疗一些维生素缺乏病,例如他用猪肝治疗雀目(一种维生素 A 缺乏引起的夜盲病),用谷白皮熬粥防治脚气(一种维生素 B_1 缺乏病)。

胡萝卜素(主要是 β-胡萝卜素)在人体的小肠和肝脏中被转变成维生素 A,理论上一分子 β-胡萝卜素可生成两分子维生素 A,但由于人体对胡萝卜素的吸收不良,实际要 6 微克 β-胡萝卜素才具有 1 微克维生素 A 的生物活性。维生素 A 的缺乏将影响人的暗适应能力并最终导致夜盲甚至失明,还将导致上皮干燥、增生及角质化,其中对眼、呼吸道、消化道、尿道及生殖系统等的上皮影响最为显著,并引起上皮组织不健全、抵御微生物侵袭的能力降低而易受感染。由于泪腺上皮不健全、分泌停止会发生眼干燥症,故维生素 A 又称"抗眼干燥症维生素"。眼干燥症的症状为角膜及结膜干燥、发炎,甚至角膜软化而穿孔。皮脂腺及汗腺角化时,皮肤干燥,毛囊周围角化过度,发生毛囊丘疹与毛发脱落。缺乏维生素 A 还会引起生殖功能衰退、骨骼成长不良及发育受阻。临床医学研究表明,人体内 β-胡萝卜素含量超过平均水平时有助于降低癌症发病率,而且人体血清中 β-胡萝卜素的顺、反式之比与植物的大体相同(大约1:1),但人工合成 β-胡萝卜素则99%以上为反式,因此天然 β-胡萝卜素更易为人体所吸收。

维生素 B_2 又称核黄素,它的缺乏常与其他维生素 B 复合物缺乏同时出现,常见症状是唇炎、舌炎、口角炎、阴囊皮炎、睑缘炎以及角膜血管增生、浑浊、溃烂、畏光、眼部灼痛及巩膜充血等。目前机理不清,而祖国医学早已有用醋浸鸡蛋治疗口疮的记载,说明当时在丰富的医疗实践中已经知道用富含维生素 B₂ 的鸡蛋治疗核黄素缺乏症。

维生素 C 又名抗坏血酸,人体不能合成,全部需食物提供,对生命过程的许多方面具有重要影响。长期以来,除用维生素 C 防治坏血酸病外,还在临床上广泛采用大剂量维生素 C 作为治疗和辅助治疗的重要药物,但对其作用机理大多仍不清楚。由于维生素 C 既能以氧化型又能以还原型存在于体内,故可为供氢体又可为受氢体,在对生命极其重要的氧化还原过程中发挥作用。例如:不饱和脂肪酸易被氧化成脂性过氧化物,后者可使各种细胞膜,尤其是溶酶体膜破裂释放出各种水解酶类,致使组织自溶,造成细胞死亡等严重后果。还原型谷胱甘肽(G-SH)在谷胱甘肽过氧化物酶(该酶含有硒)催化下可使脂性过氧化物还原,从而消除其对组织细胞的破坏性作用。由此 G-SH 便转变成氧化型谷胱甘肽(G-S-S-G),在谷胱甘肽还原酶催化下,维生素 C 可使 G-S-S-G 还原为 G-SH,从而使后者不断得到补充,借以保证 G-SH 对机体的多方面作用。

盐地碱蓬中的维生素比较丰富多样,而且钙、磷、铁、铜、锌、锰、硒等元素的含量也很可观(见表 13 - 12 至表 13 - 16)。钙是人体的重要组成物质,其中约 99% 在骨骼、牙齿等"硬"组织中。钙在生理上也有非常重要的作用,严重缺钙不仅对骨骼(钙化障碍)有影响,还引起出血和瘫痪。近年来对骨质疏松的研究发现,骨骼中钙的损失可在 40 岁或更早就开始出现。导致骨质疏松的膳食因素甚多,如钙、磷、维生素 D 不足,蛋白质、植酸、纤维食入过多等。高钙摄入者其骨的密度也高,因此增加钙的摄入量可使成人在逐渐进入老年时,能够减缓骨骼中钙的损失,使其不易发生骨折。

铁缺乏是当今世界上非常普遍的营养问题。铁缺乏出现在所有社会中,工业化国家也不例外,如美国、日本和欧洲有 10% ~20% 的育龄妇女贫血。

缺铁通常不易察觉,因为像苍白、无神和疲乏这些仅有轻微症状的小毛病被认为不会危及生命,然而缺铁能引发多种后果,甚至死亡。研究发现,缺铁与儿童学习能力受到的不可逆损害及其他行为变态相联系。虽然铁的神经化学作用还不完全清楚,但低水平的营养对脑功能的不利影响是明显的。降低成年人体内铁含量会影响其工作能力和生产效率,并因免疫系统受损而增加被传染和死于传染病的机会。

铁具有多种生理功能,这种多样性说明了缺铁的广泛影响。它有在血液中传递氧的作用,作为血红素的组成部分,铁能帮助血红素分子在肺内与氧气结合并将其运送到躯体的各个部位。

实验表明锌的缺乏会引起生长迟缓、食欲不振、睾丸萎缩、副性腺萎缩和皮肤变性。人轻度缺锌状态较为常见,我国许多区域膳食中缺锌,这些地方的病人肝硬变时易发生严重缺锌,血浆锌水平低下。

缺锰的主要症状为生长障碍、骨骼生成障碍、生殖功能障碍、中枢神经症状以及脂肪和脂类代谢障碍。

硒在盐地碱蓬中的含量较一般食物高出十到几十倍。硒是一个近年来特别引人注意的元素,现在已经知道,它是人体必需的微量元素,参与了生命活动的重要过程,其主要功能是阻断自由基,从而延缓衰老,抑癌及抗癌,并有解除重金属中毒的能力。

一般认为,自由基是人类衰老及癌肿的重要诱因。从分子、亚分子生物学及病理学的观点来看,衰老、癌肿、各种炎症以及心脑血管病、白内障等退行性疾病的病理过程可用"自由基"学说解释。许多疾病与自由基对抗体的直接损伤有关。自由基的产生和清除之间的不平衡也会间接引起病理变化。

体内的自由基来源多样,大气中的臭氧(O_3)、二氧化氮(NO_2)、一氧化氮(NO)等亦能在体内引起自由基反应。在线粒体等产生能量的细胞器中,有机物被氧化,铜、铁等金属离子能催化自由基的形成。因此,生物氧化过程不仅为机体提供了能量,同时也产生了与氧有关的自由基。机体代谢过程中从基态氧产生各种活性氧:

$$\text{基态氧}(^3O_2)\rightarrow\text{活性氧}\begin{cases}\text{超氧阴离子自由基}(O_2^-)\\ \text{过氧化氢}(H_2O_2),\text{羟自由基}(OH^-)\\ \text{单线态氧}(^1O_2),\text{臭氧}(O_3)\end{cases}$$

生物体脂质中的不饱和脂肪酸(亚油酸、亚麻酸、花生四烯酸等)与空气接触时可自行氧化,微量金属、光照、放射线的作用也可诱发过氧化,形成氢过氧化物,并发生一系列自由基反应,最终生成丙二醛。这称作脂质的过氧化作用。自由基的毒性就在于它能引发脂质过氧化,导致生物膜损伤,引起细胞功能多方面异常。活性氧是引发剂,尤以羟自由基和单线态氧的活性最强。生物体内活性氧的代谢失衡对机体产生许多影响。近年来关于自由基引发的脂质过氧化作用的研究已涉及肿瘤、感染、炎症、自身免疫病、化学中毒、辐射损伤、心血管疾病等病理过程以及衰老等某些生理过程。

已知生物界有几种含硒酶:细菌的甲酸脱氢酶,棱状芽孢杆菌的甘氨酸还原酶,红细胞的谷胱甘肽过氧化物酶(Se-GSH-Px),磷脂过氧化氢谷胱甘肽过氧化物酶(PHG-Px)。这些酶在体内处于中性、厌氧环境里,硒基团比硫基的氧化还原电位还低 $100\sim150$ 毫伏,所以硒对维持这些酶的正常功能起重要作用。

Se-GSH-Px、PHGPx 和超氧化物歧化酶(SOD)、过氧化氢酶(CAT)、过氧化物酶(POD)、谷胱甘肽还原酶(GSH-R)等有不同的底物选择性,各自担负着抑制、清除特定自由基或催化特定过氧化物还原的功能,从而构成了一个机体自身的抗脂质过氧化作用的有效多级酶性防卫保护系统。

Se-GSH-Px 是稳定生物膜的必需成分。能捕获导致生化紊乱并引起衰老和癌变的过多自由基,与维生素 E 协同保护细胞免受脂质过氧化损伤,防止脂褐素的生成,起到抗衰老作用,它和 SOD、CAT 一起能去除 O_2^- 和 H_2O_2,从而减轻、阻断脂质过氧化的一级引发作用。也能还原氢过氧化物,减轻和阻断二级引发作用。实验表明:适当补充硒剂提高血液和组织的 Se-GSH-Px 活性水平,可收到防治动脉粥样硬化等多种疾病和延缓衰老的效果。

PHGPx 可直接与膜磷脂过氧化氢反应而保护生物膜。它对底物的选择性与 Se-GSH-Px 不同,主要催化亲脂性过氧化物的还原。过氧化物底物的亲脂性越高,其催化活性越高。Se-GSH-Px 则不能催化这类反应。它能催化亲水性过氧化物的还原。自由脂肪酸过氧化氢、类固醇氢过氧化物、核酸氢过氧化物、胸腺嘧啶氢过氧化物、维生素 K 氢过氧化物、前列腺素氢过氧化物等都可作为 Se-GSH-Px 的基质。PHGPx 有两类底物:过氧化物类和巯基化合物类。

硒的抗癌防癌作用可能也与 Se-GSH-Px、PHGPx 能防止脂质过氧化、保护生物膜不受损害、防止突变有关。实验证明,亚硒酸钠能通过提高肝癌细胞内 cAMP 水平,控制细胞分裂繁殖而抗癌。硒还有保护胸腺、维持淋巴细胞活性、促进抗体形成的作用,从而能提高人体免疫系统的抗癌能力。

实验证实通过饮水和饲料补硒,化学致癌剂诱发小白鼠肿瘤的发生率显著降低。新西兰牧民给羊群服食含硒药剂后,羊群胃肠道肿瘤发生率下降到近于零。缺硒地区或血硒水平低的人群癌症发病率高。Se-GSH-Px 的活性受体内硒水平的调控,其活力随血硒水平增高而提高。云南楚雄亚急性克山病人心肌组织中 Se-GSH-Px 活性明显低于病区对照组,心肌的脂质过氧化物增加,电子自旋共振技术也证实了克山病人心肌中自由基明显增多,服用硒剂对与脂质过氧化有关的克山病、大骨节病及某些癌症都有防治效果。

硒主要在十二指肠中被吸收,进入淋巴后可能同蛋白质结合,替换了结构类似的软性的硫,形成硒代胱氨酸和胱硒醚。在体内汞、银、镉等重金属与硒之间存在拮抗作用,故硒对重金属中毒有解毒作用。因此,食物的硒含量是一项非常重要也非常引人关注的营养指标,自从 1957 年 K. Schwarz 首先发现硒的营养作用,到世界卫生组织确定硒是人体必需微量元素以来,对硒在机体中的抗病、抗衰老作用已经了解得越来越多,中国医学科学院卫生所编著的《食物成分表》列出了几种食物的含硒量,与这些含量相比,盐地碱蓬具有十分突出的优势(表 13 – 17)。

表 13 – 17　盐地碱蓬与几种食物的硒含量(mg/100g)

盐地碱蓬		螺旋藻	小麦	小米	玉米	大白菜	南瓜
种子	茎叶						
0.11	0.07	0.01	0.0074	0.0045	0.0048	0.0074	0.004

（邢军武,1993）

　　盐地碱蓬的优质而丰富的氨基酸、不饱和脂肪酸和必需脂肪酸以及矿物质、微量元素,使它不仅能够作为一种新的食物源,增加人类的食物量,缓解世界的粮食危机,而且必将为增进人类的健康、防治各种疾病做出巨大的贡献。

第十四章　碱蓬属植物栽培生物学

　　人工栽培是碱蓬属植物作物化与产业化的前提。任何植物如果不能实现人工栽培，就无法脱离野生状态并成为作物或可持续利用的植物资源，更无法形成产业。

　　碱蓬属植物中最先实现人工栽培及作物化的是盐地碱蓬和碱蓬，这两种碱蓬属植物的大规模人工栽培始于 20 世纪 80 年代中国科学院海洋研究所邢军武团队。随后获得了 1991 年中国科学院农办和 1993 年中国科学院海洋研究所及 1996 年青岛市火炬计划的支持，以及后续的科技部科技支撑计划和中国科学院农办及山东省科技厅的支持。

　　世界上第一个有关碱蓬属植物的发明专利，就是关于野生碱蓬的人工栽培技术，由中国科学院海洋研究所邢军武 1997 年申请，2002 年获得授权。此后，碱蓬属植物特别是碱蓬与盐地碱蓬的人工栽培和相关产业，在中国沿海以及内陆省份逐渐推广，并在各个方面得到应用。

第一节　碱蓬属植物种子形态

　　碱蓬属植物的种子除碱蓬和垦利碱蓬种子稍大外，其他种类的种子均较细小，多横生，一般直径在 1mm 左右，少数可达 3mm，形状多呈双凸透镜形或螺旋圆盘形（图 14-1、图 14-2）。此外，碱蓬属植物的同一植株皆能形成不同形态的种子，其颜色通常分为棕色与黑色两种。一般棕色种子含盐量较高，黑色的稍低。这些不同形态的种子，可以适应复杂多变的盐碱生境与不同的自然条件。

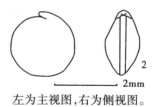

左为主视图，右为侧视图。

图 14-1　盐地碱蓬种子图
（邢军武，1993）

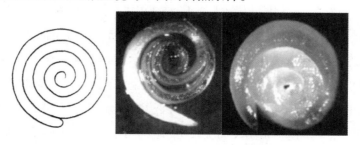

图 14-2　盐地碱蓬种子中螺旋状盘卷的胚的示意图和照片

第二节　种子的成熟与传播

碱蓬属植物的种子均具有不同时成熟的特点。同一植株上的种子个体大小、颜色、成熟和饱满度相差均很大。多数碱蓬属植物如碱蓬、硬枝碱蓬、镰叶碱蓬、垦利碱蓬、盐地碱蓬、角果碱蓬、刺毛碱蓬、南方碱蓬等,通常都是一边开花结子,一边由下往上分别成熟的。成熟后的种子有些散落地下,有些留在枝上。即使看似不太成熟的种子一旦落地,亦皆能通过后成熟过程,在来年萌发并长成植株,开花结果。

碱蓬属的花和种子都是由下而上逐渐形成并成熟的,目前对不同颜色种子的形成机制还缺乏了解,盐在两种不同颜色的种子中的不同积累过程也是一个未解之谜。

自然状态下,碱蓬属植物的种子通常主要散落在母株下风头附近,或沿秋冬季风向顺风或顺水携带散布。传播距离往往取决于风或水流以及是否有利于截留种子的地形,并受微地形阻挡截留而定植。

生于滨海潮间带滩涂的垦利碱蓬、盐地碱蓬或碱蓬的种子除受风力影响,还受海水潮汐及海流携带。其分布往往取决于流体动力方向和微地形的影响。不仅如此,各种动物如人类、蟹子、弹涂鱼、鸟类、昆虫和鼠类等,也对其种子散布有重要贡献。

碱蓬属植物种子适应性极强,大风、流水、动物等皆可将其四处携带并混入土中,其可播布的范围极广。碱蓬属的一些种类由此成为全球性盐碱环境的广布种。

新疆春季融雪使表土盐分降低,4—5月随地温升高至15℃左右,囊果碱蓬(*Suaeda physophora* Pall.)种子便集中萌发。夏季高温蒸腾强烈,盐向表土聚集,种子受强盐抑制往往难以萌发。如新疆准噶尔盆地南缘阜康地区,年降水少于200mm、蒸发量大于2000mm,虽然囊果碱蓬在4—9月均可萌发,但因夏季降雨稀少不足以抵消强蒸发引起的盐积累,受表土高盐控制,萌发量远小于春季。实测新疆阜康地区2004年8月下旬表土0~30 cm盐含量为60~720 mmol/L,低于囊果碱蓬耐盐极限值933.34mmol/L,囊果碱蓬(*Suaeda physophora* Pall.)种子完全可以萌发。室内实验表明囊果碱蓬种子在25~35℃蒸馏水和低浓度NaCI中萌发仅需一天,且胚根可长至2cm左右。高浓度也有萌发,但胚根短于0.5cm,且顶端呈深褐色枯死状。种子在35℃无盐条件100%萌发,15℃时93%萌发。高温种子萌发快,低温慢且与盐度无关。但与囊果碱蓬不同,碱蓬属*Suaeda fruticosa*却是低温萌发率高,此或与区系起源相关。自然状态,早春地温过低时囊果碱蓬种子休眠,萌发延后。待积雪融化,盐分降低,温度升高,吸足水分的种子可迅速萌发生长。因此,囊果碱蓬种子萌发的主要生态因子是盐分,温度则是限制性因子,在温度较高、盐分减弱的晚春时节具有最强萌发力,光照对其萌发无显著影响。

第三节　种子的萌发

碱蓬属植物的种子以胚的形式螺旋盘卷着(图14－2)，一遇适当时机就能迅速萌发舒展，而种子自然散布时，一方面不同的埋深使其可以在很大的时间跨度上都有正在出芽的碱蓬，另一方面不同形态的种子也使其能够应对更为复杂的生存环境。

自然条件下，多数一年生碱蓬属植物，通常在清明前后雨后萌发。邢健夫先生早年观察山东沿海的盐地碱蓬和碱蓬，发现其一般在清明前后第1～3场雨之后出芽[①]。这应是碱蓬属植物的一般规律，但不同省区随气候与降雨的不同，仍有一定差异。其主要影响因子是降水与温度。

盐地碱蓬的种子(图14－1)直径从1mm到2mm不等，由于颗粒细小可以随风播散，且很容易进入盐碱地的表层浮土和缝隙，比较适宜在地表最表层发芽。散落地表浮土里的种子，一遇雨水则稍微下沉0.4～1cm，然后迅速向下出根，红色的嫩芽弓屈向上伸出地面(图14－3)。大量密布的幼芽在土下可以将结构紧密的盐碱土皮顶成一块块的皲裂。

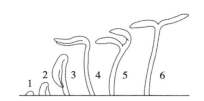

图14－3　盐地碱蓬出芽图(邢军武图)

图14－4　密集的碱蓬幼苗出土(邢军武摄)

邢军武(1993)报道室内盆栽盐地碱蓬，农历正月十八(1992年2月21日)播种，土温15℃，第三次浇水后次日出芽，共计7天。

碱蓬属植物种子脱离母体后，若落入海水或盐湖，只要水浅并沉入滩涂泥土中，多数情况下皆可正常萌发生长，长时间淹没水中则生长受抑。但一旦长出水面，又可较正常生长。

初春时节，一阵雨一般即能使碱蓬属植物散落的种子萌发。由于某些盐碱土结构往往非常紧密，分离性很差，所以碱蓬属植物种子发展了浅表萌发、向下扎根的特性。

---

①邢军武.盐碱荒漠与粮食危机.青岛海洋大学出版社,1993.

萌发出芽的垦利碱蓬或盐地碱蓬幼苗,在盐度极高区域,其两片肉质化幼嫩子叶呈鲜艳悦目的玫瑰红色。在海边或白茫茫盐碱滩,它们带来火红的光彩,甚至形成如辽河口潮间带大面积的盐地碱蓬红海滩、黄河口滩涂潮间带大面积的垦利碱蓬红海滩、盐城潮间带垦利碱蓬红海滩等壮丽景观。

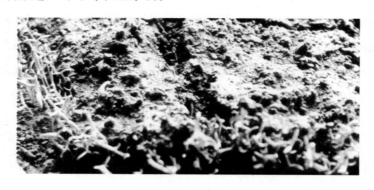

图 14 – 5　密集的盐地碱蓬幼苗出土(邢军武摄)

1. 盐对种子萌发的影响

盐生植物种子的基础含盐量控制着种子在不同渗透环境中的萌发。碱蓬属植物种子及种皮均含有较多的盐,能够通过渗透势调节种子的萌发过程。通常种子在含盐量1%至3%的自然盐碱环境可正常萌发生长,虽有人认为某些碱蓬属植物种子在蒸馏水中萌发率更高,但也有报道碱蓬属植物种子在 0.5% 的 NaCl 比在蒸馏水中萌发更好,甚至碱蓬属 *Suaeda depressa* 的种子可在 4% 的 NaCl 溶液中萌发。碱蓬属 *S. linearis* 的种子在 NaCl 浓度为 5.0% 时萌发率为 1%,NaCl 浓度 3.0% 时萌发率为 5%,碱蓬属 *S. depressa* 的萌发率为 14%,NaCl 浓度 1.0% 时 *S. linearis* 的萌发率为 23%,*S. depressa* 的萌发率为 33%,NaCl 浓度为 0.0% 时两种碱蓬的萌发率分别为 30% 和 47%。*Suaeda monoica* 幼苗最适 NaCl 浓度为 50mmol/L,成株最适浓度 150mmol/L,且 NaCl 或 $NaNO_3$ 培养基生长比其他盐类好。囊果碱蓬种子萌发率也随盐浓度增加而降低,在蒸馏水萌发率最高,在 800 mmol/L 的 NaCl 溶液萌发受抑但仍有 3.4% 的萌发率。

不同碱蓬属种子的耐盐情况不尽相同。*S. linearis* 的种子在 5% 的盐浓度下仍可萌发,而在无盐的蒸馏水中虽然萌发率相对最高,也仅为 30%,*S. depressa* 的萌发率则为 47%(表 14 – 1)。

表 14 - 1　两种碱蓬属种子在不同盐度的萌发率

NaCl 浓度/%		5.0	3.0	1.0	0.0
萌发率/%	碱蓬属 *S. linearis*	1.0	5.0	23.0	30.0
	碱蓬属 *S. depressa*		14.0	33.0	47.0

(邢军武,1993)

　　碱蓬属棕色种子含盐量高,其萌发对盐胁迫不敏感,黑色种子含盐量比棕色低,适于在较低盐碱环境萌发。杨帆等(2012)报道角果碱蓬在盐浓度为 1.0 mol·L^{-1}时萌发率达 10%。在 NaCl 浓度为 0.5 mol·L^{-1}时 98% 的种子被抑制萌发,但低温层积处理可提高黑色种子在各盐度下的萌发率和萌发恢复率。未萌发的种子解除盐胁迫后仍能恢复萌发。

　　其实,碱蓬属植物不仅不同的种对盐胁迫的耐受能力不同,即使同一株植物体所产生的种子也具有不同的耐盐能力。需要指出的是:许多关于盐生植物以及碱蓬属植物耐盐能力的实验室数据不仅互相矛盾,而且与天然盐碱环境中包括碱蓬属在内的盐生植物的实际耐盐能力不符。通常自然环境的碱蓬属实际耐盐能力往往高于实验室 NaCl 溶液获得的数据。这是由于天然盐碱环境并不是只有 NaCl 一种成分,而是具有十分复杂和多样的无机与有机以及生物质成分,其生理作用远比实验室复杂得多。

　　事实上,盐对盐生植物种子萌发的作用取决于土壤或溶液的含盐量。当土壤或溶液缺盐,许多盐生植物即使萌发,其生长与生理机能也因缺盐而异常,例如出现叶面颜色改变、组织坏死、光合作用紊乱、生长受到抑制等症状。相反,当土壤或溶液含盐量过高,超出其生理耐受能力时,其萌发和生长则受到抑制直至死亡。多数盐生植物种子在淡水中的萌发率高,在高盐时降低甚至不能萌发(表 14 - 2)。

表 14 - 2　NaCl 浓度由高至低不同条件下盐生植物种子萌发率

种类	NaCl 浓度与种子萌发率/%			
	5.0	3.0	1.0	0.0
五蕊柽柳 *Tamarix pentandra*	29.0	40.0	47.0	54.0
盐角草属植物 *Salicornia bigelovii*	12.0	16.0	31.0	51.0
盐角草属植物 *Salicornia pacifica*	2.0	8.0	80.0	90.0
盐角草 *Salicornia europaea*	2.0	8.0	42.0	62.0
碱蓬属植物 *Suaeda linearis*	1.0	5.0	23.0	30.0
盐角草属植物 *Salicornia brachiata*		63.0	84.0	89.0
米草属植物 *Spartina patens*	0.0	34.0	100.0	100.0
碱蓬属植物 *Suaeda depressa*		14.0	33.0	47.0

种类	NaCl 浓度与种子萌发率/%			
	5.0	3.0	1.0	0.0
驼绒草 Eurotia lanata	0.0	6.0	57.0	100.0
滨藜属植物 Atriplex triangularis	0.0	4.0	50.0	82.0
拟漆姑属植物 Spergularia marina	0.0	1.0	56.0	96.0
野麦草 Hordeum jubatum	0.0	0.0	85.0	100.0
滨藜属植物 Atriplex patula	0.0	0.0	45.0	97.0
车前属植物 Planta gocoronopus		0.0	34.0	94.0
柳状酒神菊 Baccharis salicina	0.0	0.0	18.0	31.0

一般种子萌发对盐越敏感越受盐抑制。Ungar(1971)用有机和无机渗透剂处理碱蓬属 Suaeda depressa 和碱茅属 Puccinellia nutaklliana,证明盐通过渗透胁迫抑制种子萌发。对 3 种碱蓬属植物 Suaeda maritima var. macrocurpa、S. maritime varflesilis 和 S. depressa 的种子,用 0.85mol/L NaCl 处理后,上述碱蓬属植物内源细胞分裂素浓度下降,但 1~3mol/L 赤霉素可促进种子萌发,激动素则不能(Ungar 等,1975)(Boucaud 等,1976)。

李存桢等(2005)用浓度分别为 0、0.2、0.4、0.6、1.2、1.8、2.8、3.6g/100ml 的 Na_2SO_4 及 NaCl 溶液处理盐地碱蓬种子,结果表明盐地碱蓬种子的萌发对盐渍生境适应性很强,能耐受较高的盐胁迫。NaCl 对盐地碱蓬种子萌发的胁迫作用比 Na_2SO_4 大。种子萌发率随盐浓度升高而降低,但解除盐胁迫后种子仍具有较高萌发力,发芽速度和整齐度提高。幼根和幼芽对不同种类的盐胁迫表现出不同反应。盐浓度对根的影响较大,经盐锻炼后的盐地碱蓬幼苗恢复生长的能力提高[1]。

有报道碱蓬的最适土壤盐含量为 1.0%[2],邢军武(1993)观测到野外碱蓬正常生长的土壤盐度范围很宽。在试验区内土壤 NaCl 含量从 0.031% 到 4.356%;在 4.356% 的 NaCl 含量时碱蓬身高为 30~40cm,能正常开花结子(表 14-3)。根据我们从野外移栽碱蓬进行室内培养的结果来看,碱蓬的生长盐度范围确实比野外大为缩小,且状况不良、发育矮小、易死亡。但在盐度为 2.289%、2.200% 至 3.374% 时,有些还是能够开花结子,高度为 15~20cm。

---

[1]李存桢,刘小京,杨艳敏,刘春雨. 盐胁迫对盐地碱蓬种子萌发及幼苗生长的影响. 中国农学通报,2005(21)5:209~212.

[2]康言等. 盐度对碱蓬(Suaeda ussuriensis)生长发育的效应(摘要). 曲阜师院学报,植物抗盐生理专刊,1984:121~122.

表 14 - 3　野外土壤含盐量(NaCl)与盐地碱蓬生长情况

土壤含盐量/%	0.031 ~ 0.081	0.081 ~ 1.321	1.321 ~ 4.356
生长高度/cm	30 ~ 40	40 ~ 68	68 ~ 30
生长状况	正常开花结子	正常开花结子	正常开花结子

　　同样的盐度下,盐地碱蓬在野外与在室内生长情况差别很大,而播种与移苗的成活及生长情况差别也很大。一般说来,野外自然状态优于室内人工状态,播种优于移栽。其耐盐范围也以野外和播种的为宽,说明人们对其生活习性及生理等都还缺少了解,远不能与对栽培作物的了解程度相比。因为研究程度不足,关于碱蓬属的一些报道往往存在很多问题和矛盾。

　　盐地碱蓬尤其幼苗阶段根细嫩弱,移栽时容易损伤,从而降低其耐盐能力和范围,甚至导致死亡。因此,用移苗栽培试验得出的耐盐范围将比实际小很多,不足以说明其真正的盐适应范围和限度。

2. 温度与光照

　　温度对碱蓬属植物种子萌发、生长和耐盐均有决定性影响,通常高温可促进其在盐渍环境萌发。碱蓬属植物种子的萌发温度一般为表土温度持续稳定在10℃以上。实验室囊果碱蓬萌发最适温度为30 ~ 35℃,种子在30℃的最终萌发率和发芽指数都达到最高值(仅次于在35℃的蒸馏水中)。在持续光照下,囊果碱蓬种子在蒸馏水中最佳萌发温度是35℃[①]。杨允菲等报道角果碱蓬和盐地碱蓬种子在18 ~ 25℃变温条件下48h内发芽率可达85%。Lee 等报道 *Suaeda japonica* 和 *S. asparagoides* 的种子采取连续萌发策略,只要生态因子适宜即可萌发。

图 14 - 6　盐地碱蓬在秋后出芽有的仅有两片子叶即迅速开花结籽(邢军武摄)

---

①王雷,田长彦,张道远,周智彬.光照、温度和盐分对囊果碱蓬种子萌发的影响.干旱区地理,2005,28(5):670 ~ 674.

碱蓬属植物种子能在很宽的温度范围内保持较高萌发率,一般在3—11月都可萌发。但北方一年生碱蓬属植物种子萌发后幼苗不能越冬,因此,一般10月以后萌发的种子会迅速在幼苗期即成熟开花结籽。有的甚至只有两片子叶即开花并迅速形成果实。

光照对碱蓬属植物种子萌发的影响较小,但对萌发后的幼苗影响很大。在光照不足或日照变短时,幼苗会过早开花结籽。囊果碱蓬(*Suaeda physophora* Pall.)种子萌发不受光照影响,而角果碱蓬黑色种子在光照下萌发率显著高于黑暗条件,黑色种子需在可感受光照的浅表土层才能萌发,这使无光照深层种子因萌发抑制而可长期保存并形成持久的种子库,有利于一年生植物依靠种子繁衍。此外,碱蓬属植物黑色种子需要光照才能萌发的习性,还可避免幼芽在较深土层萌发后无法破土生长,造成死苗现象。

角果碱蓬棕色种子对光照不敏感,适宜萌发的温度范围较宽,萌发率84% ~ 100%,黑色种子萌发受温度光照交互影响,萌发率随温度升高而升高,在完全黑暗中其萌发率低于光照交替时。

硬枝碱蓬种子呈扁圆形,边缘薄;成熟的种子表面黑色、光滑、有光泽,种皮坚硬有螺状纹。种子平均直径0.82mm,平均千粒重1.09g。

硬枝碱蓬种子在30℃、12h黑暗/35℃、12h光照和25℃、12h黑暗/30℃、12h光照处理下最终萌发率最高,平均萌发时间最短,3天即达最大萌发率[1]。在24h全光照条件下,30℃/35℃处理的起始萌发率最高,能在第二天达到萌发高峰,第五天萌发率达84%;10℃/15℃处理的起始萌发率最低,到第五天达最大值。在24h全黑暗条件下,30℃/35℃处理的起始萌发率最高,第二天达高峰期,第六天萌发率达81%;25℃/30℃处理在第七天萌发率达74%,20℃/25℃和15℃/20℃处理均为第八天萌发率达52%和47%;10℃/15℃处理在第九天萌发率达24%。在12 h黑暗/12 h光照条件下,30℃/35℃处理的起始萌发率为33%,10℃/15℃处理的起始萌发率仅为3%;所有处理都在第二天达到萌发高峰期,30℃/35℃处理在第三天萌发率达86%;25℃/30℃处理在第三天萌发率达81%;20℃/25℃处理在第五天萌发率达62%;15℃/20℃处理在第五天萌发率达52%;10℃/15℃处理在第六天萌发率达33%。

硬枝碱蓬种子在24h全光照、24h全黑暗、12h黑暗/12h光照条件下均可萌发,在变温条件下也皆能萌发,且在一定温度范围内,温度越高种子起始萌发率越高。

---

[1]张兰兰,程龙,韩占江,陈诚,张秀莉,马涛. 硬枝碱蓬种子形态与萌发特性研究. 湖北农业科学, 2014,53(22):5446 ~ 5449.

3. 水的影响

碱蓬属等盐生植物种子萌发受环境含水量制约,在没有足够水分的情况下不能萌发。因此,在缺乏降雨的西北干旱盐碱地区,冬季降雪或冰封在开春融化后可以为碱蓬属植物种子的萌发提供水分,从而促其迅速萌发。若无降雪,则只能待雨水或河水浸润及人工灌溉才能萌发。

碱蓬属植物的不同形态种子,其吸水性有明显差异(图14-7)。杨帆等(2012)报道室内条件角果碱蓬棕色种子吸水速率比黑色种子快,吸水0.5h后重量增加32.2% ±1.9%,2h后增加86.1% ±4.6%,开始萌发;黑色种子在吸水1h后重量仅增加16.5% ±3.1%,随后种子吸胀速率放缓,24h后吸水近乎停滞,48h后开始萌发。

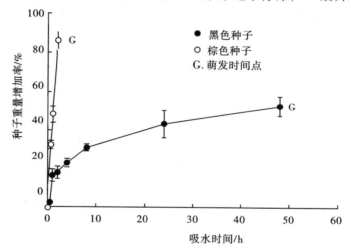

图14-7　角果碱蓬二型种子在气温20~25℃、相对湿度45%~50%时的吸水曲线

(平均值±标准误差)(据杨帆等,2012)

潮间带的垦利碱蓬与盐地碱蓬种子在潮水淹没下不能萌发,其种子在潮间带需要能露出水面1~2天才能萌发,此时为避免幼苗被潮水冲走,其胚根生长迅速。潮间带低潮期间滩涂可发现其种子萌发和幼苗在露出滩涂迅速定居。垦利碱蓬和盐地碱蓬种子有很高的耐盐性,部分种子能在10% NaCl溶液中萌发,因此萌发时机不限于雨季。

4. 种子的休眠与破除

种子在适宜萌发的条件下不萌发,称为“休眠”。在不具备萌发条件的储藏过程不萌发,称“静止”。目前认为盐生植物种子休眠与淡生植物类似,也可分为生理休眠、形态休眠、形态生理休眠和环境休眠(强迫休眠)四种类型。一般盐生植物凡是温层积处理可以破除休眠的种子,则夏、秋和干旱冬季皆可萌发;而冷层积处理可以破除休眠的种子,则在晚冬和春季萌发。这与温度、降水湿度及土壤盐度有关,不少盐生植物种子在盐渍环境中萌发率随温度降低而增大。降雨使温带冬季生境盐度降低,一些亚热带地区夏季雨水较多,也可降低土壤盐度,促使盐生植物种子萌发。不同形态种子不同的传播、休眠和萌发特性,使萌发可持续交替出现,从而降低环境风险,增加种群繁衍机会。

碱蓬属植物种子通常没有休眠,但长期储存后则可出现休眠现象。另有报道其黑色种子有浅生理休眠,一般当年收获的碱蓬属种子如果当年即在室内或大棚种植,有时也有因休眠不能萌发的问题。

对处于休眠状态的碱蓬属植物种子,可用赤霉素溶液、硝酸钾溶液浸泡,或将种子置于4℃低温冷藏处理,均可打破休眠,促进萌发。其中:

以赤霉素溶液浸泡的最佳浓度为900mg/kg,浸泡时间宜控制在6～12 h范围内。

用硝酸钾溶液浸泡的最佳浓度为0.4%,浸泡时间为6h左右。

冷藏处理是将种子置于4℃低温冷藏6～7天。

上述方法冷藏效果较稳定,但费时且费用较高;赤霉素溶液浸泡处理耗时短,但萌发效果不及冷藏;硝酸钾溶液浸泡效果好且省时经济[①]。

第四节　播　　种

所有碱蓬属植物均不适合在酸性土壤环境栽培或种植。

作为食物的生产必须选择经分析测定没有污染的土壤,并禁止使用农药和除草剂才能确保食品安全。直接采集野生碱蓬属植物食用或加工成食品,由于不能确定其野生地点是否存在有毒有害物质如农药重金属等的污染,存在一定的安全风险。而认为盐碱地没有污染的看法更是错误的,因为盐碱地是否存在污染取决于是否存在污染物质的排放和集聚。

一般人工栽培应选择在盐碱土上进行。通常可选择土壤的含盐量在0.1%～6%(最好是含盐量为0.5%～5%,pH为7～11的土地),太低或太高都会影响产量和生长。所选择的土地,可以是盐碱地或盐碱滩涂及沙滩地。

通常碱蓬属植物在环境含盐量为0.5%～2%时生长较好,缺Na⁺可引起生长抑制,叶发育异常并易染病。大田播种时具备足够的含盐量可促进碱蓬属植物生长。多数碱蓬属植物产量也与土壤盐度密切相关,在土壤含盐量为1%左右时产量最高。

碱蓬属植物目前已实现规模化人工栽培的主要有碱蓬和盐地碱蓬两个种,因其他

①王茂文,周春霖,洪立洲.碱蓬种子解除休眠及促进萌发研究.江苏农业科学,2005,2:99～100.

种的种植要求和技术通常都是一样的,就以盐地碱蓬栽培为例进行介绍。

邢军武(1993)报道不同播种深度对碱蓬和盐地碱蓬出芽情况影响极大,种子埋得越浅出芽越快,出芽率越高;越深则出芽时间越长,出芽率越低。一般以种子直接撒在表面出芽最快最好,而在易板结的黏性土壤,深度超过3厘米则出芽困难(表14-4),只有少量能够出芽,且持续时间较长,最终60%的种子形成幼芽,但不能顶开紧密的盐碱土结皮,尽管所有嫩芽向上萌发所形成的强大力量能将土向上顶托悬空,但只有少数能从裂缝中冒出,大多一直被压在这种结皮下。密集的幼芽能将3cm厚的土皮向上顶起2~3cm的高度悬空,幼芽在这种盐碱土皮下能生长8cm长,根茎雪白细嫩,顶端幼叶呈鲜橘红色,叶瓣弓屈,若人为掀开土皮,则大多会受到损伤不能经受阳光暴晒而死亡,少数可以转为红绿色而活下来。因此在土壤紧密的高盐碱地播种碱蓬或盐地碱蓬,播种深度不宜超过1cm①。

1. 野外大田生产的播种时间

盐地碱蓬和碱蓬在北方地区一般每年清明前播种(也可选择在冬季封冻前播种),若不灌溉,通常开春雨后1~3天即可出苗。

2. 整地

选择地势平坦便于排灌的土地,翻耕耙平,彻底去除杂草尤其是芦苇根或茅草根,根据不同生产内容整地。

可以是平畦,即在盐碱地或盐碱滩涂地,经翻耕耙平整成1~1.5m宽的平畦;也可以是沟垄,即在盐碱地或盐碱滩涂地,经翻耕耙平后制成沟垄:沟宽10~20cm,沟深8~20cm,两沟相距10~20cm;还可以是沙盘,即在能防潮水或风浪侵蚀的沙滩地,修建池子,盛满细沙,耙平。

3. 播种

(1)若冬季播种,应选在封冻前。

(2)若春季播种应在清明前。在气温10~40℃的条件下(适宜温度18~30℃),随时都可以在大田或大棚播种。

(3)用种量一般在15~30kg/hm²。视土壤肥力施足底肥,将种子用播种机或人工条播或撒播于浅沟或表层后轻轻压实,有条件可浇透水。出芽前每日浇小水,保持土壤湿润。

大规模生产可通过机械化播种,结合滴灌或喷灌等配套措施。技术要点就是控制好播种深度(表14-4)。灌溉的原则是不可冲动种子和根苗。

---

①邢军武.盐碱荒漠与粮食危机.青岛海洋大学出版社,1993.

一般来说,这些栽培方法也可以用于碱蓬属植物的其他种类。

该栽培方法可以生产蔬菜、食用油、饲料及多种后续的高附加值的精加工产品原料,形成新的综合产业。还可用于对盐碱荒滩的绿化、美化,用于海岸水土保持、污染治理、消除盐碱尘暴等。出芽和幼苗情况见图14-8。

图14-8 盐地碱蓬出芽和幼芽上的盐结晶(邢军武摄)

表14-4 盐地碱蓬种子不同播种深度的出芽情况

埋深/cm	播种数/粒	出芽时间/d	棵数	出芽率/%	基本出齐/d	备注
0	50	4	37	74	6	
1	100	7	21	21	15	
2	100	7	18	18	20	
3	100	8	5	5	—	60%萌发后不能破土

第五节 叶和分枝

作为双子叶植物,碱蓬属植物其叶通常对生,最初每对叶在平面上都几乎与前一对叶相互垂直(图14-9)。出芽后的子叶发育肥大,种子的壳有时会残留在子叶顶端(图14-10,14-11),有的长时间都不脱落。碱蓬属植物的分枝和花均从叶的腋部发生(图14-12),自然状态下,分枝多少取决于其生存空间。在茂密的盐地碱蓬丛中,密布的幼芽从枯死的老枝缝隙里几乎互相紧靠着长出,每平方米会有3000~5000株;经自然淘汰后仍然密集的盐地碱蓬完全是直立生长,分枝很少。胶州湾大沽河以东高盐滩涂区,在老枯枝丛中新繁衍的盐地碱蓬可以长得很高,一般为50cm,最高达68cm(表14-5)。据《中国植物志》记载,盐地碱蓬 S. salsa(L.)Pall. 高20~80cm。

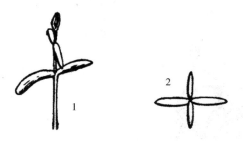

1. 幼苗;2. 俯视。

图14-9　早期的盐地碱蓬叶子在水平面上呈相互垂直对生的情形(邢军武图)

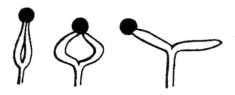

图14-10　出芽后子叶顶端带壳的盐地碱蓬(邢军武图)

图14-11　碱蓬种子出苗后子叶经常带着未脱落的五角星形种皮(邢军武摄)

2cm

图 14 – 12　盐地碱蓬的枝与花均由叶腋部生出（邢军武摄并图）

表 14 – 5　胶州湾东部盐地碱蓬不同生境生长高度与分枝

环境	枯枝丛中	无依托处	背风处	迎风处
高度/cm	68 左右	20 ~ 45	30 ~ 56	18 ~ 46
分枝	少	最多	较多	多
单株覆盖面积	小	最大	较大	大

（邢军武,1993）

　　在稀疏生境中,碱蓬属植物密度不大时其分枝自然增多,且分枝往往成对在叶腋处生出。人工干预下,若采取打顶措施,则分枝会迅速从去顶后保留的子叶或真叶叶腋处生出。

　　盘果碱蓬从出苗到分枝出现历时 11 ~ 21 天,通常首先在第一真叶叶腋发生,第二个分枝在第二片真叶叶腋,第三个在子叶叶腋,第四个在第三真叶叶腋,以后按序生出新的分枝。经测定,株高 83cm 的盘果碱蓬,共有分枝 113 条,累计总长 901cm。从出苗到现蕾,历时 102 ~ 104 天,现蕾至开花约 10 天,开花至种子成熟 18 ~ 21 天。平均单株有果穗 612 个,结籽 13097 枚,千粒重 0.1931g。

第六节　大棚种植

山东半岛一带自然生长的盐地碱蓬,一般6—11月开花,7—11月结籽。邢军武(1993)报道室内栽培的盐地碱蓬,1992年2月22日播种,3月2日出芽,4月24日其中一株即开花,土温15~17℃、室内自然光半日光照,土壤NaCl含量1.305%,植株高10cm,叶7对,自下而上从第3对叶的腋部皆开黄色小花,以后各株陆续开花,比野外自然碱蓬花期提前两个多月(图14-13)。

碱蓬属植物在短日照时花期提前,因此,大棚种植盐地碱蓬或碱蓬蔬菜时,除了保持较高的室内温度外,还必须保证光照充足,若自然光照不足则应增加人工光源。否则会因开花而影响碱蓬蔬菜品质和产量。

图14-13　短日照使盐地碱蓬提前开花(邢军武摄)

第七节　管　　理

碱蓬属植物在盐碱土上进行生产,若土壤含盐量太低,则易滋生杂草,增加除草的劳动强度,土壤含盐量太高则会降低产量。碱蓬属植物目前已实现规模化人工栽培的主要有碱蓬和盐地碱蓬两个种,但其他种的种植管理要求和技术通常都是一样的。

1. 水分管理

碱蓬属植物例如盐地碱蓬、碱蓬、垦利碱蓬等的浇灌用水没有特殊要求。可以是海水、咸水或微咸水及淡水。因此,一般应就地取水,以方便、节省、成本低为原则。但若作为蔬菜或油料生产,水质应符合卫生要求,不可含有有害物质如禁用农药和重金属等污染成分。

一般播种后应浇透水,通常2~4天出苗,出苗后坚持每天勤浇水,保持植株生长的土壤湿润。

2. 蔬菜管理

（1）待植株生长到株高 10～15cm 时，可间拔植株进行株距调整，调整成行，株距 20～15cm 以利生长。间下的苗可作为蔬菜食用。

（2）待植株生长到平均植株高 15～20cm 时，剪割嫩梢 5～10cm 作为蔬菜食用，植株留茬应在 10cm 左右，至少保留两片子叶和真叶，剪割嫩梢后的留茬植株要勤浇水，并追施有机肥或化肥，促使侧梢生长。

（3）重复收获嫩梢 2～4 次，可收获 10000～30000kg/hm² 嫩梢蔬菜，即可拔除老植株，重新播种栽培。

3. 油料或留种

（1）作为油料原料或种源种植时，待幼苗植株生长到株高 10～15cm 时，可间拔植株进行株距调整，调整成行，株距 20cm 利于植株生长。间下的苗可作为蔬菜食用。

（2）此后不剪割植物嫩梢，留待植株开花，结籽。直到当年 10 月下旬霜降时节，即可收获种穗。种籽作为生产油料的原料或留种来年播种。

4. 种源生产

（1）作为油料原料或留种用的植株，其播种的最佳时间在每年清明前后 10 天内播种，或于封冻前的冬季播种。

（2）种源应选取健壮的植株作为母本，在每年 10 月下旬至 11 月初，及时采集饱满种穗，晒干后去穗茎杂质，筛选种粒度较大的种子储存备用。采收过早种子成熟得少，过晚则很易脱落或被风吹落（图 14－14）。

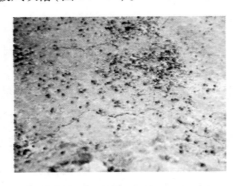

图 14－14　碱蓬、盐地碱蓬等碱蓬属种子通常边成熟边脱落（邢军武摄）

5. 生态修复与景观栽培

碱蓬属植物除了用于农业生产，还在环境治理、盐碱荒漠与盐碱尘暴治理、高盐碱环境原土绿化和滨海滩涂潮间带生态植被构建等领域有广泛的应用。这种播种及栽培通常不以产量为目标，而是以建立植被为目的。由于缺乏植被，干旱和大风造成荒漠盐碱环境盐碱粉尘和盐碱尘暴肆虐成灾,水土流失严重,盐渍化扩散,侵蚀周边耕地,盐渍化使庄稼树木枯死乃至寸草不生,造成荒漠化和水源、空气的污染,危害人畜健康。

通过种植碱蓬等盐生植物在裸露的盐碱荒漠上建立植被,消除盐碱荒漠带来的环境危害,对改变我国西北、东北、华北等广大地区的生态环境具有十分重要的意义。荒漠区的环境条件相对恶劣,栽培方法有所不同。

5.1 在内陆干旱和大风荒漠盐碱环境的种植方法(图 14-15)①

内陆干旱盐碱荒漠风大,种子播深了不能出芽,播浅了易被风吹走,影响植被的建立。此外,内陆盐碱荒漠区域春天往往特别干旱,降雨稀少,又无法灌溉,影响种子萌发。因此,可采取如下方法建立植被:

(1)在种植区内沿着与季节风向垂直的方向开沟;

(2)沟为"∠"形,沟深 3 ~ 15cm,沟宽 4 ~ 15cm,沟距 20 ~ 50cm。最好沟深 7 ~ 9cm,沟宽 8 ~ 10cm,沟距 30cm;

(3)将碱蓬属或其他耐盐植物种子于 9—11 月封冻前播种在沟内。

由于播种沟与大风方向垂直,可以防止风将种子吹走。尤其是种子播入沟的锐角内,不会被风吹走,与底部贴紧效果更好。

图 14-15 一种在干旱和大风荒漠环境种植耐盐植物的方法专利证书

与风向垂直开沟既可防止风将种子吹走,又可利用被风吹起的细土覆盖种子,增强对种子的保温。同时,封冻前播种可充分利用冬季降雪,保证了开春雪水融化后使种子获得足够水分顺利萌发,这就解决了干旱地区降雨稀少影响播种的难题。这是干旱大风区盐碱荒漠建立植被恢复良性生态系统的有效方法。

如果采取机械化播种,本方法适合在面积广大的荒漠地区大规模建立碱蓬属等盐生植物植被,迅速形成规模生态效益,可广泛应用于盐碱荒漠地区规模化生态建设和环境绿化。

---

①邢军武. 一种在干旱和大风荒漠环境种植耐盐植物的方法. ZL. 200810017113. 7.

5.2　用孔眼法播种在盐碱环境或潮间带滩涂中修复和建立植被(图14－16)①

本方法适合在盐碱荒漠中种植盐生植物,或对天然盐生植被出现的死亡衰退进行生态修复以保持植被覆盖度。

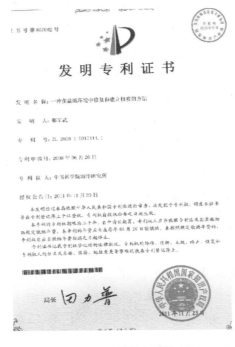

图14－16　发明专利证书

盐碱环境由于其土壤和水体中含有过量的盐碱而使大多数植物不能生长,这些裸露的盐碱地会在强烈的蒸发下形成厚厚的盐碱层,如我国的西北、东北、华北等广大地区所普遍存在的盐碱荒漠,其盐碱土层极细的颗粒,很容易被风吹起,形成盐碱粉尘和盐碱尘暴,造成环境灾害,影响人畜健康,并造成可耕地污染、地表径流污染、地下水污染和大气污染,使盐渍化泛滥和扩散。盐渍化的扩散则进一步导致更多的土地和水体不能生长庄稼和植物,造成树木死亡甚至寸草不生,形成荒漠化,加剧生态环境的恶化。

碱蓬属盐生植物可以在盐碱环境生长,其植被可有效防止盐碱尘暴和盐碱荒漠的扩散并形成良性生态循环,具有非常重要的生态价值和环境意义。但因自然和人为影响,许多地区的大面积天然植被均出现衰退甚至消亡,加速了荒漠化的发展。对出现衰退死亡的天然碱蓬属植被进行人工修复,可以阻止其退化与衰灭。而对没有植被的荒漠区域,通过建立人工植被,则可以逐步使荒漠化得到逆转形成良好的生态环境。

---

①邢军武.一种在盐碱环境中修复和建立植被的方法.ZL.200810017114.1.

内陆干旱盐碱荒漠风大,种子易被风吹走,而在滨海盐碱湿地或潮间带滩涂,种子易被水冲走。天然或人工碱蓬植被其群落出现的死亡和衰退往往先呈斑块状,不方便使用机械或开沟等播种方法修复和定点补充种植。

本发明采取的打孔播种的方法可以防止风或水流将种子冲走;而由于小孔在内陆荒漠可以被风吹起的细土覆盖,填进小孔的土细软松散不会形成坚硬结壳,有利于种苗萌发破土(在滨海盐碱湿地小孔也会被水流携带的泥沙填埋覆盖);细小的孔内可以保持适宜的温度和水分,形成适合种子萌发的条件,提高了出芽率和成活率;打孔播种实现了定点、精确、可控修复和植被建设,能在任意位置定点种植或者修复植被,可在各种斑块状地块进行种植播种,其密度和位置可以精确控制,灵活方便。还可以进行环境绿化设计,用细密的孔点种植成任意文字或图案。通过定点精确的种植,可以对遭受破坏的原生或人工植被进行修复、救治或重建,具有操作灵活方便、适用性广的优点,可广泛应用于荒漠生态建设、植被修复保护和环境绿化工程。

(1)在裸露的荒漠地以任意间隔扎孔眼,或大面积时采用带钉刺的滚筒扎孔。孔眼一般深 3 ~ 6cm,直径 0.3 ~ 2cm;

(2)将种子与肥料混合后播进或扫进孔眼中,每个孔眼播种 1 ~ 5 粒;

(3)孔眼可成行、成列、成对角线或任意排列,也可组成文字、图案种植成景观画面;

(4)任其自然生长,不采收种子和枯枝,当年碱蓬即可将斑秃或裸露地块全部覆盖。还可与其他盐生植物组成景观图案,色彩变换,形成优美景色。

6. 除草

种植碱蓬属植物不可使用任何除草剂。芦苇等根系发达的杂草只能在播种前以机械或人工在整地时彻底去除,不留下根系。

对其他杂草可以采用 1% ~ 3% 的 NaCl 溶液直接喷洒去除。

第八节　收获与储存

不同的碱蓬属植物产品对应着不同的收获方法和要求,其储存方法也不同。

1. 蔬菜

碱蓬属蔬菜如盐地碱蓬与碱蓬,播种后出芽生长到一定高度即可进行间苗和第一次收获,蔬菜产品间苗方法和采收嫩芽蔬菜及其采摘间隔时间如前述。

由于碱蓬属植物鲜菜的保鲜期较短,高温季节极易腐烂变质,一般采摘后即应尽快上市,若不能及时上市则应置于通风阴凉处或低温冷藏储存。

也可在冷库长期储存,在适宜时机投放市场。

2. 油料

碱蓬属油料主要来自盐地碱蓬与碱蓬,播种后出芽生长到一定高度即可进行间苗,收获一次蔬菜。间苗方法和要求如前述。

由于碱蓬属植物种子成熟期不集中,一边成熟一边脱落,因此应在大多数籽粒尚未脱落时即开始采收。具体采收时间一般应在每年的 10 月底至 11 月初。可直接收割或拔出植株,运至水泥场院码垛存放并注意防雨防水防鼠防虫防鸟等,令其成熟一段时间,不少于半个月。待种子全部成熟后,即可晾晒打场脱粒去皮。去除杂质后筛选出符合榨油要求的净籽,开始榨油或储存于避光低温处待用。

3. 种源

碱蓬属种源生产与油料生产过程大体相同,但最后不需要处理成净籽,而是保留种皮。筛选颗粒饱满个体较大者留种,避光储存于低温处。

第九节　其他栽培方式

1. 无土栽培

无土栽培自 20 世纪中叶以来发展很快,已经形成了很成熟的技术和产业。这些成熟的技术和设施等,都可以直接用于碱蓬属植物如盐地碱蓬和碱蓬及垦利碱蓬的产业化无土栽培生产。

以盐地碱蓬为例,可分培养液栽培和浮床栽培及岩棉栽培等各种模式。培养液的种类很多,最简单的就是直接将自来水、河水、井水、咸水或海水等本地无污染水源就地利用。但在利用前必须对水质进行分析检测,以免农药、重金属等有害物质造成危害。

除了简单的直接用水培养,复杂的就加入各种配方的复合营养成分,或采用有机肥。除了各种无机盐和矿物质外,碱蓬属植物对氮磷的吸收和需求也比较多。在一般蔬菜通用的营养液配方中,应注意增加一定的氯化钠,并使营养液 pH 不低于 7 ~ 8,这是碱蓬属植物蔬菜无土栽培营养液与其他蔬菜营养液不同的地方。

小规模无土栽培可购买预先混配好的无土栽培专用肥料,使用时只需要定量加入即可。其优点是简化了配制过程,避免了称重造成的不准确,缺点是价格较高,并且在生产过程中很难根据生长情况对营养液进行调整(表 14 −6)。

表14-6 碱蓬属植物无土栽培营养液参考配方

浓度单位	硝态氮	铵态氮	磷	硫	钾	钙	镁	氯化钠
	$N-NO_3^-$	$N-NH_4^+$	$P-H_2PO_4^-$	$S-SO_4^{2-}$	K^+	Ca^{2+}	Mg^{2+}	NaCl
百万分率	189	7	46.5	120	362	185.4	42.5	3620
毫摩/升	13.5	0.5	1.5	3.75	9.25	4.625	1.75	92.5
浓度单位	铁	锰	锌	硼	铜	钼		
	Fe	Mn	Zn	B	Cu	Mo		
百万分率	0.84	0.55	0.33	0.27	0.05	0.05		
毫摩/升	15	10	5	25	0.75	0.5		

2. 浮床栽培

无土栽培是在各种容器中通过营养液进行,浮床栽培则是在池塘甚至较大的水体水面如海湾、盐池、湖泊、水库等进行。海水养殖植物与养殖动物共养于同一水体特别合适,可以不需人工营养液,直接利用动物养殖产生的高浓度氮磷和富营养化的水体,转化为碱蓬的生物量,既净化了养殖水体,又可收获优质盐生碱蓬蔬菜。沿海地区在鱼虾贝等海洋动物的养殖池塘,用浮床栽培盐地碱蓬或垦利碱蓬,获取优质碱蓬蔬菜,降低池塘水体的氮磷等富营养化物质含量,避免养殖水体对环境(如海洋)的污染已经成为有效的高产绿色养殖模式。

第十五章 碱蓬属植物作物化的产业方向

我国碱蓬属植物共有 19 种,现在还没有对这 19 种碱蓬进行详细研究。它们之间有的很接近,有的则相差甚远,因此在利用上也会有各自的特点和很大的不同。如前所述,我国民间对碱蓬的利用已有悠久的历史,在很多地区碱蓬和盐地碱蓬都已经作为食物上了餐桌。历史上,碱蓬一直是应对饥荒的重要食物,拯救过无数百姓和生灵,而它是在无法利用的盐碱荒漠为人类提供优质食物。除此以外,它还能增进人类健康,减少自然灾害,改善环境,提供工业原料和满足人类对美景的热爱。

第一节 碱蓬属植物的环境产业

我国有 15 亿亩盐碱地,在那些缺少植被的盐碱荒漠上播种碱蓬属植物,消除裸露的盐碱荒漠,让荒漠变成绿洲,是开发利用碱蓬属植物的重要内容。环境产业可分如下几个产业方向:

1. 盐碱荒漠治理和盐碱尘暴防治

建立茂密的碱蓬、盐地碱蓬等盐生植被,就能覆盖住其他植物无法生长的高盐环境,从而消除裸露的盐碱荒漠,减少盐碱粉尘和盐碱尘暴的发生,启动良性生态效应及环境效应。所以从某种意义上说,碱蓬属植物在生态环境上的价值甚至超过它在食物营养方面的价值。无论它具有多少人类必需的优质而丰富的营养成分,人类目前都能以其他来源分别予以替代,但是能替代碱蓬属植物在极端恶劣的盐碱环境中生长的植物却很少。

2. 盐碱地生物降解和改良

由于碱蓬属植物具有从环境中大量吸收盐碱的生理习性,通过在高盐碱环境种植碱蓬属植物,可以将土壤中的盐分吸收到植物体内而降低土壤含盐量,使土壤逐渐得到改良,有望变成可耕地。

3. 盐碱污染治理

通过对含盐碱的工业污水和土壤种植碱蓬属植物去除盐碱污染物和氨氮污染物,可以修复和改良生态环境。

4. 次生盐渍化防治

用蔬菜大棚轮作碱蓬蔬菜,可以将长期种植大棚蔬菜导致的土壤盐含量积累迅速降低,保持土壤的可持续生产能力。

总之,在荒漠盐碱区,在地下水咸化、地表径流稀少、淡水资源极度贫乏的地区,在滨海盐碱地、潮间带滩涂、海水入侵倒灌以及所有盐渍环境,都可以利用碱蓬、盐地碱蓬、垦利碱蓬的环境产业技术予以修复并改善局部气候形成良性生态环境。

第二节　碱蓬属植物的园林产业

随着城市化的发展,我国许多盐碱地区和沿海城市都面临在盐碱环境进行园林绿化的需求,以往,为让不能耐盐的苗木在盐碱环境生长,需要采用客土即更换土壤与铺设隔离层和渗盐管道等工程措施。工程造价和养护成本极高,成为经济发展的沉重负担。

碱蓬属植物如盐地碱蓬、碱蓬、垦利碱蓬等作为高盐环境的绿化植物,有艳丽姿色,可以在淡生植物无法生长的高盐环境甚至滨海滩涂潮间带等直接建立植被,形成绚丽夺目的"红海滩"效果。春天的盐地碱蓬、垦利碱蓬玫瑰般的红色像希望的光辉,盛夏的碱蓬油绿的色彩是蓬勃的绿洲,深秋的盐地碱蓬如落日似火焰赛晚霞壮丽无比,冬天的碱蓬群落凝重深沉。在其他植物无法生长的盐碱荒漠上,碱蓬属植物不仅是最好的绿化植物,还可以极大地降低客土绿化的造价和养护成本。

在辽河、大凌河口滩涂,盐地碱蓬形成的单一群落,成为著名的红海滩景观和盘锦市的城市名片。

在东营黄河口和江苏盐城潮间带滩涂,垦利碱蓬玫瑰般的色彩绚丽迷人。

碱蓬群落作为一种植被景观所呈现出的玫瑰般的艳红,使白茫茫的盐碱荒漠及滩涂美丽动人、富有生机。

第三节　碱蓬属植物的食品产业

对碱蓬和盐地碱蓬的利用在我国有悠久的历史,这些利用包括作为食物、食用油、药物和饲料、化工原料(熬盐制碱)以及柴薪等。

由于碱蓬和盐地碱蓬有极高的营养价值,使得人类能够直接利用传统作物无法生长的盐碱地生产高质量的食物和食用油,从而使这片广阔的荒漠为缓解人类的粮食危机发挥出潜在的作用。

关于碱蓬的食用程序,《救荒本草》说"采苗叶煠(音 zhá,将食物放入煮沸的油或水中弄熟,这里指放入水中)熟,水浸去咸味,淘洗净,油盐调食"。山东、河北、江苏沿海一带民间流传的处理程序是先将鲜嫩茎叶洗净入沸水炸熟,置清水中浸泡去咸味,吃法很多,可以烹调,其味鲜美可口,极富特色;也可以凉拌以及作为包子、饺子等面食的馅,还可以做小豆腐等。附录列出了一部分由作者自拟的碱蓬菜谱可供读者烹调参考,不过任何厨师都能用碱蓬做出更多更好的美味。

碱蓬和盐地碱蓬除了茎叶可做蔬菜,还可以晒干磨粉,做成面食、糕点及副食品,还可以单独或与其他材料配合做成多种营养保健食品。

前面已经提到,盐地碱蓬的种子和茎叶的蛋白质水溶性极好,是制造高蛋白饮料的理想原料。盐地碱蓬的各种营养成分结构完善,含量丰富且优质,可以开发制造针对患者、孕妇、儿童、运动员及老年人的各种专门营养食品。

盐地碱蓬种子油的不饱和脂肪酸与必需脂肪酸含量很高,是理想的食用油,特别适于预防心血管系统疾病,是老年人和冠心病患者、高血脂病人以及健康人的很好的食用油。我国人民以碱蓬、盐地碱蓬种子榨油的历史已经很久。民间一直有区域性食用碱蓬和盐地碱蓬油的传统,其油味道香美,被当地人称作"甜油"。开发这一优秀的食用油料资源,既可以增进人民健康,又可以发挥盐碱荒漠的生产能力,为人类提供食物。由于碱蓬和盐地碱蓬种子产量较大,可以形成大规模产业,榨油后的种子饼,可以做各种优质食品,也可以做优质饲料。

碱蓬和盐地碱蓬茎叶既可以鲜食,也可以精加工为成品菜或晒成干菜或制成脱水蔬菜。由于其极高的营养价值,碱蓬食品不仅可供我国人民食用,还可经精加工处理进入国际市场,是有巨大潜力和希望的新型优秀营养源食品。碱蓬的种子油对面临心血管疾病困扰、为高血脂所苦的发达国家是极具吸引力的食用油。

日本受《救荒本草》影响很早就把碱蓬作为蔬菜,碱蓬在丝绸之路沿线广泛传播,被阿拉伯人食用并喂养骆驼,阿拉伯有食用碱蓬属 *Suaeda vermiculata* 的记载。西方国家对碱蓬的食用记录则近乎空白。

第四节　碱蓬属植物的饲料产业

在畜牧和养殖方面,碱蓬是非常优质的饲料和饵料,它在严酷的沙漠盐碱地带是骆驼晚秋与冬季的饲料,为骆驼所喜食,在其他地方也是牛羊猪等牲畜的优质饲料。由于碱蓬在体内富集极高浓度的盐,所以在含盐量很高的盐碱土上生长的碱蓬由于含盐多而太咸,在营养期和花期时一些家畜不喜食,对这一时期的碱蓬如果进行浸泡去盐处理,则可以成为家畜喜食的饲料。但在秋季种子成熟时,由于种子富含蛋白质和脂肪,牛羊猪非常爱吃,"成为当地放牧主要依靠的抓膘饲料。晒干的种子和叶子,可作为精料用于牛羊的冬季补饲和喂猪"①。事实上,营养期的碱蓬经适当处理亦为家畜所爱食,秋后更可大量晒干贮存以供冬用。还有榨油后的种子饼也是极好的精饲料,可以作为人工配合饲料的重要优质蛋白原料,供畜禽与水产养殖使用。很多研究证实碱蓬饲料喂养的牛羊肉质提高,口感更好。在沙特阿拉伯沙漠地区,碱蓬属 *Suaeda vermiculata* 除了食用,广泛用于喂养骆驼。

我国有辽阔的海域,但除远洋捕捞以外,人工养殖的水产品,其食物来源主要仍依靠耕地生产的粮食,因此在事实上,人工养殖的水产品存在着与人争粮、与粮争地的问题。基于耕地匮乏、人口众多的现实,这是一个非常严重的问题。用人可以直接吃的粮食喂鱼,则使食物链环节增多,粮食效率降低,从而加重了耕地的负担。反之则又限制了养殖业的发展。但以碱蓬作为饵料则能避免与粮争地的问题,使不能长粮食的盐碱荒滩成为养殖业的饵料基地。碱蓬优质完善的营养成分使其具有极高的饵料价值,以碱蓬和碱蓬种子等为原料生产饵料,如果用于海产养殖,则是海洋动物的理想食物。鱼、虾、蟹、贝都能从以碱蓬为原料生产的饵料中得到完善合理的营养成分,从而健康生长。碱蓬富含多种微量元素,能增强养殖动物的免疫力。碱蓬很高的各种氨基酸和矿物质含量,对海洋动物也是很有意义的指标。所以,碱蓬作为水产养殖的饵料来源是一项可以形成规模的、具有很大潜力的产业。这对促进养殖业的发展将具有决定性的作用,因为它将使养殖业不再与粮争地、与人争粮,从而能够使养殖业的食物来源从依赖耕地转向依赖盐碱荒漠,这种转变对人类的食物生产也将产生深远的影响。

第五节　碱蓬属植物的医药产业

从医疗、保健方向开发利用碱蓬属植物也是大有前途的。

邢军武 1993 年在《盐碱荒漠与粮食危机》中指出:碱蓬将会在多种疾病的治疗与康复中发挥作用。中医典籍中有碱蓬无毒、叶味微咸、性微寒,清热、消积的记载,但没有具体的临床应用及组方实例。不过碱蓬既然能清热、消积,则在中医体系中就有广阔的应用前景,可以在许多疾病的治疗中发挥作用。以中医的理法运用于临床治病将是很有价值的研究,而从现代科学及营养学角度进行碱蓬的药用试验,开发提取碱蓬所含的各种有效成分,也是很有价值的研究。事实上,仅凭极高的硒含量,碱蓬就已具

---

①鲁开宏.黄河三角洲的几种盐生牧草.植物杂志,1986,4:18.

有潜在的医疗价值,应该有助于包括癌症在内的多种疾病的临床治疗及日常预防。它有助于抗衰老,应对各种炎症及心血管疾病、白内障、自身免疫疾病、化学中毒、辐射损伤、克山病、大骨节病等。因此,深入研究碱蓬的医药功效并予以开发利用,将是前途无量的产业。

1996 年中国科学院海洋研究所邢军武团队研发了碱蓬必需脂肪酸和亚油酸制剂,提取了碱蓬必需氨基酸制剂。这些对临床营养支持具有重要的价值。随后,有人在此基础上进行了亚油酸的共轭化。但通过人工改性形成的共轭亚油酸系反式脂肪酸,而目前医学界已确知反式脂肪酸对人类健康不利。因此,直接使用非共轭化的碱蓬亚油酸对健康更为有利。

2011 年邢军武、曲宁等在世界上首次发现并提取了可促使组织细胞修复的 WHF 因子。这对各类创伤尤其是难愈性创伤的修复愈合具有划时代的里程碑意义。

2019 年 Hamdoon A. Mohammed[①] 等分析了沙特阿拉伯碱蓬属植物 *Suaeda vermiculata* 的精油成分及其抑菌活性。认为其对白色念珠菌抑制作用强,对铜绿假单胞菌抑制作用中等,*Suaeda vermiculata* 精油显示出比 Trolox 标准更显著的抗氧化活性,其主要成分为樟脑 28.74%、冰片 33.77%、α-松油醇 22.78%。

历史上,在沙特阿拉伯沙漠,碱蓬属 *Suaeda vermiculata* 除可食用和喂养骆驼,贝都因人还用其叶治疗肝炎和用于普通炎症、呼吸困难和黄疸治疗。从 *Suaeda vermiculata* 分离出能较强抗氧化和清除自由基、螯合铁的高含量的活性酚类及类黄酮。

另外,囊果碱蓬根上寄生有盐生肉苁蓉 *Cistanche salsa*,可药用,是良好的中药材。

第六节　碱蓬属植物的化工产业

《药性考》曰:"盐蓬、碱蓬二种,皆产北直咸地,土人割之,烧灰淋汤,煎熬得盐,其叶似蒿圆长,至秋时茎叶俱红,烧灰煎盐,胜海水煮者。"以碱蓬煮盐由来已久。由于在高盐碱地带碱蓬体内盐含量远高于海水,所以用来制盐"胜海水煮者"。我国海盐生产过去是煮盐,而晒盐的历史大约始自明或清代,现在由于矿盐、湖盐、海盐的贮量及产量都很大,已基本不再以碱蓬煮盐,但以碱蓬提炼其他矿物成分仍是有价值的。在不同的土壤中生长的碱蓬,其体内富集的可溶性物质有所不同,例如在新疆和内蒙

---

①Hamdoon A. Mohammed, Mohsen S. Al – Omar, Mohamed S. A. Aly, Mostafa M. Hegazy. Essential Oil Constituents and Biological Activities of the Halophytic Plants, *Suaeda Vermiculata* Forssk and Salsola Cyclophylla Bakera Growing in Saudi Arabia. Journal of Essential Oil Bearing Plants, 2019, DOI: 10.1080/0972060X.2019.1574611.

古一些盐碱环境中生长的碱蓬,体内含碱量极高,可用来提取碳酸钠和碳酸钾①。我国明朝的《食物本草》记载:"石碱,出山东济宁诸处,彼人采蒿蓼(邢注:即碱蓬等)之属,开窖浸水,漉起晒干,烧灰,以原水淋汁,每百斤引入粉面二、三斤,久则凝淀如石连汁,货之四方,浣衣发面,甚获利也。"②这是用碱蓬为原料制碱的明证。

利用碱蓬具有强大富集能力这一特性,还可以提取许多物质,可以有针对性地从环境中吸收某些元素以及回收污染区中某些污染物质。

第七节 碱蓬属植物的纤维与能源产业

碱蓬的纤维素含量丰富,枯枝可以用于造纸,由于秋后茎干木质化程度较高,也是很好的燃料,民间缺煤少柴的盐碱地区,一直用作柴薪,是燃料缺乏的盐碱地区极为重要的燃料来源。这可以形成相关产业并作为新生物能源的原料,这种直接利用高盐碱环境生产的生物能源具有不与传统作物争地争水的优势。

第八节 碱蓬属植物的种源产业

植物产业的发展需要充足的种源保障和供应。碱蓬种源产业是一切碱蓬相关产业的基础。通过长期的作物化良种化,建立碱蓬属的专业化种源产业,具有持久的产业需求。

随着盐碱农业产业的发展,可持续的蔬菜、油料和饲料种源,已经成为稳定的市场需求。随着对内陆盐碱荒漠盐碱尘暴生态修复与治理范围的扩大,以及沿海生态修复的开展,对碱蓬属的种源需求越来越大。高盐环境园林绿化和滨海滩涂红海滩湿地碱蓬群落的构建与维持,也对种源提出了巨大需求。

---

①侯学煜.中国植被地理及优势植物化学成分.科学出版社,1982:170.
②郑金生等校点.食物本草(卷二十一).中国医药科技出版社,1990.

第十六章　碱蓬属植物生态

　　盐碱环境是地球的主体环境。海洋占据着 71% 的地球表面,大陆也在各干旱半干旱区域广泛发育和分布着水体与陆地盐碱环境。陆地盐碱环境的生态系统,具有鲜明的由含盐量决定的植物区系特征。

　　区域植被一般以表土含盐量 1% 为界,植被种类随表土含盐量的降低而增多,升高而减少。超过 1% 的含盐量,植物种类迅速减少,若含盐量继续增高,植物类群则趋于仅剩高耐盐种,如碱蓬属、盐角草属、柽柳属和米草属等。高耐盐植物往往在适宜区域形成单一或复合群落,如辽河口潮间带的大面积盐地碱蓬纯种群落和莱州湾潮间带的垦利碱蓬群落。表土含盐量在 10% 以上时,陆地或滩涂植被趋于完全消失,进而成为没有植被的裸露盐碱荒漠,唯土壤与水体中尚有嗜盐微生物存在。

　　碱蓬属植物作为盐碱环境的先锋种,在分布上具有鲜明的盐碱环境专属性与指示性,其世界分布的范围与干旱半干旱气候带相吻合。通常,在盐地碱蓬作为单一种群分布的区域,土壤含盐量一般会在 1% 以上,在盐地碱蓬、碱蓬为主体的植被群落区域,土壤含盐量一般在 0.5% ~3% ,在土壤含盐量 1% 左右的盐碱环境,碱蓬属碱蓬和盐地碱蓬等常与芦苇、碱茅、藜、补血草、獐茅、白茅、狗尾草等多种植物组成混合群落,在含盐量更低的环境里,碱蓬属植物通常很少,其他耐盐能力稍低的植物则会形成单一或复合群落。

第一节　碱蓬属植物的分布与演化路径

　　以往认为碱蓬属(*Suaeda* Forsk. ex Scop.)有 100 余种[①],分布于世界各地的海滨、荒漠、湖边及盐碱地区,从滨海潮间带直到内陆盐碱荒漠皆有分布。但因某些碱蓬属种类如盐地碱蓬在不同环境形态差异很大,历史上曾被误定为多个不同的种,若排除这种同物异名的种,世界碱蓬属植物应不足百种。

　　碱蓬属不仅在滨海盐渍环境中作为先锋植物构成群落,也在内陆盐碱环境作为先

---

①侯宽昭. 中国种子植物科属词典(修订版). 科学出版社,1982:472.

锋种形成盐碱荒漠上的植被绿洲。例如在世界各大洲盐碱环境,中国新疆、青海、宁夏、山西、陕西、甘肃和内蒙古等远离海洋的内陆地区都有碱蓬属群落分布。尤其值得注意的是,从碱蓬属植物的种类看,我国碱蓬属 19 个种有 17 个生长分布于新疆,同时新疆也是世界碱蓬属植物分布种类最多最集中的区域。朱格麟等认为藜科的发源中心在中亚和新疆,碱蓬作为藜科的一个属,自然也应与藜科有相同的起源中心。为什么新疆的碱蓬属种类最多,是一个有趣的待解之谜。

碱蓬名	西藏	青海	新疆	甘肃	宁夏	内蒙	陕西	山西	河南	河北	吉林	辽宁	黑龙江	山东	江苏	浙江	福建	台湾	广东	广西	海南
小叶碱蓬			■																		
木碱蓬			■																		
碱蓬		■	■	■	■	■	■	■	■	■	■	■	■	■	■	■					
高碱蓬			■																		
奇异碱蓬			■																		
亚麻叶碱蓬			■																		
囊果碱蓬			■	■																	
刺毛碱蓬			■																		
纵翅碱蓬			■																		
硬枝碱蓬			■																		
五蕊碱蓬			■																		
阿拉善碱蓬			■	■	■	■															
肥叶碱蓬			■																		
角果碱蓬	■	■	■	■	■	■	■	■	■	■	■	■	■	■							
盘果碱蓬	■	■	■	■	■	■															
星果碱蓬					■																
平卧碱蓬			■	■	■	■	■	■	■	■	■	■									
镰叶碱蓬			■																		
盐地碱蓬		■	■	■	■	■	■	■	■	■	■	■	■	■	■	■					
垦利碱蓬														■							
南方碱蓬																■	■	■	■	■	■

注:图中的高碱蓬已并入碱蓬,纵翅碱蓬并入刺毛碱蓬。

图 16 - 1 中国碱蓬属植物分种省区分布图(邢军武,1993)

碱蓬属在我国从西北、东北、华北、华中到华南,在新疆、青海、西藏、内蒙古、甘肃、宁夏、陕西、山西、河南、河北(含京津)、吉林、黑龙江、辽宁、山东、江苏、浙江(含上海)、福建、台湾、广东、广西、海南均有分布。而从图 16 - 1 可见我国 19 种碱蓬属植物,17 种在新疆有分布。中国碱蓬属种的数量以新疆为中心由西向东,再沿海岸线由北向南,逐渐减少,浙江以南则只有南方碱蓬 1 种。

　　如果假设原始碱蓬属是由一个共同的种逐渐分化演变而来，则其原始种可以有两种来源，即源自海滨或源自内陆。

　　若源自海滨，则原始种应从海岸线由低纬度向高纬度，由沿海向内陆逐渐演变分化，种的数量随环境胁迫的多样化和严酷化而逐渐增多，如此，新疆就不是碱蓬属的起源中心，而是更适于碱蓬属植物形成不同的形态，进而形成不同的分类单元和种。但这一过程面临的困难在于，我国地势西北高而东南低，不仅秋冬季节以西北风为主，而且江河多东流入海，碱蓬属的种子无论随风或随水流携带均不利于自沿海向内陆传播。

　　而假设碱蓬属原始种源自内陆高盐湿地环境，后因内陆盐碱环境的差异胁迫引起种的分化演变，使种的数量增多，则似更符合其传播路径。我国地势西北高而东南低，秋冬季节以西北风为主，碱蓬属的种子随风携带向东南方向传播，或通过候鸟或随河流携带直至沿海。在沿海，碱蓬属植物种类的分布，呈自北向南随温度升高而递减的趋势，其中辽宁记载有 4 种，到海南则仅剩 1 种。在渤海湾北部潮间带形成盐地碱蓬单一群落的红海滩景观，潮上带及辽宁、天津、河北等盐碱环境有碱蓬、角果碱蓬等碱蓬属种类分布；在渤海湾南部至黄海南部潮间带形成垦利碱蓬的单一群落的红海滩景观，潮上带及山东、江苏盐碱环境有碱蓬、角果碱蓬等碱蓬属种类分布；至东海南海潮间带则形成南方碱蓬单一群落，福建、台湾、广西、广东及海南盐碱环境仅有南方碱蓬 1 种分布，据此可以推论，新疆的种应比沿海种原始。潮间带种较陆地种年轻，南方碱蓬最年轻。理论上碱蓬属中可能以碱蓬最为原始，盐地碱蓬较新。垦利碱蓬应是从盐地碱蓬分化出的更适于高盐和水淹的种，南方碱蓬应是垦利碱蓬在自北向南沿海传播过程中，从垦利碱蓬分化出来的热带高温适应种，也是碱蓬属最年轻的种。其分布范围一直到赤道和澳大利亚海滨。

　　在中国现有 19 种碱蓬属植物中，碱蓬和盐地碱蓬分布范围最广。花粉形态证实碱蓬是碱蓬属中较原始的种，盐地碱蓬则是较进化的种，垦利碱蓬比盐地碱蓬更为进化。

　　盐地碱蓬具有特别显著的生态差异特性，在不同环境可发育出完全不同的形态，其生境可从海水一直到内陆盐碱环境大跨度分布。垦利碱蓬则比盐地碱蓬进化程度更高，目前已知其生境似局限在北自山东无棣沿海潮间带滩涂，至东营垦利、烟台、威海、青岛、日照、连云港，南至盐城以南沿海的潮间带滩涂。提示碱蓬属植物应是从内陆向海洋演进的，垦利碱蓬进入海洋潮间带生存，是碱蓬属重返海洋的最晚努力结果，垦利碱蓬也是碱蓬属最耐海水的种类。

　　垦利碱蓬从分类关系上与南方碱蓬最近。南方碱蓬应是从垦利碱蓬分化而来的。

碱蓬则是碱蓬属最原始或较原始的种,如此,作为属的发源地,碱蓬属以新疆为中心逐渐向周边扩散演化的可能性较大。而事实上,我国其他盐生植物也以新疆种类最多,呈现出以新疆为中心,距离越远则种类越少的显著特点。

新疆的碱蓬属种类为什么最多?种的完整性应该有其历史的因果联系并可能涉及种的起源与演变。我国碱蓬属如果是以新疆为原产地向四周播散的,则碱蓬属在远离新疆的过程中哪些因素导致了种的数量迅速减少?

从中国碱蓬属植物的分布情况看,只有南方碱蓬和垦利碱蓬在新疆没有记录,而这两个种都是专属海洋性潮间带种。南方碱蓬分布在华南温带地区海滨潮间带滩涂,自江苏以南直到福建、台湾、广东、广西、海南各省区。垦利碱蓬分布在自江苏北至山东黄河口以北的海水潮间带,新疆明显缺乏适于这两个种的温湿和海洋环境。其余碱蓬属的种新疆皆有分布,说明新疆具有适宜碱蓬属植物种的分化演变条件。从图16-2可清楚看到碱蓬属种类在我国的地理空间分布上,呈现如下规律:

(1)碱蓬属在内陆主要沿干旱半干旱带盐碱环境分布,种的数量自新疆由西向东部省区递减。

(2)碱蓬属在沿海各省皆有分布,但种数在我国沿海自北向南随温度增高而减少,至浙江以南仅剩南方碱蓬1种。

(3)碱蓬属种的数量与温度、湿度成反比,温度和湿度越高,种的数量越少。

从新疆到沿海的碱蓬属种数分布,呈现以新疆为密度中心向东部沿海递减的状态,从新疆到山东、江苏的连线附近,形成了一条碱蓬属种类数从高到低的分布带。碱蓬属分布至沿海后,其种数又由北向南进一步递减。由此可以猜想碱蓬属植物是先由新疆自西向东传播,再由沿海自北向南传播,种类也随之减少。碱蓬属的国内和世界分布都表现出区域温度越高则种类越少的特点。

假定物种的演化是对生存胁迫的适应结果,那么新疆碱蓬属和藜科植物种类最多这一现象,应该是环境胁迫因子更多,物种分化压力更大的反映。这从碱蓬属植物盐地碱蓬会根据不同的胁迫环境,表现出不同的生态型而得到印证。

碱蓬属植物的分布首先取决于盐渍环境的存在。我国云贵川等省虽有丰富的地下盐水、卤水及盐矿,但缺乏地表盐渍环境,因此没有碱蓬属的分布记录。而在以往地质历史时期,如果这些区域形成过地表盐渍环境,则碱蓬属植物由新疆经青海至广西、广东就不会像现在这样留有空白区域。邢军武(1993)曾推测这些省区历史上可能曾存在繁衍碱蓬属植物的条件,或在某些现代盐环境如井盐开采区仍有残留。

碱蓬属植物种子细小,易经风、水携带传播,也可被动物如鸟类、鼠类等搬运携带或随其粪便排泄而播散。从图16-1碱蓬属分布可知,在缺乏地表盐碱环境的地方没有碱蓬属分布记录。这是因为在非盐渍环境如云贵川鄂湘徽赣等省区,碱蓬属因无法与淡生植物竞争而消亡。这一现象即使在各盐碱区域的非盐碱生境中也同样存在。

碱蓬属的种类数量有明显的区域差别,其中,绝大多数种都集中在新疆,某些种在少数地区分布,只有几个种具有大跨度的地理分布(图 16-1),这些广布种是碱蓬($S.$ $glauca$ Bunge.)、角果碱蓬($S.$ $corniculata$ Bunge.)、平卧碱蓬($S.$ $prostrata$ Pall.)和盐地碱蓬($S.$ $salsa$ Pall.);自江苏以南则渐以南方碱蓬($S.$ $australis$ Moq.)形成单一种分布。南方碱蓬在我国一直分布到海南岛,在海南的陵水、崖州、东方等处,南方碱蓬常群生于潮湿海滩或黏性盐积土上,或与红树林混生。由于南方碱蓬色彩鲜丽,有紫红和绿色间杂,使海滩艳丽耀目。该种在日本南部和澳大利亚皆有分布[①]。在世界范围内,热带、亚热带或温带海岸及内陆盐碱荒漠几乎都有碱蓬属植物生存。

图 16-2 碱蓬属的传播路径(邢军武)

第二节 碱蓬属植物的荒漠化学生态

新疆盐碱荒漠分布在干旱区盐湖周围,河岸和局部低洼处的盐土上,其地下水位 $1\sim3m$,表土 $20cm$ 以上含氯化钠和硫酸钠为 $10\%\sim30\%$。在这种生境下建群层片是由一些中温、生理性旱生、多汁的真盐生和湿盐生半矮灌木组成,最有代表性的是藜科

①中国科学院华南植物研究所.海南植物志(第一卷).科学出版社,1964:394~395.

盐爪爪属、碱蓬属的各种半矮灌木,还有一年生多汁湿盐生植物层生盐角草(*Salicornia europaea = S. herbacea*)和一些一年生碱蓬属植物。此外,盐生灌木层片常有藜科的西伯利亚白刺(*Nitraria sibirica*)、茄科的黑刺(苏枸杞 *Lycium ruthenicum*)和柽柳科各种柽柳,从属层片有其他科的盐生草本植物,包括菊科的胖姑娘(*Karelinia caspica*)和一些耐盐禾本科植物。这类荒漠建群植物因生长在含高量氯化钠和硫酸钠的盐土上,其灰分 Na、Cl 含量是荒漠各类型中最高的,也是全国各植被类型中最高的(表 16-1)。建群植物藜科盐爪爪、细叶盐爪爪、尖叶盐爪爪、盐节草。盐角草等灰分含量多为 40.00% ~ 50.00%,个别可达 54.00%。伴生的盐穗木、囊果碱蓬、角果碱蓬等为 30.00% ~ 40.00%,而藜科的两种白刺、茄科的黑刺及菊科胖姑娘和羊角菜为 20.00% ~ 30.00%。其 Na 含量为 8.00% ~ 10.00%,灰分较低的 Na 含量为 5.00% - 10.00%。而羊角菜的 Na 含量只有 1.00% ~ 1.70%。Cl 含量在几种盐爪爪为 15.00% ~ 20.00%,其他为 10.00% ~ 15.00%或较低。几种盐爪爪含有高量的 K,为 3.00% ~ 5.00%,其他不少 K 含量只有 1.00% ~ 2.50%;但 Ca 含量在几种藜科植物中只接近或低于 1.00%,而藜科和菊科的 Ca 含量都比藜科的高,在 2.00% ~ 3.00%之间。S 含量在几种盐爪爪及其他藜科植物中多为 1.00% ~ 1.50%上下,而菊科的胖姑娘一般为 2.20% ~ 3.80%,囊果碱蓬在个别生境也达到 4.10%。它们的 N 含量一般为 2.50% ~ 2.90%,也有少数为 1.50%左右的。P 含量一般为 0.10% ~ 0.20%,少数为 0.30% ~ 0.40%。SiO_2 含量为 0.50% ~ 1.00%上下,含中量 Al 和 Fe(即 0.05%上下),而 Mn 含量多为 0.000%,这一类型的优势植物的化学特征可属 Cl > Na > K > N > S(Si)型。[1]

表 16-1　新疆、内蒙古盐碱荒漠两种碱蓬的成分(占干物质%)

植物	地点	灰分	元素										水提取液	
			N	P	S	SiO	Fe	Al	Mn	K	Na	Ca	Cl	SO₄
囊果碱蓬	新疆托克逊	35.22	2.91	0.029	2.02	0.74	0.032	0.066	0.000	1.502	10.261	0.982	11.30	4.48
		43.92	2.40	0.013	4.10	0.93	0.015	0.067	0.000	1.150	10.245	1.546	12.24	1.24
	莎车	46.6	–	0.103	1.01	1.59	0.017	0.131	0.021	2.357	8.532	1.219	–	–
角果碱蓬	内蒙古阿拉善	33.62	–	0.089	1.06	0.77	–	–	–	2.227	13.557	1.114	–	–
		36.52	–	0.285	1.62	0.10	0.019	0.061	0.000	2.612	11.569	0.042	10.91	4.90
		43.79	–	0.214	1.71	1.65	0.091	0.005	0.000	3.729	12.118	0.839	14.45	5.26
		29.16	3.34	0.158	1.27	0.79	0.000	0.093	0.000	6.462	7.180	0.814	–	–

---

①侯学煜. 中国植被地理及优势植物化学成分. 科学出版社,1982:166 ~ 169.

第三节　碱蓬属群落的发育和衰退

碱蓬属植物具有介于海洋与陆生植物之间的某些特性,既像海藻一样耐盐,又像淡土植物那样适应淡水并具有复杂组织分化。从滨海潮间带海水周期性淹没区开始,一直到内陆盐碱荒漠、盐湖及陆地高低盐生境,往往都有碱蓬属植物分布。

图 16 - 3　陕西省定边盐湖区周边的红色盐地碱蓬环形群落(邢军武摄)

通常,碱蓬属植物能正常生长的盐度对所有淡生植物都是致命的,因此,在高盐环境中碱蓬往往处于无竞争状态,但在有大米草和互花米草侵入的潮间带区域,凡两者皆适于生长的位置,则碱蓬竞争不过米草,而在较高潮位处则可与米草形成各自的分布带,通常米草居较低潮位,碱蓬属之南方碱蓬、垦利碱蓬、盐地碱蓬、碱蓬等居较高处。如在江苏大丰麋鹿保护区潮间带,可看到碱蓬属与米草属沿岸线形成不同色彩的群落带平行分布的景观,盐地碱蓬、垦利碱蓬呈红色,大米草、互花米草春夏为绿色,秋后枯黄。

在沿海地势低平、地下水皆为海水且埋深较浅的地方,盐场和内陆盐湖区等处,土壤含盐量因强烈蒸发可远超海水浓度。能在此生长的植物为数极少。这种环境渗透胁迫严酷,碱蓬属的盐地碱蓬[*S. salsa*(L.)Pall.]和碱蓬[*S. glauca*(Bunge)Bunge.]及盐角草则是这种高盐环境的先锋植物,垦利碱蓬(*S. kenliensis* J. W. Xing)则分布于潮间带中潮带以上的周期性海水淹没区。其群落使海陆过渡带的盐碱环境呈现美丽色彩,洋溢生命气息与蓬勃生机。

随着环境含盐量的变化,植物也由潮下带藻类到潮间带海藻、海草,到垦利碱蓬(*S. kenliensis* J. W. Xing)到盐角草(*Salicornia europaea* L.)、盐地碱蓬[*S. salsa*(L.)Pall.]、碱蓬[*S. glauca*(Bunge)Bunge.]、柽柳,再到补血草、碱茅、芦苇等耐盐植物,直至过渡到淡生植物类群。

在沿海或内陆一些其他植物无法生长的盐碱荒漠上,碱蓬属植物往往成为先锋种,形成单一群落,群落生长茂密,大范围盖度甚至可超过 90%。例如辽宁盘锦辽河口大凌河口盐地碱蓬(*S. salsa*)单一群落和山东东营黄河口以北和以南的垦利碱蓬单一群落等,都有大面积的红色植被形成的红海滩景观。尤其盘锦市的盐地碱蓬红海滩已成为城市名片,吸引大量游人观光。从潮间带滩涂直到潮上带和滨海洼地,在绵延数十公里的潮滩,密布潮间带的红色盐地碱蓬群落,成为极其壮丽的自然景观。

图 16-4　辽宁盘锦大凌河口潮间带滩涂的单一盐地碱蓬种群形成的红海滩景观

　　碱蓬幼苗期在高盐环境呈红色或黄绿色,若雨季土壤含盐量降低则枝叶呈灰绿色。盐地碱蓬春秋两季逐渐变为玫瑰红色,鲜艳欲滴,在盐含量较低的环境则呈绿色。垦利碱蓬在潮间带滩涂为紫红色,或红绿相间。

图 16-5　莱州湾潮间带垦利碱蓬群落(邢军武摄)

　　8月以后,碱蓬属植物茎木质化程度渐高,到11月底色彩渐退、枯萎变黄。至来年清明,又从种子开始新的轮回,在枯枝丛及其周边落的种子能更早更快速萌发。

表 16-2　高盐环境盐地碱蓬自然生长阶段及时间

时间	4月初	6—11月	7—11月	11—4月
生长阶段	发芽	开花	结子	枯死
颜色	鲜玫瑰红	鲜玫瑰红	鲜玫瑰红	浅土黄

1. 碱蓬属植物种子的降落、散布与萌发

1.1　碱蓬属植物种子的降落与散布

自然状态下,秋季碱蓬属植物种子逐渐开始成熟并散落,大量种子以母体为中心向周边散布,但在大风时,种子顺风运动,且密度随与母体的距离增大而减小,距离越远越稀疏。除风力外,种子也随降雨和流水携带顺流分布至水流到达的适于固着处。多数种子会聚集在地面裂隙和低洼处以及被凸起物阻挡的地方,并逐渐被泥土覆盖。动物如鸟类、鼠类、蟹类等也是种子的重要携带者。

垦利碱蓬种子较大,其叶和种子均与碱蓬及盐地碱蓬极易脱落不同,在无外力作用下,如在室内环境,其叶与果实即使植物已经枯萎也长期不落,种子通常需潮水风浪冲刷脱落,显然是对潮间带海洋环境的适应(图16-7)。

图16-6 碱蓬种子散落于地并向地面裂隙与低洼处汇集(邢军武摄)

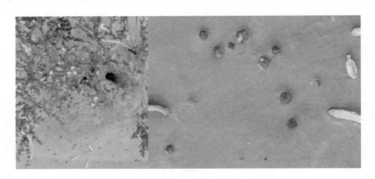

图16-7 垦利碱蓬种子成熟后不易脱落,需经涨退潮风浪冲击方渐脱落,右图为潮水退后沉降于滩涂正在淤入泥沙的垦利碱蓬种子和落叶(邢军武摄)

1.2 碱蓬属植物种子的自然萌发

开春后,碱蓬属植物的种子随气温回升在雨或雪水湿润下开始萌发。通常在母株附近形成高密度幼苗,愈远愈稀(图16-8至图16-9)。

图16-8 大量散落的碱蓬种子在地面汇入缝隙与低洼处,来年从缝隙中发芽生长(邢军武摄)

图 16 - 9 垦利碱蓬种子从盐碱滩涂裂隙中出苗(邢军武摄)

2. 一年生碱蓬属植物枯枝对来年群落更新的意义

与没有枯枝的裸地相比,碱蓬属植物枯枝中的种子萌发更早,出苗更整齐,生长更快(图 16 - 10 至图 16 - 11)。

图 16 - 10 落在老枯枝丛中的种子萌发快出苗早(邢军武摄)

图 16 - 11 垦利碱蓬枯枝丛中萌发的紫红色幼苗(邢军武摄)

碱蓬、盐地碱蓬、垦利碱蓬等一年生的种,植株和群落死后的枯萎枝体,对其中散落的种子的繁衍有多种作用:枯枝对种子提供遮蔽和保护,可有效将大部分种子保留在母株和群落中,使种子易于固着而不被风雨等外力带走。枯枝丛因枯枝覆盖,其温度高于周边裸露的盐碱地,有利于种子萌发。枯枝丛可减少蒸发,涵养并储存更多水分,保持土壤湿润,促使种子萌发。枯枝丛有机质和养料更丰富,土壤更肥沃,更有利于幼苗生长(图 16 – 12)。

图 16 – 12　新出的垦利碱蓬幼苗和上一年的枯枝(邢军武摄)

3. 自然分枝与密度

碱蓬属植物的分枝情况通常取决于生长空间的疏密,密度大则分枝少甚至不分枝,密度小则分枝多并形成较大覆盖面积。如老群落丛中的种子萌发密集,一般只直立生长而没有分枝,单株覆盖面积很小。在群落边缘外侧生长的植株则分枝增多。单株生长于空旷处,分枝最多,覆盖面积也最大(图 16 – 13)。

图 16 – 13　密度影响盐地碱蓬分枝情况:密集生长的无分枝(左),稀疏生长的则分枝增多(右)(邢军武摄)

图 16 – 14　安固里淖单独生长的盐地碱蓬分枝繁多,覆盖直径达 80cm(邢军武摄)

4. 盐地碱蓬的群落形成

通常单株盐地碱蓬在空旷盐碱地会增加分枝数量,形成更大的覆盖面积,在适宜生境覆盖半径甚至在 40cm 以上(图 16-14)。而在植株密度增加时,分枝减少,密度过大则不分枝而只有主干直立生长。垂直高度因环境含盐量而不同,一般在 20~80cm,密集生长的群落如盘锦红海滩的盐地碱蓬高度一般在 20cm 左右,并能适应潮间带的风浪。

图 16-15　河北一个内陆盐湖干涸区盐碱荒漠形成的圆形盐地碱蓬群落,周边白色的为盐碱,远处系盐湖水(邢军武摄)

图 16-16　盐场盐池埂边的盐地碱蓬群落(邢军武摄)

图 16-17　青岛东风盐场高盐海水池埂两边生长的红色盐地碱蓬群落(邢军武摄)

通常在没有外力干扰的情况下,在所有适宜盐碱环境,只要有充足的盐地碱蓬种源和适于固着的微地貌生境,其群落可在较短时间内迅速达到较高的地表覆盖度,形成单一种的茂密盐地碱蓬群落。而群落越大,形成的种源就越多,种子散布的范围就越广,种群的扩展速度也就越快。在自然过程中,影响盐地碱蓬种群繁衍分布的主要是气候条件及灾害,如干旱、洪涝、风暴潮以及病虫害等。一般在低盐环境,盐地碱蓬缺乏与其他植物竞争的优势,所以其分布区总是与环境含盐量密切相关,表现出高盐环境的先锋性。随着土壤和地下水含盐量的降低,盐地碱蓬面临外来植物的侵入性竞争,经常在竞争中因原群落土壤含盐量逐渐下降而退缩(图 16 - 15 至图 16 - 21)。

图 16 - 18　落日西去碧海红,斥卤盐地碱蓬生。萧瑟秋至黄昏后,睡鸟匿迹空无声(邢军武摄)

图 16 - 19　盐地碱蓬群落的发育过程 I:由左至右从单株逐渐扩展成密集群落(邢军武摄)

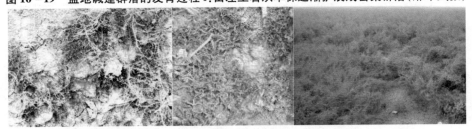

图 16 - 20　盐地碱蓬群落的发育过程 II:由左至右密集的种子萌发的红色幼芽当年形成群落(邢军武摄)

图 16 - 21　盐地碱蓬群落的发育过程 III:群落覆盖控制内蒙古查干淖尔干湖盆盐碱尘暴(左)三棵盐地碱蓬阻挡盐碱沙尘被埋多半;(中)连片的盐地碱蓬红色群落与白刺沙丘(绿色)逐渐覆盖裸露的盐碱荒漠;(右)茂密的盐地碱蓬群落已覆盖地表阻止盐碱尘暴形成(邢军武摄)

5. 碱蓬的群落形成

碱蓬是碱蓬属最高大的种,其最大单株覆盖直径有一米多,通常与盐地碱蓬分布范围相同,但盐地碱蓬比碱蓬分布的位置更低,例如盘锦辽河口大凌河口潮间带滩涂的盐地碱蓬群落就没有碱蓬。碱蓬一般在比盐地碱蓬较高处出现。胶州湾东风盐场盐地碱蓬与碱蓬的分布显示,更低处总是由盐地碱蓬形成单一群落,较高处则由碱蓬构成单一群落(图 16-22 至图 16-26)。

图 16-22 青岛东风盐场海水池埂两边红色盐地碱蓬与道路旁的绿色碱蓬群落(邢军武摄)

图 16-23 青岛东风盐场道路两旁的绿色碱蓬群落(邢军武摄)

图 16-24 青岛胶州湾碱蓬的单一种形成的大面积群落(邢军武摄)

通常碱蓬群落生长的位置盐地碱蓬也可以生长,但碱蓬高大的植株和覆盖度往往造成其他植物难以获得阳光,从而限制其进入。而在碱蓬生长受到抑制的地方,如高盐环境,盐地碱蓬可以进入,形成碱蓬与盐地碱蓬的复合群落(图 16 - 27)。当土壤含盐量大幅度降低,更多植物会侵入,以耐盐水平高低构成不同种的复合群落。

图 16 - 25　盐地碱蓬在近海水低处生长,碱蓬居高处组成分层群落(邢军武摄)

图 16 - 26　碱蓬幼苗和植株在高盐环境中,下部的叶子呈红色黄色,上部叶子呈绿色(邢军武摄)

图 16 - 27　碱蓬与盐地碱蓬的复合群落(邢军武摄)

6. 潮间带垦利碱蓬的群落形成

与碱蓬、盐地碱蓬不同,垦利碱蓬与南方碱蓬分布范围较受局限,垦利碱蓬仅分布在山东至浙江的滨海潮间带滩涂,南方碱蓬则分布在浙江以南的潮间带滩涂。为适应海洋环境,垦利碱蓬不仅发育了较大的种子且不像盐地碱蓬那样随时脱落,其枝干也特别坚韧,且木质化程度很高,根系发达,有极强的耐受潮间带海水风浪冲击的能力。由于我国莱州湾海域是风暴潮的高发区,垦利碱蓬必须具备一定的适应和抵抗能力才能在这样的区域生存和繁衍下去。

　　垦利碱蓬一般分布在潮间带的中潮线以上区域,秋后其成熟的种子须经风浪冲击而脱落,在退潮时淤积于滩涂表层,来年开春后萌发并迅速扎根以免被涨潮水流冲走。而在退潮时,滩涂长时间暴露在阳光下,蒸发使土壤含盐量迅速增高,海水盐度从26左右急增至30甚至40。垦利碱蓬对渗透胁迫的耐受能力极强,所以其群落通常是单一种构成,很少其他种进入,但在较低潮位处可有大米草和互花米草群落。与陆地环境不同的是,潮间带的土壤含盐量由于海水的按时淹没得到补充与恢复,一般不会减少。这使垦利碱蓬群落不像陆地的碱蓬属群落那样,因群落导致含盐量逐渐降低而混合进非盐生植物,造成群落衰退(图16-28至图16-34)。

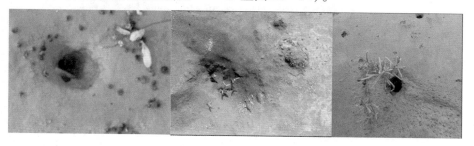

　　图16-28　垦利碱蓬当年沉降于潮间带泥滩的种子一部分被水流冲走,一部分淤于低洼、裂隙、洞穴或泥沙中越冬至来年开春萌发(邢军武摄)

　　图16-29　从滩涂萌发出的垦利碱蓬幼苗被盐碱泥沙包裹起来(邢军武摄)

　　图16-30　垦利碱蓬老枯枝下面的种子萌发出苗(邢军武摄)

图 16 - 31　垦利碱蓬幼苗与蟹洞（邢军武摄）

图 16 - 32　退潮后潮间带露出的垦利碱蓬幼苗正在形成植被（邢军武摄）

图 16 - 33　退潮后滩涂上被潮水冲出的柽柳和稀疏的垦利碱蓬群落（邢军武摄）

图16－34 潮间带垦利碱蓬群落由稀疏趋于茂密（邢军武摄）

由于垦利碱蓬特殊的生存环境,其群落多为单一纯种结构,很少形成与其他种的复合群落。而盐地碱蓬虽然在辽宁的潮间带均可形成群落,但至山东滨州以南却未发现其生存于海水涨潮后的淹没区。这是由水体和滩涂含盐量决定的。从含盐量看,辽宁海域的辽河、大凌河口盐度较低,近岸潮间带盐度一般为3～10,潮下带盐度10～20,而莱州湾的盐度通常是20左右,且渤海湾北端的盘锦海域因陆缘淡水较为充足,其海域水体盐度受淡水影响,自陆向海的盐度逐渐增高,在高潮带附近向陆地延伸的滩涂水体盐度则为10～3或为淡水。因此,盐地碱蓬在该含盐量为10左右的区域形成纯种的红海滩植被景观,在盐度进一步降低处,则与芦苇组成盐地碱蓬混合芦苇群落,直至纯芦苇群落和水稻作物植被。

山东滨州海域至莱州湾及半岛以南潮间带盐度比辽河口高,未见盐地碱蓬在此海域潮间带形成植被。滨州海域及其以南的渤海湾至黄海潮间带皆由垦利碱蓬建立单一种群植被。

7. 碱蓬属植被群落的衰退

碱蓬属作为高盐环境的先锋种总是最先出现在裸露的高盐生境,同时,由于碱蓬属如碱蓬、盐地碱蓬等群落所具有的从环境中富集盐分的生理功能,以及涵养更多淡水的群落功能,碱蓬群落在局部区域的繁衍,可以导致环境含盐量的持续降低(见本书第十八章),最终使其他非盐生植物可以进入碱蓬群落或与其构成复合群落,而这种复合群落往往是碱蓬属群落衰退的先兆。碱蓬属植物通常会随盐分的迁移而由低盐区向高盐区分布,并在高盐与低盐的分界处形成明显的带状群落结构(图16－35)。

但分布在特殊的海洋潮间带环境的垦利碱蓬,由于其环境含盐量周期性受到海水的补充,因此盐度很难降低,非耐高盐的植物种往往难以侵入其群落。通常在潮间带微地形地势较高处,若土壤含盐量较低,芦苇等植物可以构成群落,而垦利碱蓬则居于高盐滩涂(图16－36)。外来物种的米草属植物大米草、互花米草则居于比垦利碱蓬更低处。

图 16 – 35　在高盐与低盐的分界处形成明显的带状红色盐地碱蓬群落与绿色狗尾草群落(邢军武摄)

图 16 – 36　在含盐量降低的区域芦苇侵入形成盐地碱蓬与芦苇群落图(引自网络)

　　沙霍夫认为,从进化生态学观点看,拒盐、不透盐性的植物在盐渍环境中出现最晚,在被子植物门各种中最为普遍,是许多栽培植物的特征。但对盐环境的最完善的适应方式是盐分积聚,而不是盐分的排出和不透盐。不过后两种形式的植物在进化中的位置比前一种要高,也就是出现得更晚。与藜科肉质盐生植物不同的是,这些植物都是淡生植物向盐生植物转变过程中对盐渍环境的次生适应,因此具有现代适应型的特点。这是禾本科植物所固有的,而积盐性的藜科肉质盐生植物则是在原始植物适应海岸时产生的[①]。所以,碱蓬属盐生植物可能既是早期海洋植物脱离海洋进入陆地的先驱,又是现代陆生盐生植物重返海洋的先驱。但米草属的大米草和互花米草应该是更晚的植物重返海洋的成功者。

　　在沿海或内陆一些其他植物无法生长的盐碱荒漠上,垦利碱蓬、盐地碱蓬、碱蓬往往成为先锋种,并能迅速形成辽阔无际的单一群落,且群落生长茂密,大范围内盖度往往可超过 90%。例如黄河入海口南北环渤海莱州湾至黄海江苏潮间带分布的垦利碱蓬和潮上带的盐地碱蓬,从淤泥质潮滩起,到高潮滩再到潮上带、风暴潮滩和滨海洼地,一直向内陆延伸 20 多公里,形成沿海带状分布的壮阔景观。随着向内陆的延伸,

---

①A. A. 沙霍夫. 植物的抗盐性. 科学出版社,1958:79.

群落中逐渐出现一些泌盐和拒盐的盐生植物,并由此向淡生植被演替过渡。

在渤海沿岸和胶州湾沿岸的碱蓬群落,除了在含盐量超过 1% 的高盐土壤形成大面积的单一群落,还经常在风暴潮滩下部、河口两岸、小河口滩以及地势低洼、土壤潮湿泥泞、含盐量在 0.7% 左右的地方与芦苇形成碱蓬 – 芦苇群落;上层为芦苇,下层优势种则为生命力强的盐地碱蓬及碱蓬,并伴有一些盐角草。随着水和含盐量的变化,这种碱蓬 – 芦苇群落的主体将发生相应改变。改变的幅度取决于水的变化情况,如果淡水增多,盐度降低,则碱蓬将逐渐退缩而形成以芦苇为主体的沼泽植物群落。相反,如果淡水减少、渐趋干旱以及盐度增高,碱蓬则成为主体而芦苇将渐稀落。如果盐度增加得足够高,将只剩下由碱蓬构成的单一种群。

芦苇是具有发达根系的拒盐植物,生命力强大,对水、盐的适应范围宽广,是盐渍环境中的常见建群植物。在适宜的环境条件下,它可以形成无际的芦苇荡,或相当大的群落规模。

碱蓬不仅与芦苇构成群落,还可以与獐茅构成碱蓬 – 獐茅群落。这种结构的群落主要分布于盐地碱蓬群落外围的地势较高、较干的盐渍土上。但盐场结晶池边低洼高盐地带有时也有碱蓬 – 獐茅群落,生长呈受抑状态。

獐茅是泌盐植物,可大量吸收盐分并通过茎叶表面腺体分泌出体外而不在体内储积。对土壤 Cl^- 和 SO_4^{2-} 溶液适应范围宽,对 Cl^- 适应范围从 1.40mg 当量/100g 干土重到 17.77mg 当量/100g 干土重。灰分含量较低(6% ~ 10%),主要是 Na 的含量低,而 Ca 和 K 等相差不多,反映其对中性可溶性盐有较广泛适应力。

碱蓬 – 獐茅群落是吸积盐肉质型植物与泌盐禾草型植物的混交盐生植物群落,其上层为碱蓬,高 50 ~ 60cm,覆盖度在一些地方为 25% ~ 45%[1],在另一些地方则可以达到 40% ~ 70%,时常伴有散生柽柳。群落下层优势种为匍匐生长的獐茅,高约 30cm,覆盖度为 40% ~ 50%,伴生有很矮的芦苇、二色补血草等。有人认为碱蓬 – 獐茅群落是由盐地碱蓬侵入獐茅而成[2]。但据观察,也有獐茅侵入碱蓬群落的例子,应为两种群落形成方式同时存在[3]。

同碱蓬与芦苇的群落结构一样,碱蓬 – 獐茅群落也呈不稳定状态,随着土壤盐含量的变化群落结构也将发生改变。在地势逐渐增高的情况下,土壤逐渐脱盐,NaCl 含量减少,碱蓬逐渐处于劣势,与此同时其他群落成分开始增加并逐渐发展成以白茅等为主的杂草群落。但若因人为或自然因素土壤盐含量增长,盐渍化加重,则会使群落

①②赵德三. 山东沿海区域环境与灾害. 科学出版社,1991:292.
③邢军武. 盐碱荒漠与粮食危机. 青岛海洋大学出版社,1993.

逐渐向单纯碱蓬群落发展,其他植物将渐趋消亡。

在一块土壤含盐量为4%以上的光板盐碱地上,碱蓬最初以孤立的单株出现,此后,丛株面积逐年扩大,形成一片盐碱荒漠上的绿岛。随着群落面积扩大,中心部位盐度逐渐降低。在碱蓬群落继续向外扩展的同时,群落中心部位因盐度降低而逐渐侵入一些泌盐植物如獐茅、补血草和碱茅等,并混杂进曲曲菜、茵陈蒿、猪毛蒿、狗尾草、蓟、蒲公英、野绿豆、车前、马齿苋、紫苜蓿、柽柳、桑、枸杞、单叶蔓荆、白刺、罗布麻、紫穗槐等。于是,白茫茫的盐碱滩变成了草原,而碱蓬属则从低盐环境中萎缩消失了。

8. 红海滩问题及其植被修复与构建

如前所述,潮间带或滨海滩涂单一大面积盐地碱蓬或垦利碱蓬植被,可形成壮丽的红海滩景观,对提升区域价值和生态功能具有难以估量的作用及意义。

8.1 红海滩问题

在辽河三角洲约21.65万公顷的自然盐渍湿地上发育的盐地碱蓬红海滩植被景观,成为盘锦市的旅游资源和城市名片,但作为一个一年生的高盐环境的先锋植物种,盐地碱蓬群落在自然状态下是不断地进行着动态演变的,其群落也随环境尤其是生境含盐量的变化而兴衰迁移。盐地碱蓬群落不断变动消亡的特点必然使其形成的景点也处于变动或消亡之中。由此带来诸多问题,例如自20世纪末,盘锦辽河口的盐地碱蓬群落逐年退化,退化面积占湿地总面积一半以上,很多区域或已成裸露光滩,或为芦苇群落所演替。地方政府为此忧心如焚,为维护这张靓丽名牌而多方寻求对策。对盘锦市来说,从红海滩成为地方名片以来,这一景观的存亡已不是一个植物群落的生态问题,而是关系地方形象的政治问题。当人们慕名而来却看不到传说中的红海滩景观,就会引发负面舆论(图16-37)。

图16-37 红海滩景观在盘锦之盛衰可影响区域价值之高低(邢军武图)

红海滩现象本来是植物群落的自然动态演替过程,结果需要人为加以控制,使其固定或停止自然变化,以维持盐地碱蓬群落的单一性和稳定性。而欲达此目的,必须满足六个条件:1)能够生存,让景区环境始终保持符合盐地碱蓬生存的条件;2)保持红色,即保持景区含盐量不能过低;3)种群单一,即不能有其他植物侵入;4)密度足够,即保持足够的密度和覆盖度;5)面积巨大,即能够形成视觉的辽阔感;6)区域稳定,即不能使群落迁移,以保持景区的可寻找可参观性。这是邢军武2019年应邀针对盘锦政府希望保持其红海滩名片给出的路径。而就这种一年生的先锋植物种来说,这意味着需要通过人工措施使景区能够满足上述六条要求,并以此六条为目标,将现有景区一切自然的动态改变加以人工控制,使其固定或稳定化。

图16-38　盘锦2019年的红海滩景观(邢军武摄)

　　本来自然状态下的辽河口大面积单一盐地碱蓬群落的演变亦如前述,先是盐地碱蓬作为高盐环境的先锋种进入高盐滩涂,或大面积覆盖,或以斑块样聚丛在高盐潮间带和滩涂逐渐连片成群落。盘锦盐地碱蓬群落面积鼎盛时几乎覆盖其大部滩

图16-39　在盐地碱蓬群落中含盐量降低的位置
演替出早期的芦苇群落(照片引自网络)

涂,然后随着生境含盐量的降低,群落面积由大向小转化,芦苇群落呈斑块样侵入,其斑块面积逐渐增大,经盐地碱蓬-芦苇复合群落向纯芦苇群落过渡。大凌河入海口近陆水土含盐量降低,盐地碱蓬群落往南向海迁移,芦苇群落也向南随后扩张。相反,在高盐海水侵入区,或干旱盐度超量区,在水土含盐量高到盐地碱蓬难以耐受的区域,则盐地碱蓬群落趋于枯萎死亡,又因潮水冲蚀或群落未形成足够成熟的种子,或因人为采集等导致表土缺乏足够的盐地碱蓬种子,滩涂将变为裸露的无植被光滩(图16-38至图16-40)。

图16－40　盘锦潮间带盐地碱蓬某红海滩景点2013年6月的茂密群落（左）因水土含盐量提高2016年7月同一区域已成裸露光滩（右）（照片引自吕ppt）

所以,盐地碱蓬群落的自然兴衰是随环境和条件的改变而变化的,以人力固定一个区域的环境条件,使之适应盐地碱蓬的生存需要在小的时空虽然可行,但在大的时空则往往是徒劳的。例如青岛胶州湾北岸的原生碱蓬群落,随着大规模的房地产开发和高新区建设而消失。莱州湾潮间带垦利碱蓬群落随风暴潮的影响而时存时亡,也是很好的例子。

8.2　渤海湾滩涂的生态修复工程与存在的问题

自辽河口经河北至山东滨州以北的潮间带滩涂,形成红海滩的植物通常是盐地碱蓬,滨州无棣以南的潮间带,自然形成红海滩的植物则多系垦利碱蓬。

随着盘锦红海滩影响力的提升,通过国家和地方政府的项目推动,全国沿海潮间带滩涂兴起碱蓬种植的热潮。如"渤海综合治理攻坚战行动计划"就包括潮间带滩涂人工种植"翅碱蓬"建立红海滩植被的大规模工程内容。但正如很多人不了解所谓"翅碱蓬"就是盐地碱蓬一样,此类工程往往对脆弱的原生植被造成严重破坏。

例如渤海湾南部的垦利海域潮间带原生海水柽柳林与垦利碱蓬复合群落,对海域及海陆过渡带生态系统具有重要作用,至2019年底,中国科学院海洋研究所邢军武团队调查此处尚残余的130余株耐海水柽柳,这些历经波浪考验存活的柽柳,2020年却被种植"翅碱蓬"的工程队彻底铲除,造成不可挽回的巨大生态损失(图16－41)。此外,很多项目发标及承担单位缺乏对海洋和碱蓬属植物的基本知识,既不了解自然分布的盐地碱蓬与垦利碱蓬的分类与分布区别,更不了解其生理生态习性,尤不了解相应海域的海洋学特征及其各种动力影响因子,贸然实施大规模的海域生态修复和盐地碱蓬的种植,结果往往事与愿违,不仅没有建立起盐地碱蓬植被,反而对原生的物种如垦利碱蓬等造成严重破坏。

图 16 - 41　垦利潮间带的耐海水柽柳林曾经茁壮生长(邢军武摄)

8.3　渤海湾南部海域盐地碱蓬(翅碱蓬)的植被构建

在渤海湾南部山东滨州无棣至莱州海域,其潮间带天然分布的原生碱蓬属植物是垦利碱蓬,盐地碱蓬则分布在北部辽河口海域。

根据中国科学院海洋研究所在垦利海域潮间带进行盐地碱蓬与垦利碱蓬的人工种植实验,盐地碱蓬在该海域的种植和群落构建面临诸多困难。由于莱州湾风浪和潮水均较大,盐地碱蓬种子过小,且不能深播,通常播种后种子难以经受潮水的冲刷携带,一次大潮可以将大部分种子冲走(图 16 - 42 至图 16 - 45)。

图 16 - 42　极细小的盐地碱蓬种子(左)和潮水冲积在岸边的大量人工播种的种子(邢军武摄)

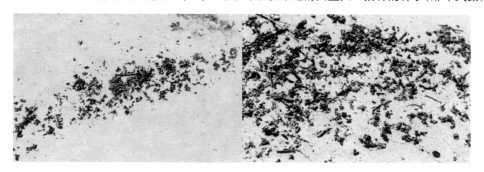

图 16 - 43　退潮后遗留在海堤高处的盐地碱蓬种子(邢军武摄)

除了多数种子被潮水冲走之外，没有被潮水冲走的种子，萌发出苗后仍难免被潮水连根冲走。

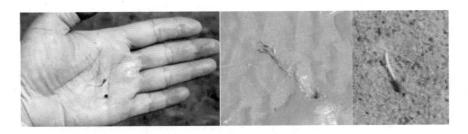

图 16-44　被潮水冲出的盐地碱蓬幼苗（邢军武摄）

残余的盐地碱蓬难以形成群落，最终多数来不及开花结籽再次被潮水席卷而去。

为什么同处渤海，辽河口的潮间带可以有大面积的盐地碱蓬群落分布，而莱州湾的潮间带却少有大面积盐地碱蓬群落？

这与海域环境的不同有关。辽河口的陆地在北，开口向南，莱州湾与辽东湾不同，陆地在西，湾口朝东且极其开阔。所以春夏秋莱州

图 16-45　残余的少数盐地碱蓬苗在退潮的潮间带滩涂（邢军武摄）

湾风大浪急，而辽河口则受影响较小。同时，辽河口淡水充足，潮间带滩涂区盐度较低，而莱州湾陆缘淡水不足，潮间带滩涂受海水控制，盐度较高。而盐地碱蓬种子特别细小，幼苗也十分细嫩，不能适应风大浪急的海水冲刷，因此，盐地碱蓬可以在辽河口建立大规模的红海滩植被，却难以在莱州湾潮间带滩涂生存（图 16-46）。

图 16-46　垦利潮间带涨潮后的海水可以淹没全部滩涂区（邢军武摄）

每年 4 月下旬至 11 月，莱州湾潮间带滩涂频繁遭受大潮淹没，且因东风与潮水叠加对滩涂形成强烈冲蚀，滩涂土层剥蚀厚度最高处可达 10cm（图 16-47），在此强大外力下，人工播种的种子多数被潮水冲走，部分幸存者虽萌发出苗，却因幼芽娇嫩，在大潮和风浪的反复冲击下绝大多数被连根冲走（图 16-48）。

图 16 – 47 滩涂被潮水侵蚀的地表厚度可达 10cm（邢军武摄）

图 16 – 48 刚出芽的盐地碱蓬幼苗被潮水连根冲出（邢军武摄）

多种抗风浪模式实验表明，播种后通过遮阳网覆盖等措施，可以克服潮水和风浪对种子的冲刷流失，提高出苗率。但出苗后仍无法抵抗潮水的强烈冲击，最终多数幼苗仍被连根冲走（图 16 – 49）。

事实证明，在该海域潮间带种植盐地碱蓬，必须选择地势较高的能够避免在播种和幼苗期被潮水淹没的区域播种，否则很难取得成功（图 16 – 50）。

图 16 – 49 遮阳网覆盖保护盐地碱蓬种子出苗但不能阻止幼苗被潮水冲走（邢军武摄）

图 16 – 50 垦利碱蓬高出水面的群落和海堤上的碱蓬（邢军武摄）

由于莱州湾海域风浪很大，在潮水淹没区种植盐地碱蓬种源消耗巨大，反复重播只能造成种源浪费而无济于事。更严重的是，沿海广泛的大规模人工种植盐地碱蓬造成种源需求剧增,在人工栽培的种源供应不足的情况下,各地对野生种子的采集必然造成盐地碱蓬自然种群的萎缩甚至消亡。这在盘锦地区已经造成严重后果,山东、江苏也存在类似问题。

8.4 渤海湾南部海域垦利碱蓬的植被构建

莱州湾垦利海域潮间带海水盐度远高于辽河口潮间带,退潮后潮间带滩涂在太阳曝晒下含盐量迅速增高,形成白茫茫的结晶和粉末。表层土壤含盐量过高,也是盐地碱蓬难以形成良好群落的原因之一(图16-51 至图16-54)。

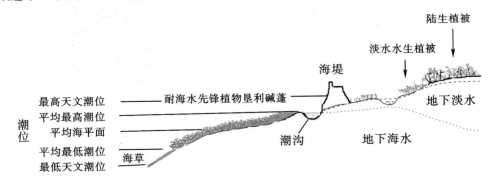

图 16-51 山东莱州湾潮间带垦利碱蓬群落分布断面(邢军武图)

图 16-52 退潮后的滩涂表面形成白色的盐结晶(邢军武摄)

图 16-53 退潮后的潮间带在蒸发下表土盐度迅速升高形成白花花的结晶和粉末(邢军武摄)

图 16 - 54　红海滩构建示范区涨潮 (左) 与退潮 (右) (邢军武摄)

8.4.1　渤海湾南部海域垦利碱蓬人工种植

　　垦利碱蓬的种子比盐地碱蓬的大,芽、苗、根、茎皆比盐地碱蓬的粗壮发达且坚韧,具有盐地碱蓬所缺乏的适应海洋环境、抗风浪潮水冲刷及海水淹没的生理特性,而且是该海域的原生植物,因此,采用垦利碱蓬构建潮间带红海滩植被,具有比盐地碱蓬更好的适应性和可行性。事实证明,在盐地碱蓬难以生存的莱州湾海域潮间带,垦利碱蓬红海滩群落生长良好(图 16 - 55 至图 16 - 57)。

注:左为构建前的潮间带光滩,右为建立的红海滩植被。

图 16 - 55　在东营垦利潮间带进行的垦利碱蓬植被构建 (刘书明摄)

图 16 - 56　由中国科学院海洋研究所建立的垦利碱蓬的红海滩人工群落 (邢军武摄)

图 16-57　中国科学院海洋研究所建立的垦利碱蓬的红海滩人工群落(邢军武摄)

莱州湾海域为半日潮,最高潮位可高达 2.5m,出现在 8 月,2m 及以上的潮位通常从 2 月持续至 11 月初,频繁出现。自然生长的垦利碱蓬自 10 月以后种子脱落,经冬季至来年 3—4 月萌发,正值一年中潮水最低,潮间带浸淹最少,暴露时间最长的时期。垦利碱蓬种子得以埋藏土中而不被大潮冲走,并在开春及时萌发避免幼苗被潮水冲走。在潮水逐渐增多增大后,其根系也逐渐发达强韧,足以抵抗潮水波浪的冲击。

莱州湾潮间带红海滩植被构建的第一限制因子是大潮和风浪,因此,在莱州湾潮间带人工建立垦利碱蓬或盐地碱蓬植被,应选择 10—11 月即年底时段,而不宜在春天播种,以避海水潮汐和风浪的不利影响。

8.4.2　渤海湾南部海域垦利碱蓬群落的自然恢复

除了人工栽培外,在曾有垦利碱蓬分布的潮间带滩涂,由于存在垦利碱蓬自然散落的种子,通过对潮间带进行严格保护,禁止和消除各种人为干扰,通常可以有效形成垦利碱蓬自然植被。即使被风暴潮摧毁和破坏消亡的群落,未来仍能重新恢复垦利碱蓬的自然植被并形成新的群落(图 16-58)。

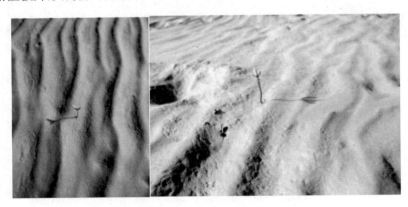

图 16-58　垦利碱蓬幼苗在退潮后被波浪侵蚀的波痕中生长(邢军武摄)

莱州湾是半日潮,通常一天会两次满潮和退潮。经历潮水淹没后重新露出水面的垦利碱蓬幼苗,必须抓紧在下次潮水来袭前加速发展其根系,以增强其固着能力。在大风伴大潮的情况下,成熟的植株仍然面临被连根拔起的风险(图 16-59)。

图 16 - 59　潮水退后强烈蒸发使潮间带表层形成一层厚厚的坚硬盐壳,垦利碱蓬幼苗必须抓紧落潮间隙苗壮生长(邢军武摄)

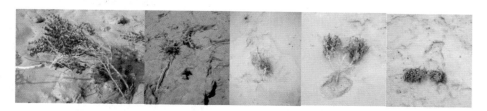

图 16 - 60　被大风潮水冲刷暴露的成年垦利碱蓬的根(邢军武摄)

图 16 - 61　被潮水冲露根的垦利碱蓬退潮后顽强生长(邢军武摄)

图 16 - 62　被潮水冲倒的垦利碱蓬顽强生长,根处形成凹坑(邢军武摄)

图 16-63　被风暴潮摧毁的垦利碱蓬残余群落（邢军武摄）

图 16-64　潮水涨落中的垦利碱蓬（邢军武摄）

图 16-65　种子出芽就要面临潮水冲刷（邢军武摄）

在莱州湾的垦利碱蓬群落与辽河口的盐地碱蓬不同，一般没有那样极高的排列密度。被风浪潮水反复冲刷席卷，每一株垦利碱蓬从种子开始直至成熟结籽，都面临随时被席卷、被连根拔走的不幸结局，因此，最终能够存活下来的植株，往往已经相对稀疏，使其群落密度远低于辽河口的盐地碱蓬（图 16-60 至图 16-65）。

图 16 - 66　风暴浪狂海水咸,身处激流根自坚。天生君能耐苦卤,水没日晒艳荒滩(邢军武摄)

图 16 - 67　已经成熟的较稀疏垦利碱蓬群落在退潮后的潮间带(邢军武摄)

　　人工种植的垦利碱蓬植被或自然保护恢复的植被,建立之后均可进入自我繁殖的模式延续群落的存在。上一年的植株枯死后成为种子和幼苗定植及萌发的有利条件,起到阻挡风浪和掩护的重要作用。茂密的群落本身具备一定防潮防浪能力,有利于群落的持续繁衍并扩展,而不需年年重播或重栽。所以,保护潮间带滩涂的老的枯死植株,禁止采集破坏,对红海滩的维护具有重要意义(图 16 - 66 至图 16 - 70)。

图 16 - 68　去年的群落枯枝丛中新的垦利碱蓬已经萌发(邢军武摄)

6-69　垦利碱蓬在坚硬的盐碱缝隙中苗壮生长（邢军武摄）

图 16-70　远处绿色为海堤后的植被,潮间带红色为垦利碱蓬新苗,棕色系老枯枝（邢军武摄）

　　莱州湾特殊的敞开式海域环境与辽河口及黄河口不同,其潮间带滩涂的含盐量因海水周期性的淹没而非常稳定,不会随着垦利碱蓬群落的繁衍而出现群落中心土壤含盐量逐渐降低的现象,也就很难发生其他植物演替侵入的情况。影响群落的主要动力是大风和大浪等海洋动力。如每年的春夏秋季大的东或东南风与大潮叠加,可以对群落造成毁灭性的破坏,这是自然群落消长的主要原因（图 16-71 至图 16-73）。

图 16-71　潮水正在退下的垦利碱蓬群落（邢军武摄）

图 16-72　退潮后波浪在滩涂垦利碱蓬群落留下的波纹和蚀痕（邢军武摄）

图 16 - 73　退潮的垦利碱蓬滩涂(邢军武摄)

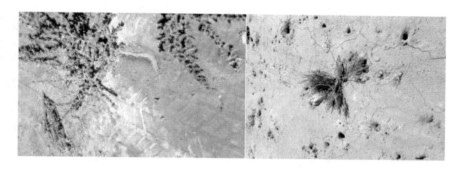

图 16 - 74　垦利潮间带退潮后滩涂上被汽车碾压过的垦利碱蓬仍顽强生长(邢军武摄)

垦利碱蓬具有极其顽强的生命力,在潮间带滩涂被汽车碾压后仍能顽强地活下来(图 16 - 74)。

第十七章　碱蓬属植物的内生菌与致病菌

植物内生菌通常是指生活在植物体内但对植物没有不利影响甚至有助于植物生长和抗逆的细菌或其他微生物。对植物生长发育不利或有危害的细菌和微生物,则一般称为致病菌或致病微生物。

第一节　碱蓬属植物的内生嗜盐菌

碱蓬属植物具有向体内富集盐类的生理习性,因此,盐碱环境生长的碱蓬属植物一般体内的含盐量都很高,能够在碱蓬属植物体内生长的细菌或微生物,往往都是耐盐或嗜盐微生物,如嗜盐细菌。

嗜盐菌在盐湖、盐场、沙漠、高盐土壤和盐渍食物及海水等各种高盐环境中广泛分布。Kushner 根据微生物的不同嗜盐情况将其分为非嗜盐、轻度嗜盐、中度嗜盐、近极端嗜盐与极端嗜盐五大类群。通常中度嗜盐菌最适的 NaCl 浓度为 $0.5 \sim 2.5 mol/L$,一些极端种可耐 35% 以上的 NaCl 浓度,在 Spirocheles、Proteobacteria 等几大主要细菌门类中广泛存在。1980 年之前的细菌名称核准名录(Approved lists of bacterial names)中符合中度嗜盐菌定义的只有 6 个种。而随后几十年的新发现迅速增加着新的种类和分类单元,使嗜盐菌成为研究热点。

嗜盐菌可通过改变所积累的溶质适应环境渗透势的变化,如以色列盐单胞菌在盐浓度低于 3.5% 时细胞积累海藻糖类溶质,高于该盐度时则积累四氢嘧啶。极端嗜盐菌最适盐度为 $2.5 \sim 5.2 mol/L$,但在高钠环境其细胞钠离子浓度却不高。如 Halobaterium cutirubrum 在环境钠离子浓度为 $3.3 mol/L$、钾离子浓度为 $0.05 mol/L$ 时,细胞钠与钾离子浓度分别为 $0.8 mol/L$ 与 $5.33 mol/L$。其细胞钠离子浓度约为胞外的 1/4,钾离子浓度是胞外的 100 倍以上。可知极端嗜盐菌不仅需要高浓度的钠离子,还需要一定浓度的钾离子维持细胞内外盐度平衡。此外,Roebler 等人发现嗜盐菌对氯离子的摄入量随生长加速而增加,氯离子可能对酶与蛋白质起稳定作用[1]。

---

[1]刘莹,张继天,史雅颖.嗜盐菌的研究进展.科技创新与应用,2017,8.

高盐环境的碱蓬属植物体内 Na$^+$ 浓度甚至超过海水,这为嗜盐菌提供了良好的生存环境。一般认为碱蓬体内的嗜盐菌也有助于其在高盐环境的生长发育和繁衍。崔春晓等(2010)发现盐地碱蓬叶中生活着多种嗜盐菌且有很高的多样性,同时,不同植株体内的嗜盐菌类群稳定,但其种子中的类群却极少,只分离到一株芽孢杆菌[①]。这说明嗜盐菌应是后天从环境中进入植物体内的。崔晓春等从盐地碱蓬分离出 *Halomonadaceae* 科的 *Chromohalobacter*、*Kushneria*、*Halomonas* 属与 *Bacillaceae* 科的 *Bacillus* 属的内生嗜盐菌,并分离出 ST305、ST306、ST307、B01、D02 等多株具有新分类地位的菌株,大部分菌株与已知典型菌株之间的 16S rRNA 序列都有一定差异。这显示盐地碱蓬内生中度嗜盐菌的独特和多样性。其中色盐杆菌 ST307 随盐浓度升高,细胞甜菜碱积累增加。经克隆合成甜菜碱的两个基因分析,获得甜菜碱乙醛脱氢酶全长基因和胆碱脱氢酶部分基因。生物信息学分析表明,甜菜碱乙醛脱氢酶蛋白序列与 *Chromohalobacter salexigens* DSM 3043 同源性最高,达 76%,而在进化树中呈较独立的进化分支。崔春晓等获得的 15 株内生菌,其中 10 株革兰氏阴性杆菌可耐受超过 19% 的 NaCl 浓度,4 株可耐受 14% 的 NaCl 浓度,1 株革兰氏阳性芽孢杆菌可耐受 13% NaCl 浓度。全部菌株最适 NaCl 浓度与碱蓬体内盐浓度一致,均为 3%~7%。14 株革兰氏阴性菌在硝酸盐还原、乳糖和海藻糖发酵产酸、淀粉水解、M. R. V. P 和苯丙氨酸脱氨酶项目中均呈阴性,但 H$_2$S 还原、酪素水解、DNA 水解和明胶水解等有显著差异。在酪素、Tween20、DNA、ONPG 及尿素水解时,3 株产蛋白酶,14 株产酯酶,8 株产 DNA 酶,11 株产半乳糖苷酶,14 株产脲酶,2 株可同时产 5 种酶。使用 16S-F1 引物对 15 株菌的 16S rRNA 基因测序共获 15 条有效序列,长度均大于 700 碱基,在 GenBank 数据库用 BLAST 进行同源比较,得到以 16S rRNA 序列为基础的系统发育树。发现 15 株菌可分为 4 类,类群 I 和 II 归 *Halomonadaceae* 科,其中类群 I 以菌株 ST307 为代表,包括 B02、B03 和 B04 菌株,其 16S rRNA 序列与 *Chromohalobacter israelensis* 模式菌株 ATCC 43985T(AJ295144)相似度最高为 95%。菌株 ST307 已作为新种 *Chromohalobacter tungyingensis* sp. nov. 模式菌株在 CGMCC 进行了保藏,保藏号为 1.8902。类群 II 以菌株 ST504 为代表,包括 ST505、B01、D01、D02、D03 和 D04 共 7 株,是盐地碱蓬内生菌优势类群,其 16S rRNA 序列与菌株 *Halomonas* sp. KY-Sp2-1(AB305229)或 *Kushneria marisflavistrain* SW32(AF251143)相似度均在 98% 以上。类群 III 以菌株 ST303 为代表,包括菌株 ST305 和 ST501,其 16S rRNA 序列与 *Gammaproteobacteria* 亚

①崔春晓,戴美学,夏志洁. 盐地碱蓬内生中度嗜盐菌的分离与系统发育多样性分析. 微生物学通报,2010,37(2):204~210.

门一株尚无明确分类地位的耐盐固氮菌 *Haererehalobactersp.* JG 11（EU937754）的相似度达到 99%，同时该类群菌株与 *Halomonadaceae* 科 *Halomonassalaria* DSM18044T（AM229316）的相似度为 97%，因此 III 的分类地位有待确定。类群 IV 菌株 ST306，是唯一的芽孢杆菌，其 16S rRNA 序列与已发表菌株相似性最高仅 96%，可能代表 *Bacillus* 属的新种或更高分类单元。

钮旭光等（2011）①报道碱蓬体内存在丰富的芽孢杆菌属、不动杆菌属、假单胞菌属、黄单胞菌属、盐单胞菌属、泛菌属等内生菌种群。李艳萍等（2015）综述②近年来国内分离出的多株兼具生防或促生作用的碱蓬内生嗜盐菌，在高盐环境嗜盐菌会摄取、合成并积累如糖类、氨基酸、四氢嘧啶等溶质缓解细胞胁迫。同时，碱蓬嗜盐菌在食品发酵等工业应用方面前景广阔。在高盐发酵中，嗜盐菌分泌酶可催化一系列化合物使最终产物具良好口感和芳香，并含有丰富的胡萝卜素和类胡萝卜素。

第二节　碱蓬属植物内生真菌的促生作用

赵颖等（2015）报道③采自辽宁盘锦红海滩的碱蓬属植物内生真菌具有促进水稻生长的作用。但其所称植物"盐生碱蓬（*Suaeda glauca*）"从拉丁文看应为碱蓬。但后面又说"碱蓬（*Suaeda salsa*）是一种生长于盐碱地和海滨沙滩的耐盐性极强的盐生植物"，其拉丁文却是盐地碱蓬，但中文又是碱蓬，而碱蓬的拉丁文是 *Suaeda glauca*，不是 *Suaeda salsa*。研究者在碱蓬属植物分类上表现出的上述混乱，说明其缺乏必要的分类学基础。但因该植物采自辽宁盘锦红海滩，而组成盘锦红海滩的植物是碱蓬属的盐地碱蓬（当地又称"翅碱蓬"）的单一纯种群落，若所采植物直接来自该红海滩群落，则应为盐地碱蓬 *Suaeda salsa*，而不是碱蓬 *Suaeda glauca*。该文自盐地碱蓬根茎叶分离的内生菌分别为植物根 19 株、茎 70 株、叶 49 株，共计 138 株（图 17-1）。经形态和培养特征及 18S rDNA 测序分析，其中细菌 13 株、真菌 122 株、放线菌 3 株。可见盐地碱蓬内生菌数量茎中最多，叶次之，根最少。内生菌中真菌数量最多，细菌和放线菌较少。

从 122 株真菌中筛出的 JP3、JP4 和 JP2 三株真菌及其发酵液，能明显促进水稻幼

---

① 钮旭光，韩梅，宋立超等.翅碱蓬内生细菌鉴定及耐盐促生作用研究.沈阳农业大学学报，2011，42（6）：698～702.

② 李艳萍，卓微伟，王宁.盐地碱蓬耐盐菌研究应用进展.食品研究与开发，2015，（36）24：188～190.

③ 赵颖，于飞，郭明敏，卜宁.碱蓬内生真菌 JP3 的分离、鉴定及促生作用研究.沈阳师范大学学报（自然科学版），2015，（33）1：116～120.

苗生长,使幼苗株高和干重均大于对照。
JP3 和 JP4 菌株发酵液处理的水稻幼苗
干重与对照的差异显著,增幅分别为
12.23% 及 8.93%,JP2 增幅为 7.84%;
株高与对照的差异显著,分别提高
15.6%、14.2% 和 12.8%(图 17 - 1)。

图 17 - 1　用组织块分离法从盐地碱蓬根中

其中,真菌 JP3 经 18S rDNA 测序比
对显示其与 Glomerella cingulata 的相似

分离的内生真菌(赵颖等)

性大于 97%。经该菌株处理的水稻幼苗与对照相比干重增加 12.23%,株高增加
15.6%(P < 0.05),总叶绿素含量增加了 13.2%,叶绿素 b 提高 23.1%,叶绿素 a 提高
10.7%。JP4 菌株对叶绿素的提高作用比 JP3 要大,其中叶绿素 b 提高 27.6%,总叶
绿素提高 16.8%,叶绿素 a 提高 12.9%。其含有的促植物生长活性物质具有良好的
开发前景(图 17 - 2)。

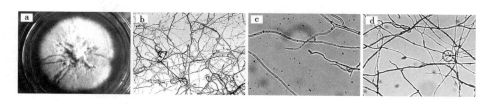

a. 菌落;b. 菌丝形态 100 × ;c、d. 菌丝形态 400 × 。

图 17 - 2　JP3 菌落形态及菌丝形态(赵颖等)

在 PDA 培养基上 JP3 平均生长速度约为 6mm. d^{-1},菌落致密,开始为白色,后中
心变为粉红,外层白色,表面有黑色辐射状沟纹和红色素产生。基质反面黑红色,表面
有透明液体状渗出物,菌丝表面光滑。光学显微镜下菌丝无色,分枝,有横隔,自发形
成以特殊菌丝变态成的捕食器官收缩环。

NCBI 数据库与 JP3 相似度较高的菌株均属 Glomerella sp. ,其中模式种 Glomerella
cingulata 与菌株 JP3 相似性达 99%。

第三节　碱蓬属植物的致病菌

除了有益内生菌,碱蓬属植物还感染内生病害微生物。姜华等(2015)报道从碱
蓬(Suaeda glauce)茎叶中分离出两种有害病菌,该报道的英文题目和摘要的植物拉丁
种名皆为 Suaeda glauce,但文中又称该植物系"辽宁碱蓬 Suaeda liaotungesis Kitag. ",

表现出分类上的混乱。所谓"辽宁碱蓬"系盐地碱蓬之异名(本书碱蓬属的分类部分有详述),而从姜华等拍摄的植物照片看,应为碱蓬(*Suaeda glauce*)。

1. 碱蓬致病菌的形态与分子生物学鉴定

碱蓬红斑病虽常见,但国内外对碱蓬属植物病害的研究却很少。姜华等从大连甘井子区盐场染病碱蓬感染部位,采用单斑和单孢分离法分离出 2 种真菌 SK - X1 和 SK - X2,经形态和分子生物学鉴定 SK - X1 菌落正面白色、絮状、致密,有波纹;菌落反面淡黄色,有黑色轮纹。分生孢子褐色、纺锤形,5 个细胞,顶端具有 3 根附属丝,基部为 1 根附属丝。分生孢子梗无色有分隔,宽度为 2.45～3.68um,为石楠拟盘多毛孢(*Pestalotiopsis photiniae*)真菌。SK - X2 菌落正反面均白色,松散、绒毛状,无波纹;分生孢子无色、单胞,长椭圆形,大小为 14.07μm×5.42μm。分生孢子梗有分隔和分枝,宽约 2.04μm,为胶孢炭疽菌(*Colletotrichum gloeosporioides*)真菌(图 17 -3 至图 17 -4)。

图 17 -3　碱蓬植株遭致病菌侵染及病灶(姜华等)

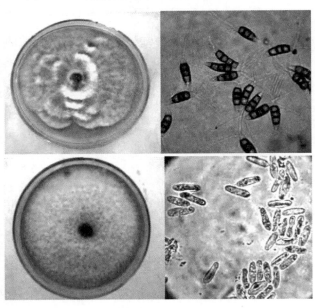

图 17 -4　石楠拟盘多毛孢 SK - X1(上)**和胶孢炭疽菌** SK - X2(下)**菌落及分生孢子**(姜华等)

经对两种菌株单孢纯化提取 DNA,以真菌通用引物 ITS1 和 ITS4 进行 PCR 扩增,对其产物纯化测序获得 rDNA - ITS 碱基序列,经 Blast 比对、系统进化树同源性比较表明:SK - X1 的 ITS 碱基序列与石楠拟盘多毛孢相似度达 99%,SK - X2 与胶孢炭疽菌碱基序列相似度达 99%。分子生物学与形态学鉴定结果一致。

2. 碱蓬致病菌的致病性验证

姜华等对所分离的上述石楠拟盘多毛孢 SK - X1 和胶孢炭疽菌 SK - X2 两种真菌,分别进行单独侵染和混合侵染接种试验,结果 3 种处理均可使接种叶片感染发病。发病初期叶片出现红色小斑点,逐渐扩大成近圆形病斑。接种 7 天后单独石楠拟盘多毛孢 SK - X1 发病率为 28%,单独 SK - X2 胶孢炭疽菌为 34%,两种混合侵染发病率为 40%,虽感染率比单独高,但症状接近。人工接种感染叶片发病后症状与自然症状一致。与石楠拟盘多毛孢 SK - X1 相比,接种 SK - X2 胶孢炭疽菌的症状偏重。对感染致病叶片单斑分离,获得的菌株形态学特征与石楠拟盘多毛孢 SK - X1 和 SK - X2 胶孢炭疽菌菌株一致,证明 SK - X1 和 SK - X2 胶孢炭疽菌均对碱蓬健康茎叶有致病性,是碱蓬红斑病致病菌。被感染的植株叶、茎均可发病,发病初期,感染部位发红形成红色小点,随后病斑扩大,中心呈灰白色典型病斑菱形,中心灰白色,边缘红色,大小 2 ~ 3mm。

3. 致病菌的生物学特性

两种致病真菌菌丝生长及孢子萌发温度为 15 ~ 35℃,最适为 28℃。石楠拟盘多毛孢菌丝致死温度为 70℃,胶孢炭疽菌为 73℃。孢子的致死温度石楠拟盘多毛孢为 55℃,胶孢炭疽菌为 58℃。最适 pH 值为 7,但孢子萌发 pH 值范围石楠拟盘多毛孢为 5 ~ 10,胶孢炭疽菌为 4 ~ 12。湿度为 100% 时,菌丝生长最快,产孢量最大。但菌丝适宜生长湿度石楠拟盘多毛孢为 86% ~ 100%,胶孢炭疽菌为 65% ~ 100%。孢子萌发适宜湿度石楠拟盘多毛孢为 90% ~ 100%,胶孢炭疽菌为 86% ~ 100%。光照对菌丝生长无影响,但全光照利于产孢。实验期间未看到两种碱蓬的病原菌的有性期,也未对碱蓬病原菌对其他植物是否致病进行测定,以及了解其易感范围。

自然生境碱蓬红斑病可由石楠拟盘多毛孢和胶孢炭疽菌复合感染。但胶孢炭疽菌比石楠拟盘多毛孢更耐高温、酸碱、干燥并具更强的抗逆性和致病力。

第十八章 碱蓬属植物的环境功能

如果没有碱蓬,大片的盐碱地就将裸露无遮盖。如果没有碱蓬,裸露的盐碱荒漠上白茫茫的盐碱粉尘,就将在风的吹扬下侵害耕地,毁灭淡土植被,污染水源;飞扬的盐碱粉尘还对人畜的健康造成严重危害,使其呼吸道黏膜水肿、眼睛病变以及引发多种疾病。例如,由于人类的活动导致咸海水量急剧减少以至干涸,引起周围温差增大、气候干旱、沙漠迁移。"尤其是在干涸的湖底大量积聚的盐土,在春季大风的作用下,成为中亚地区盐尘暴和盐风暴的源地。据卫星资料,1975 年 5 月 22 日在咸海上空的沙尘云雾面积为 1.4 万 km^2,沙尘瞬间总量估计为 30 万吨,而到 1979 年 5 月 6 日,沙云面积竟扩至 4.5 万 km^2,沙尘总重达 100 万吨,在相同风速下,沙尘云的长度增加了一倍。咸海附近类似的强尘暴每年出现约 10 次。60% 的尘埃气流吹向西南,侵入阿姆河下游的绿洲;25% 吹向西方,进入乌斯秋尔特高地的牧场。据粗略估算,一次强尘暴活动,在阿姆河下游三角洲降落 150 万吨尘埃和盐尘(主要含氯化物和硫酸盐)。咸海南侧 100 公里内的居民深受盐风暴和盐尘暴之害,他们常年眼睛通红,呼吸困难,嘴唇干裂。强盐尘暴可影响到 700 多公里以外的塔什干及周围地区,最远甚至可达帕米尔高原,并导致这里的冰川融化速度加快,据苏联学者研究,80 年代每年从咸海干涸的海底吹蚀的盐分总量为 4300 万~4700 万吨。据计算,咸海完全干涸后可析出盐类 100 亿吨,对周围地区的气候、农牧业和人民生活将产生难以估量的影响。"[1]

这些盐碱荒漠也是沙漠化的一个组成部分。几乎在全世界所有的大沙漠里,都有这种盐碱荒漠区域存在,严峻的气候条件、巨大的蒸发量和微乎其微的降雨量以及适宜的地形,是沙漠地区盐碱形成的主要原因。

即使在沿海地带,如果没有碱蓬,也将有大片的盐渍地区丧失植被,从而使局部气候条件恶化、蒸发量加大、热辐射剧烈。我们的试验表明:在同一区域内,有碱蓬植被的地块与无植被的裸露盐碱地,在极端情况下最高温差近 40℃。当光板盐碱地在强烈的辐射下,地表温度高达 60℃,碱蓬群落表层的温度不过 20℃,而底层的温度只有

---

① 毛汉英.咸海危机的起因与解决途径的研究∥林振耀等.海水入侵防治研究(1).气象出版社,1991:213~214.

17℃。光板盐碱地即使在沿海地区,如果气候干旱,也会形成不同程度的盐碱粉尘和盐暴,产生严重的环境后果和生态后果。在没有植被的光板盐碱地上,不仅有风对盐土的吹扬形成盐尘和盐暴,还会有水对盐土的冲蚀和携带使水土流失加剧,并导致地下水及河流湖泊的咸化。

第一节　碱蓬属植物用于盐碱尘暴的控制

碱蓬植被在条件适宜的区域,覆盖度可达90%,可以消除盐碱尘暴并防止水土流失。降低蒸发、减缓辐射、改善局部生态、增加环境湿润度这些生态功能,本来是一切植物都具有的,但是在盐碱土这一特殊环境中,却只有少数盐生植物能够承担这一重任,绝大多数植物不能在这样的环境中生存。尤其在高盐度和高碱度的环境中,能够生存的植物更是所剩无几,而碱蓬则是其中的佼佼者。它在空间分布上的广阔性和对盐碱环境的大跨度适应力,是其他植物所难以企及的。

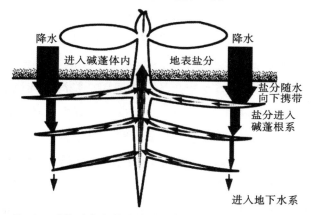

8-1　碱蓬对水中盐分的拦截吸收作用示意图(邢军武图)

碱蓬的植被还可以减缓甚至阻止地表咸水对地下淡水的侵染。雨水降落在光板盐碱土上,淋溶的盐分将随水携带运动,这些盐分或向下渗透进入地下水,或向河流湖泊等处汇集,这些过程都将导致淡水的咸化。而在茂密的碱蓬群落中,雨水对盐土的直接冲蚀携带将被阻止,从而使水中的盐含量减少。同时,随水向下渗透的盐分会被碱蓬的发达根系有效吸收,相当部分盐分进入碱蓬体内或维持在地表土层,从而减缓了地下水的咸化(图18-1)。碱蓬强大的吸盐能力使它能够从土壤中和地下水中吸收盐分,从而在一定程度上降低水中和土壤中的含盐量,正是这一点,使碱蓬能够使盐碱化的土地逐步降低含盐量。

第二节　碱蓬属植物对环境水盐运动的影响机制

在盐生植被向淡土植被的自然演化中,人们可以清楚地看到这一过程:在一块盐含量极高的盐碱地上,先是只有碱蓬生长,几年后则逐渐开始了非盐生植物的侵入和混杂,最后则为淡土植物所完全控制,至此土地由高盐碱向淡土的转化也就完成了。

关于这一过程人们通常认为是雨水、地表径流的冲洗淋溶引起土壤表层盐分的逐渐减少,从而完成了由高盐向低盐的转化。但是盐碱环境的转化并非这样简单,尤其对不同的区域来说,转化的机理将有所不同。这种转化过程只适于一些特定的地形条件或气候条件,例如在降雨较多、地势有一定坡度、排水通畅的盐渍土区域,土壤表层盐分会由于降雨和地表径流的淋溶冲洗而脱盐。但是在地势低洼、排水不畅的区域,这一过程就无法使洼地的盐渍土脱盐,反而会增加其盐含量,因为别处的盐也会随水携带进入这种低洼地区聚集,从而加重盐渍程度。而在降雨稀少的区域,难以形成地表径流,入渗的雨水虽然能将地表的盐分向下淋溶一些,但不足以抵消随后出现的强烈蒸发所引起的盐分上升。而在那些直接受海水或其他盐分来源补偿的盐渍环境中,这种地表降水或径流更是难以稳定地降低土壤盐度。

邢军武(1993)报道在胶州湾女姑盐场一块四周全是海水的试验田,进行了盐地碱蓬植被在自然状态下对土壤盐含量的影响观察。该试验田海拔高度为 20cm,面积约 40m^2,地下水埋深 0 ~ 20cm,地下水含盐量为 3% ,土壤表层含盐量为 4% ~ 5%。第一年播撒盐地碱蓬种子后形成茂密的植被,不加人工管理和干预,不灌溉。第三年试验区中心即有耐盐杂草混生,盐度降为 2% 以下。此后盐度逐年降低,低盐范围逐年扩大,一些不耐盐的植物可以生长,但较矮小瘦弱。四年后,地下水形成一很薄的淡水层,盐度明显低于四周海水。而在相似的无植被盐碱地上,无论是土壤盐含量还是表层地下水的盐含量都没有明显变化。在降雨时地表土壤盐度和表层地下水盐含量都会明显降低,但雨后不久强烈的蒸发就会重新使土壤盐度回升,浅层淡水消失,地下海水在蒸发作用下上升,土壤及地下水盐含量始终没有降低,相反,地表盐含量还有增高。观察发现:在有碱蓬覆盖的情况下,地表蒸发大幅度降低,地下海水及土壤盐分经毛细管作用上升减弱,盐的表聚性受到抑制。同时,由于相当数量的盐分向碱蓬体内富集,使局部土壤的盐含量降低。由于茂密的碱蓬能够阻止雨水的迅速流失,使渗入土下贮存的雨水增多并涵养于植被区内,加之蒸发作用减慢,而碱蓬又是耗水量小的盐生植物,从而能够使一定的淡水贮存于为海水所包围的土层之中,形成一个相对的低盐区和低盐层。

室内实验发现,在底部封闭不透水的塑料盆中栽培的碱蓬,一年即能使盆中的土壤盐含量明显降低,其降低幅度以植物主根区为中心呈同心圆状(图18-2),其盐含量变化的三维图像恰似碗状,中心低而边缘高,表现了碱蓬对土壤盐含量的强烈影响,并具有明确的规律性。土壤盐含量与距碱蓬主根的距离呈函数关系:距离主根越近的土壤其盐含量越低,距离越远则盐含量越高。这种表现在塑料盆中的盐含量与碱蓬根系的关系,也同样表现在野外的碱蓬群落中。

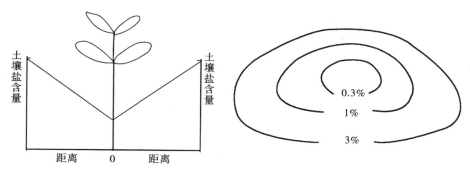

图 18-2 碱蓬降盐幅度的空间变化(邢军武图)

但是在自然生态中,碱蓬对土壤的盐含量的降低似乎是一种局部的效应,其影响范围局限于群落的覆盖范围。从理论上说,在自然状态下,碱蓬从土壤中吸收盐分富集于体内固然能导致局部土壤盐含量的降低,但当碱蓬死亡之后,其体内的盐最终将重返土壤,因此不可能使土壤的总盐量发生改变,更不可能减少土壤盐分。从大的空间范围看,这一说法无疑是正确的,例如从全球的尺度来看,地球的总盐量将维持恒定。从根本上说,任何土地盐渍化的过程或改良盐碱地的努力都不会使这一总盐量增加或减少。但是在一些区域性环境中,在一些小尺度的范围里,在一些局部地区,土壤中的盐含量却是可变的,并且也确实一直在变化着,有的地区盐含量在不断减少,而另一些地方盐含量却在持续增加。从宏观上看,一些地方盐分的减少,必然意味着另一些地方盐分的增加,反之亦然。假如在一块面积确定的盐碱地(S)上只有一株碱蓬并设这株碱蓬的高度为1,含盐量为1,且不考虑其他因素的影响,那么在碱蓬的一个生命周期里,土壤的盐含量(M)将发生如下变化:

1. 在没有碱蓬时,含盐量为M,系一定量。

2. 在碱蓬萌发并达到最大生长高度时,S的含盐量为 M-1。

3. 当碱蓬死亡后,体内盐发生流失,但在下一个生命周期开始之前的最大流失量为 m,且 $0 < m < 1$。故此时碱蓬体内的盐量为 $1-m$。

4. 因此在碱蓬一个生命周期之后,土壤S中的最高含盐量 M′为:

$$M' = M + m - 1 \cdots\cdots (1) \qquad 其中 m < 1$$

∴ M′ < M

故一年之后,土壤中的盐含量稳定地由 M 降为 M′,至此,如果以后这块盐碱地上没有新的碱蓬萌发生长繁衍,且死亡碱蓬也没有被人畜或风雨带离这一区域,则 M′将恢复到 M。

假如第二年碱蓬的种子继续萌发生长,则株数成 N 倍增加(N 在一定的阶段里一般呈现指数增长,这里不予讨论),富集于碱蓬体内的含盐量也成倍增多,设碱蓬平均高度增长为 a(a 有极限,取决于最大生长高度所能允许的值 P)、a > 1,则碱蓬丛总体富集的盐量为 aN;又设碱蓬死亡后的盐分流失系数不变,那么此时土壤 S 中的最高盐量 M″为:

$$M'' = M' + aN(m-1)\cdots\cdots(2)$$

$$m < 1$$
$$P \geqslant a \geqslant 1$$
$$N \geqslant 1$$

$$= M + m - 1 + aN(m-1)$$
$$= M + aNm + m - aN - 1\cdots\cdots(3)$$

由式(3)可以清楚地看到,对一定面积的盐碱地来说,当 M、m 一定时,a、N 的增长导致盐量的持续降低,但 a、N 将受 S 的限制。对此,这里不做详细的数学讨论。当其达到最大值时,且不考虑其他因素,则该盐碱地的盐含量将降低到并维持在一个最小值 M″上,即:当 a、N 趋于极限 P 时,M″ 将最小。

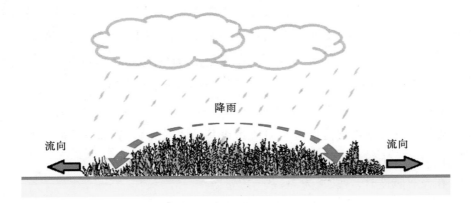

图 18 - 3　降雨时碱蓬群落贮存大量雨水形成相对高的地表水位,使群落土壤盐分随水向外携带流失从而导致群落中心部位的土壤盐含量逐渐降低(邢军武图)

然而一个自然碱蓬群落还存在着许多其他的降盐途径,从而使盐分的实际降低幅度远大于上述公式的计算。例如随着碱蓬群落单位面积密度的增大将导致群落向更大的范围扩张,同时,自然降雨将使群落贮存远高于周围地形相似的光板地的淡水,并且群落中心淡水多于外围。由于荫蔽效应使蒸发很小,盐分难以由地下经毛细管作用到达地表,地表盐分(包括死亡碱蓬还归的盐分)则淋溶在雨水中,并从群落茂密中心含水多的地方向群落外围含水少的地方携带(图18-3),从而使群落中心的盐分逐年减少,而群落外围则形成一条不断向外移动的含盐较高的环带(图18-2)。如果群落中心的盐含量降到一定程度,就会有其他杂草侵入并最终形成非盐生植物的优势群落。这时,碱蓬因为土壤盐含量过低而渐稀落,最终从群落中心消失,为其他植物所取代,但与此同时,碱蓬却随着土壤盐分的向外迁移扩散而形成相应的环带状群落结构。所以茂密的单一碱蓬植被往往随着群落中心盐含量的降低而最终变成一条环带,围绕着其他非盐生植物群落。当然这一过程还要受到地形等条件的复杂影响,在一些特殊的地形条件下,碱蓬最终能够形成带,却不能封闭起来。无论如何,这条碱蓬群落组成的植被带必定是具有相当盐含量的盐渍土壤,因此,也可以说是土壤中的盐分决定了碱蓬群落的分布及其形状。一般说来,在一些适宜地区,一个年轻的碱蓬群落呈现的是茂密的单一种群植被,而一个年老的群落则呈现着一种环带状的碱蓬植被,环带里边是一些其他植物。

第三节　碱蓬属植物用于盐碱土壤的降盐改良

碱蓬的降盐能力在自然状态下远比室内条件下强,有人报道盆栽碱蓬($S. Salsa$)平均每株可从盐渍土壤(2500g风干土壤)中吸取并积累于体内10.8g可溶性盐,使土壤盐含量从0.822%降低到0.401%,土壤盐含量减少0.421%,而自然生长的碱蓬($S. salsa$)在鲁北通常株高1.1~1.5m,每株平均干重80~100g。每100克干物质含可溶性盐25~28g,以每亩10000株计算,每年即可从一亩地中除去可溶性盐250~280kg[①]。需要指出的是,这一降盐量是指将碱蓬每年从地里收走之后,由碱蓬带离土壤的盐含量。而在一些极端的生境中,碱蓬所能吸收的盐分甚至远远超过上述数字,例如在新疆等地一些盐含量为10%~30%的盐碱荒漠里的几种碱蓬,每100g干物质中竟能积累可溶性盐达40克。由于这种惊人的生理特性,碱蓬特别适于对那些盐碱含量极高(超过1%,甚至高达30%)的土壤环境的改良和利用。它既适于内地的高盐碱区域,也适于沿海的高盐环境,既适于氯化钠型的土壤,也适于硫酸钠型或碳酸钠

[①]赵可夫等.稀盐植物碱蓬对盐渍土壤脱盐作用的研究(摘要).曲阜师院学报(植物抗盐生理专刊),1984:124.

型的土壤。对那些很难治理的盐碱地,对那些治理后效果难以巩固的盐碱地,对那些淡水资源极为贫乏的干旱地区和沿海地区,碱蓬的确是一种无与伦比的植物。所有这些对淡土植物来说非常恶劣的环境或自然因素,对碱蓬来说反而是其生存所需要的,有时甚至是必需的,因此,绝大多数植物的生长禁区,恰是碱蓬理想的得天独厚的风水宝地。

在前面我们曾经讨论过海水入侵,已经知道了引起海水入侵的一个直接原因就是淡水资源极度的贫乏以及由此导致的对地下淡水的毁灭性开采,由此诱发的海水入侵具有两个突出的后果,一是地下水的咸化,二是土地盐渍化。这些地区既没有淡水灌溉,又没有淡土耕耘,作物不能生长,而改良又没有条件,因为离开了充足的淡水,海水入侵区域的盐渍土改良就是一句空话。然而碱蓬却天生适宜于这种土是盐渍土、水是咸水或海水的地方,在这种地方大规模种植碱蓬,可以使迅速恶化的环境得以抑制或改善①。茂密的碱蓬植被可以有效降低蒸发,增加湿度,涵养土壤,贮存降雨淡水,促使表层土壤脱盐。

碱蓬强大的吸盐能力使它可以靠浇灌咸水或海水生存,而在通常情况下,碱蓬由于体内很高的含盐量所以耗水极少,一般不需要灌溉,它对盐碱干旱地区防止沙漠化、水土流失及改善局部气候与环境都具有十分重要的作用和独特的功能。

目前对海水入侵区域的治理措施,实际上还没有什么好方法,制止海水入侵,对于北方干旱缺水的广大地区仍是极为困难的事情。许多宏伟的工程方案需要巨大的资金投入,后果却又很难预料。但是不管人们打算怎样做,首先在不能长庄稼的盐碱地里种上碱蓬和盐地碱蓬,无疑是当务之急。否则,赤裸裸的盐碱荒漠不仅会进一步恶化区域环境及气候,而且会形成盐尘盐暴危害人畜健康并侵染耕地和庄稼,侵染河流或水源,形成更为广泛的环境危机。

碱蓬和盐地碱蓬不仅可以有效地防止水土流失,而且可以用于护岸固堤。由于碱蓬可以直接在海水的侵浸中正常生长,也就特别适于充当沿海防护林体系的高盐先锋种群。碱蓬虽然不能长得像红树那样高大,却比红树具有更广阔的地理分布,它不像红树那样只能在热带海岸分布。对碱蓬来说,几乎一切有盐碱的地方,无论是南方还是北方,无论沿海还是内陆,都可以生长繁衍。

有碱蓬属植被的海堤海岸有助于抵抗流水海浪侵蚀,没有植被的裸露地段则在流水波浪侵蚀下蚀退严重。在少数几种能耐受海水的植物里,碱蓬、盐地碱蓬与垦利碱

---

①邢军武.碱蓬植物在海水入侵区域治理中的作用和意义//中国灾害防御协会编.论沿海地区减灾与发展.地震出版社,1991:480~483.

蓬的玫瑰色彩在海水衬托下鲜艳夺目,所以其独特的美学价值也不容忽略。这种美,给每个见过它那辽阔群落的人,都会留下强烈的印象。

第四节　碱蓬属植物与环境污染物质的富集回收

随着工业化、城市化的发展,各种工业废料和污水中往往含有大量的浓度很高的各类可溶性盐及其他有害物质。在污染形成的工业化盐渍土上许多植物都无法生长,但是碱蓬与盐地碱蓬却可以,并能有效地降解土壤中的盐及毒性,可以对工业废水降解处理。碱蓬是一个高效率的、可再生的、不需维修与耗能的生物吸积器或曰自然净化器,利用碱蓬强大的富集能力,不仅可以治理污染、降解毒害,净化工业废水、废气,改良土壤,而且可以回收工业原料,重新提取利用。事实上,我国人民很早就对碱蓬这种强大的富集能力进行了化工利用,采收盐碱地上的碱蓬烧灰淋汤煮盐制碱。由于碱蓬体内的盐度远高于海水的盐度,所以《纲目拾遗》说用碱蓬烧灰煎盐"胜海水煮者"。在污染区种植的碱蓬,可以成为一种强有力的回收器,它以太阳能为动力,将水体与土壤中的天然产物或工业废弃物集中于植物体内,从而使其能够成为可供提取各类制品的理想原料。

碱蓬在环境保护方面所具有的作用和价值自 20 世纪 90 年代引起广泛注意。将碱蓬的特性和优势与其他生物相结合,进行合理搭配,再辅以必要的技术工程措施,无疑会给环境保护注入一股新的强大力量,提供一条有效途径。可以预料,碱蓬在这一领域的潜力将是很大的,它能带给人类的效益也将是巨大的。例如,在海水养殖领域,利用浮床在养殖水面种植盐地碱蓬,可以有效消除水体中的氮磷等养殖污染物,使养殖水体得到净化。该技术已经得到推广实施,在治理养殖污染的同时,收获优质海水蔬菜,提高了综合经济效益。

第五节　碱蓬属植物与海洋沉积的关系

滨海滩涂碱蓬属植物对海洋沉积物具有持续的贡献。海洋钻孔岩心分析发现,碱蓬属植物花粉在近岸海洋沉积环境中占有一定的比例。王开发等报道蒿属、藜科、禾本科孢粉在南黄海海州湾南部海域各站草本花粉组合中占第一位,为孢粉总数的50.5% ~76%[1],碱蓬属作为藜科的重要属,其孢粉数量在现代海洋沉积中成为重要

---

[1]王开发,王永吉.黄海沉积孢粉藻类组合.海洋出版社,1987:13 ~23.

的陆缘沉积成分之一。这说明碱蓬属植物群落的生物量和花粉量一直是海岸浅海沉积物的重要来源和沉积层的组成部分。但蒿属、藜科、禾本科孢粉组合仅在南黄海海州湾南部海域近岸浅水区各站出现,这与其花粉飞翔距离都不远有关,多降落在附近海滨浅水带,因而距离岸边越远,草本花粉含量越少。因此,在古海洋沉积中,草本花粉含量的多寡也大致可以反映沉积位置距岸远近和水域深浅。

在长江口及浙江沿岸的沉积物草本花粉主要是禾本科、蒿属、滨藜、盐地碱蓬等,在沉积层上部数量较少,下部数量较多。王开发等报道 C-14 测定沉积层距今大约为35000 年,为更新世晚期沉积。当时气候寒冷,海面下降,东海大陆架大部分出露成陆,成为广阔的东海陆架平原,杂草丛生,陆架外缘部分生长着蒿、滨藜、盐地碱蓬、碱蓬、海蓬子等滨海盐生植物①。

①王开发,孙煜华. 东海沉积孢粉藻类组合. 海洋出版社,1987.

余　论

　　生克现象是极为普遍的自然现象,由这一现象概括出来的理论,构成了我国古代学术思想和科学认识的重要组成部分。相生是指某物对另一物起促进、滋生的帮助作用,相克则指某物对另一物起制约、压抑的反作用。天下事顺则昌,逆则亡,相生相克只在顺逆之间。生克现象的普遍性不仅表现在非生物与非生物、非生物与生物、生物与生物以及生物与环境的复杂空间关系上,在时间关系上也有强烈的表达。从相生相克这一观点来观察和认识这个世界,不仅是中国古代思想家对人类思想的伟大贡献,也是中国人对科学思想和科学认识以及科学方法的伟大贡献。

　　土生万物,但是不同的土却生不同的物。"一方土养一方人",其实一方土也养一方物。有时这种差别很微妙,例如莱阳梨等一些著名特产,往往一河之隔其味道就会不同。一些著名中药材如淮山药、川贝母、党参以及名茶、名果、名瓜、名稻、名菜等,也存在这一现象。土的细微差别就足以引起如此重大的变化,那么土的重大变化所能产生的后果也就可想而知了。耕地盐渍化会导致作物减产,严重盐碱化会使作物绝收,甚至野草绝迹,所以对淡生作物来说,盐渍环境就是克而不是生,但在淡生植物被克的同时,盐碱土却会使另一些生命繁衍、兴旺起来。

　　让盐碱土去适应作物的努力已经持续了数千年之久,让作物去适应盐碱地的努力也有同样漫长的历史,但无论是土地还是作物都有它自身的规律与本性,以人的意愿强加于自然,即使能在一定时间内以人力勉强维持也将难以持久。人的力量是有限的,人作为自然的产物,也要在自然的法则下生活。违背规律的时候必将失败,顺应规律的时候,人才能表现出自己的有益力量,否则他的力量将制造灾难,这已为人类的历史所证实而未来还将继续证实。

　　生命是多样的,作物是人为的。在没有农业的时候,一切植物都是野生的。当人类根据自己的需要,选择了某些植物并人工栽培的时候,才有了作物。早期人类基本上是依靠淡土植物提供食物,并且形成了悠久的传统和稳固的观念。尽管在农业历史上,作物的种类不断地增加或减少,但是增加的种类多数基于淡土。然而植物生于天地间,莫不各有所用,土地存在于天地间也莫不各有所用。盐碱土、盐渍环境、地下咸水或海水对淡生作物是克,是生长的逆境和禁区,会导致一般作物的衰落以至绝迹,但

— 301 —

这些环境条件却是盐生植物生的基础,甚至是必需的条件,将促使盐生植物蓬勃繁衍。

自然创造了淡土,也创造了咸土,正像它产生了海水也产生了淡水一样。与此相应的是,自然创造了淡生植物,也创造了盐生植物。在淡土和淡生植物的基础上,人类发展出了农业,奠定了自己生存的基础,现在这一基础正承受着越来越重的压力。人们渴望盐碱土也能成为农业的基础,想让盐土也长出淡生植物,然而这种努力仍未成功。如果我们把那些能够成为优良食物的盐生植物扩展成作物,或者说使作物包括盐生植物,那将使农业的基础由淡土扩展到盐碱土,那时,盐碱地被视为荒漠的历史也许将永远结束。

《盐碱荒漠与粮食危机》后记

一本书在问世的过程中会有它自己的故事,正如它问世之后会有它自己的命运一样。

读者也许并不关心一本书是怎样产生的,作者似乎也不必陈述这些;尽管这当中可能有许多艰辛,许多坎坷,许多意外,甚至许多绝望与挣扎。

人类可以用钢筋混凝土建造一条条高速公路,并把它延伸到远方,但却很难铺就一条通向真理的大道。既然如此,也就不必为学术的艰难,为经济的窘迫,为身心的疲惫,为种种人为的障碍或阻隔而烦恼和苦闷。

战国时曾有一位楚国的平民卞和,他从山中采到了一块石头并把它献给国家,因为他相信这石头里有一块美玉。楚王请专家鉴定,专家说是石头,于是以欺君罪砍去了卞和的一只脚;楚王死后其子继位,他又去献,又请专家鉴定,又砍了他的另一只脚;后来楚王的孙子继位,他还去献,专家还说是石头,新王觉得他怎能以如此重大的牺牲坚持认为石头是美玉呢?于是令专家当面剖验,发现它的确是一块旷世美玉。此玉就是后来价值连城的"和氏璧"。

一个人不惜断肢残体甚至牺牲性命去献他那不被理解的石头,去证明这石头是块美玉,这的确令人震撼,令人肃然。而我们民族历史上已不知有多少这样的人以这样的精神走完他的人生历程。

在物欲横流的时代,人们可以用超豪华汽车把沉重的屁股驮向权、利的顶峰,却不能把头脑驮向智慧的顶峰,更不能把良知驮向道德的顶峰,尤不能把身心驮向真理的顶峰;通向真理的路依然是那样荒凉,依然是荆棘、泥泞、绝壁或深渊。如果你想把一块含玉的石头献出来,就应当有这样一种精神准备。

本书的出版得到了许多人的真诚帮助,其中特别需要提及的是中国科学院海洋研究所王壬学博士及其夫人粘翠兰助理研究员,他们多次慷慨无私地资助拙作的出版并提供了难以历数的诸多支持。

中国科学院海洋研究所石学法博士慷慨资助了本书的出版并始终给予作者以令人感念的帮助。薛胜吉先生也为本书的出版提供了有力的支持。宋金明研究员测定了部分数据;柳端助理研究员参与了野外观测与采集;刘建国博士提供了《曲阜师范学院学报》(植物抗盐生理专刊)及其导师和他本人的大作;孙青助理研究员、马英杰女士也对作者提供了许多帮助,董瑞琪先生、李春生研究员拍摄了精美的照片,青岛市盐务局盐业运销处化验室邢爱武工程师分析了部分样品;中国科学院海洋研究所李鸿雁助理研究员、任远女士、魏泽勋教授、孙北林先生为本书的改排提供诸多帮助;青岛市工商银行曲向红女士代为制作复本。

此外,原中国海洋湖沼学会办公室主任穆广智研究员,《海洋科学消息》孙北林先生,中国藻类学会理事长费修绠研究员,国家海洋局一所李慧卿博士,加拿大多伦多大学宫知全博士,中国科学院海洋研究所郑乃禹、史亚波助理研究员曾为作者的另一本拙作提供过慷慨的资金支持,而在那本书中,我都没有机会表达对他们的感谢!

对作者提供大力帮助的人还有很多,无法一一列举,我谨向所有以各种形式帮助过自己的人致以最衷心的感谢!

由于海水入侵与土地盐渍化、饥荒和粮食危机都是社会问题,所以任何有关的研究如果不能转变成社会的行动,就很难产生实际的价值。因此我将本书献给各位贤达,献给今天和未来,希望它能够为我们的民族以至人类做出实际的贡献。

使一本书不愧为一本书应是作者对自己的心灵,对读者和社会,对当时与未来所承担的一种责任,所以对书中可能存在的错误或不妥,作者将承担全部责任。对指出这些错误并能赐函垂示的读者,我愿预先致谢!

邢军武

谨志于梧桐树下陋室赤脚斋

1992 年 9 月 12 日秋雨之夜第三稿完稿,时中秋节次日,无月;1993 年 3 月 29 日发排前夕再改于子夜,时春寒尚存清明即临;1993 年 9 月 16 日深夜三校再记于秋雨中,时又近中秋矣……

《碱蓬生物学与作物化》后记

1993年本书的前身《盐碱荒漠与粮食危机》出版的时候，我的父母和妻子都还健在，而当本书出版时，父母和妻子已相继谢世。

2020年12月13日我不幸一氧化碳中毒，陷于死亡边缘，是贤妻曲宁对我进行了全力抢救，使我得以起死回生。她还保存了本书的书稿，所以这本书能够出版完全是曲宁的功劳。没有她就没有我今天的生命，也就没有本书的问世。但她却于2022年10月9日晚上6点44分不幸辞世，使我万分痛心！回想当年贤妻在板凳上一笔一画地誊写《盐碱荒漠与粮食危机》的书稿，历历在目，作为那本书和这本书的第一位读者，她提出了许多宝贵意见。为此，就让我把这本迟到的专著献给我的贤妻曲宁吧，愿她在天之灵阅读快乐！

感谢贤妻曲宁在我病危期间对我进行的组织抢救，女儿邢亦谦、女婿赵曜、姐夫于新江、弟弟邢志刚争分夺秒地送往医院，感谢亲友们在我生命垂危时展现的凝聚力，从于新江、邢志刚、史光芹、邢爱华、曲艳红、曲向红、邓东至孩子及其同学们，如邢亦谦、赵曜、曲菁、李翠霞、胡崇瑞、周小旋、徐翔，日夜轮换守护一个月。感谢护工庄春明师傅一年精心的陪护。

特别需要感谢原解放军四〇一医院（现海军九七一医院）高压氧科主任高光凯博士对我的及时抢救。

感谢原黄海水产研究所邓景耀所长不顾年高体弱陪我赴利津、无棣等盐碱滩涂野外工作，邓所长也不幸于2022年12月3日病故，令人痛心落泪。愿本书的出版能告慰他老人家的英灵吧！

感谢父亲的老同事孙希敬前辈也曾不顾年迈亲自长途跋涉为本书的野外考察做出了贡献。

感谢原中国海洋大学李德尚教授、张秀梅教授和原黄海所所长王清印教授多年以来给予作者的诸多宝贵帮助和支持。

感谢中国科学院新疆生态与地理研究所田长彦教授赠送《新疆盐生植物》，马英杰教授赠送《新疆植物志》，赵振勇教授提供了植物的种子。

感谢青岛出版社原总编辑高继民、郭东明副总编辑、程兆军编辑对本书的出版给予的支持和帮助。

感谢原中国科学院海洋研究所开发处处长,现山东省副省长邓云峰博士三十年来给予作者的长期支持和友谊。

感谢原中国科学院农业项目办公室王大生主任、孙永溪高工、翟金良处长给予作者的长期支持和难忘的帮助。

感谢山东省科技厅原副厅长郭九成、原农村处处长王守宝给予作者的大力扶持和诸多帮助。

感谢原青岛市科学技术委员会姜华山主任对第一版《盐碱荒漠与粮食危机》的深入阅读以及与作者进行的有益交流并给予作者项目支持,使青岛市成为盐碱农业的发源地和创新源头。

感谢老友孙北林、钦佩、王壬学、李春雁、薛胜吉诸教授为本书赐序使拙作蓬荜生辉。其中薛胜吉先生的后记因内容与其多年前撰写的关于邢军武的人物特写重复此处就忍痛割爱了,希望能待日后补充。

感谢原中国科学院海洋研究所刘书明副所长为作者和本书拍摄了精美照片,中国科学院海洋研究所信息中心主任冯志纲、吴均为作者提供了高水平的文献服务。感谢王淼老师帮助录入,中国科学院海洋研究所生物分类室王永良教授、蒋维教授提供了部分蟹类名称。

需要感谢的师友还有很多,一时难以列举,只能一并致谢!

从《盐碱荒漠与粮食危机》到《碱蓬生物学与作物化》历时 30 多年,当年那些充满青春活力、睿智而激情磅礴的年轻朋友和学识深邃的前辈先贤们对本书做出的杰出贡献,我都铭记在心。今天他们已如天际星光散于海内海外,或为各领域师长或已退养天年,既有天伦之乐,也有暮年困厄。我面对白纸黑字,唯觉千秋文章,皆存乎一心矣!

是为记。

邢军武

2023 年 7 月 5 日

参考文献

[1]尚书

[2]周礼

[3]春秋

[4]谷梁传

[5]史记

[6]汉书

[7]魏书

[8]隋书

[9]明史

[10]管子

[11]吕氏春秋

[12]孟子

[13]荀子

[14]齐民要术

[15]救荒本草

[16]植物名实图考

[17]天工开物

[18]朱熹注.四书五经[M].北京:中国书店,1985.

[19]盐铁论

[20]徐光启.农政全书·荒政

[21]曾巩.隆平集

[22]苏东坡全集

[23]刘文泰等.本草品汇精要

[24]李时珍.本草纲目

[25]赵学敏.本草纲目拾遗

[26]谢观等.中国医学大辞典4[M].上海:商务印书馆,1921.

[27][日]牧野.日本植物图鉴(增补版)[M].北隆馆,昭和十五年(1940):610.

[28]辞海编辑委员会.辞海(生物分册)[M].上海:上海辞书出版社,1980:224.

[29]江苏新医学院.中药大辞典[M].上海:上海科学技术出版社,1986:2456.

[30]王作宾.《农政全书》所收《救荒本草》及《野菜谱》植物学名//农政全书校注
[M].上海:上海古籍出版社,1979:1842.

[31]杨直民.农业技术的历史演变//技术史研究[M].北京:冶金工业出版社,1987:
418.

[32]中国科学院自然科学史研究所主编.中国古代地理学史[M].北京:科学出版社,
1984:225.

[33]武汉水利电力学院等编.中国水利史稿[M].北京:中国水利电力出版社,1979.

[34]河北师范大学等编.普通水文学[M].北京:人民教育出版社,1979:168.

[35]杜一.自然灾害与经济对策//论沿海地区减灾与发展[M].北京:地震出版社,
1991:69.

[36]李健生.1991年中国汛情综述//论沿海地区减灾与发展[M].北京:地震出版
社,1991:24.

[37]王子平.地震灾害的社会性内容及救灾方略//论沿海地区减灾与发展[M].北
京:地震出版社,1991:457.

[38]张瑞成.河北省由于地下水开采所引起的地质灾害//论沿海地区减灾与发展
[M].北京:地震出版社,1991:405~407.

[39]池俊成等.河北省干旱的影响及水资源对策//论沿海地区减灾与发展[M].北
京:地震出版社,1991:283~287.

[40]宋印胜.山东省地面沉降问题及防治建议//论沿海地区减灾与发展[M].北京:
地震出版社,1991:407~410.

[41]山东省莱州市人民政府.山东省莱州市海水侵染的危害与防治//论沿海地区减
灾与发展[M].北京:地震出版社,1991:362.

[42]胡景江等.中国东部滨海地区海水入侵活动的形成与防治对策//论沿海地区减
灾与发展[M].北京:地震出版社,1991:350.

[43]王建功.山东沿海减灾与发展的战略问题//论沿海地区减灾与发展[M].北京:
地震出版社,1991:110.

[44]中国灾害防御协会.论沿海地区减灾与发展[M].北京:地震出版社,1991.

[45]河北省地质局第九地质队.水文地质工程地质选辑1[M].北京:地质出版社,
1974:41.

［46］毛汉英.咸海危机的起因与解决途径的研究//林振耀等.海水入侵防治研究（一）
　　　［M］.北京:气象出版社,1991:213～214.

［47］林振耀等.海水入侵防治研究（一）［M］.北京:气象出版社,1991:165～166.

［49］赵德三.山东沿海区域环境与灾害［M］.北京:科学出版社,1991.

［50］余文涛,袁清林,毛文永.中国的环境保护［M］.北京:科学出版社,1987:78～80.

［51］任美锷等.中国自然地理纲要［M］.北京:商务印书馆,1980:346.

［52］熊毅,李庆逵.中国土壤（第二版）［M］.北京:科学出版社,1990.

［53］王尊亲等.中国盐渍土［M］.北京:科学出版社,1993.

［54］赵其国,史学正等.土壤资源概论［M］.北京:科学出版社,2007.

［55］李元主编.中国土地资源［M］.北京:中国大地出版社,2000.

［56］V. A. Kovda等.土壤盐化和碱化过程的模拟［M］.北京:科学出版社,1987:4～6.

［57］л. к. 布里诺夫.论海洋对土壤和陆地盐渍的影响//中国地理学会编.地表盐分的
　　　迁移积累和平衡［M］.北京:科学出版社,1963:17.

［58］B. M. 巴洛夫斯基.海陆间盐分交换及盐分在土壤过程中的多年动态//中国地理
　　　学会编.地表盐分的迁移累积和平衡［M］.北京:科学出版社,1963.

［59］陈镇东.海洋化学［M］.中国台北:茂昌图书有限公司,1994:68.

［60］毛汉礼.海洋科学［M］.北京:科学出版社,1955:18～22.

［61］堀部纯男.海水化学［M］.北京:科学出版社,1983:116.

［62］J. M. 亨特.石油地球化学和地质学［M］.石油工业出版社,1986.

［63］中华地理志编辑部编纂.华北区自然地理资料［M］.北京:科学出版社,1957:71.

［64］林成谷.土壤学（北方本）［M］.北京:中国农业出版社,1983.

［65］世界资源研究所等.世界资源报告（1988—1989）（中译本）［M］.北京:中国环境
　　　科学出版社,1990:416.

［66］中国农业区划要点［M］.北京:测绘出版社,1987.

［67］G. M. 马斯特斯.环境科学技术导论（中译本）［M］.北京:科学出版社,1982.

［68］中国科学院自然区规划工作委员会.中国潜水区划（初稿）［M］.北京:科学出版
　　　社,1959:51.

［69］柯夫达.中国之土壤与自然条件概论［M］.北京:科学出版社,1960:152.

［70］长江三峡对生态与环境的影响及对策研究［M］.北京:科学出版社,1988:103.

［71］W. K. 汉布林.地球动力系统［M］.北京:地质出版社,1980:158.

［72］江苏省908专项办公室.江苏近海海洋综合调查与评价总报告［M］.北京:海洋
　　　出版社,2012.

[73][美]R.麦克法夸尔,费正清编.剑桥中华人民共和国史·革命的中国的兴起 1949—1965[M].北京:中国社会科学出版社,1990:389~390.

[74]胡绳.中国共产党的七十年[M].北京:中共党史出版社,1991:381.

[75]邢军武.盐碱荒漠与粮食危机[M].青岛海洋大学出版社,1993.

[76]邢军武.碱蓬植物在海水入侵区域治理中的作用和意义//论沿海地区减灾与发展[M].北京:地震出版社,1991:480~483.

[77]邢军武.胶州湾碱蓬属植物的经济价值与生态功能//中国植物学会五十五周年年会论文摘要汇编.1986.

[78]邢军武.滨海盐碱地高耐盐经济植物筛选与规模化繁育[M].青岛出版社,2018.

[79]邢军武,赵凤娟.黄河三角洲植物资源及生态//刘艳霞,严立文,黄海军等编著.黄河三角洲地区环境与资源[M].北京:海洋出版社,2012:154~184.

[80]邢军武.中国海陆过渡带及其资源//相建海主编.中国海情[M].北京:开明出版社,2002:18~46.

[81]贾祖璋,贾祖珊.中国植物图鉴[M].北京:中华书局,1955:875.

[82]中国科学院中国植物志编委会.中国植物志(25卷2册)[M].北京:科学出版社,1979:115~135.

[83]中国科学院植物研究所.中国高等植物图鉴(第一册)[M].北京:科学出版社,1972:593~594.

[84]中国科学院植物研究所.中国高等植物图鉴补编(第一册)[M].北京:科学出版社,1982:i~iii,270~273.

[85]中国湿地植被编辑委员会编著.中国湿地植被[M].北京:科学出版社,1999.

[86]傅立国,陈潭清,郎楷永,洪涛,林祁主编.中国高等植物(第四卷)[M].青岛出版社,2000:342~348.

[87]中国科学院林业土壤研究所编.东北植物检索表[M].北京:科学出版社,1959:49~50.

[88]中国科学院林业土壤研究所编.东北草本植物志[M].北京:科学出版社,1959:72~73.

[89]赵柯夫,李法曾,张福锁.中国盐生植物[M].北京:科学出版社,1999:151~157.

[90]赵可夫,范海.盐生植物及其对盐渍生境的适应生理[M].北京:科学出版社,2005:113~119.

[91]赵可夫.植物抗盐生理[M].北京:中国科学技术出版社,1993.

[92]郗金标,张福锁,田长彦.新疆盐生植物[M].北京:科学出版社,2006.

[93]马淼,李学禹编.新疆极端环境植物种质资源研究[M].乌鲁木齐:新疆科学技术出版社,2007:132~133.

[94]洪德元.植物细胞分类学[M].北京:科学出版社,1990.

[95]朱光华译.国际植物命名法规[M].北京:科学出版社,(美)密苏里植物园出版社,2001.

[96]王劲武编著.种子植物分类学(第2版)[M].北京:高等教育出版社,2009.

[97]简令成,王红.逆境植物细胞生物学[M].北京:科学出版社,2009.

[98]侯学煜等.中国植被地理及优势植物化学成分[M].北京:科学出版社,1982:166.

[99]A. A. 沙霍夫.植物的抗盐性[M].北京:科学出版社,1958:66.

[100][英]额尔特曼著,王伏雄译.花粉形态与植物分类[M].北京:科学出版社,1952:91~98.

[101]宛涛,正智军.内蒙古草地现代植物花粉形态[M].北京:中国农业出版社,1999.

[102][瑞典]G. 埃尔特曼.孢粉学手册[M].北京:科学出版社,1978:10~60.

[103]中国科学院植物研究所形态室孢粉组.中国植物花粉形态[M].北京:科学出版社,1960,89~90.

[104]王开发.孢粉学概论[M].北京:北京大学出版社,1982:1~25.

[105]王开发,孙煜华.东海沉积孢粉藻类组合[M].北京:海洋出版社,1987:109.

[106]王开发,王永吉.黄海沉积孢粉藻类组合[M].北京:海洋出版社,1987:155.

[107][美]B. B. 布坎南,W. 格鲁依森姆,R. L. 琼斯主编.植物生物化学与分子生物学[M].北京:科学出版社,2004:961.

[108]A. 怀特等.生物化学原理[M].北京:科学出版社,1979:462.

[109]北京医学院主编.生物化学[M].北京:人民卫生出版社,1978:502.

[110]张玉麟,王镇圭等编译.生态生物化学导论[M].北京:中国农业出版社,1989:27.

[111]K. H. 贝斯勒等.营养学基础知识[M].北京:人民卫生出版社,1979:58.

[112]孔祥瑞.必需微量元素的营养、生理及临床意义[M].合肥:安徽科学技术出版社,1982.

[113]方中达.植物病研究方法[M].北京:中国农业出版社,1998.

[114]魏景超.真菌分类鉴定手册[M].上海:上海科学技术出版社,1979.

[115]潘瑞炽,董愚得.植物生理学[M].北京:高等教育出版社,1995.

[116]鲁润龙,顾月华.植物细胞学[M].合肥:中国科学技术大学出版社,1992.

[117]杨学荣.植物生理[M].北京:高等教育出版社,1981:320~322.

[118]潘瑞炽等.植物生理学(下册)[M].北京:人民教育出版社,1979:365~366.

[119][加]R. G. S. 比德韦尔.植物生理学(上册)[M].北京:高等教育出版社,1982:50.

[120]姚南瑜.藻类生理学[M].大连:大连工学院出版社,1987.

[121][英]W. M. M. 巴若著.韩碧文,孟繁静,周永春译.植物的机体组成[M].北京:中国农业出版社,1982:42~43.

[122]A. C. 利奥波德,P. E. 克里德曼.植物的生长和发育[M].北京:科学出版社,1984:367.

[123]小川和朗等.植物细胞学[M].北京:科学出版社,1983:392~406.

[124]石田政弘等.光合作用器官的细胞生物学[M].北京:科学出版社,1986:328~344.

[125]邹帮基等.植物的营养[M].北京:中国农业出版社,1985:298.

[126]沈允钢等.国际光合作用研究近况//光合作用的研究进展第三集[M].北京:科学出版社,1984:3.

[127]A. Л. 库尔萨诺夫.植物体内同化物的运输[M].北京:科学出版社,1986:64.

[128]孙敬三等.植物细胞的结构与功能[M].北京:科学出版社,1983:34.

[129]郝建军,康宗利,于洋.植物生理学实验技术[M].北京:化学工业出版社,2006.

[130]邹琦.植物生理学实验指导[M].北京:中国农业出版社,2005.

[131]钦佩,周春霖,安树青等.海滨盐土农业生态工程[M].北京:化学工业出版社,2002.

[132]李合生.植物生理生化实验原理和技术[M].北京:高等教育出版社,2000:260~261.

[133]蒋传葵,金承德等.工具酶的活力测定[M].上海:上海科学技术出版社,1982:36~40.

[134]林文棣,张超常,薛德清等.中国海岸带林业[M].北京:海洋出版社,1993.

[135]吴传钧,蔡清泉,朱季文等.中国海岸带土地利用[M].北京:海洋出版社,1993.

[136]田家怡,贾文泽等.黄河三角洲生物多样性研究[M].青岛:青岛出版社,1999.

[137]林焕年,章秀贞,陈国民.鱼类学与经济水产动植物[M].北京:中国农业出版社,1961.

[138]刘瑞玉,崔玉珩等.中国海岸带生物[M].北京:海洋出版社,1996.

[139]赵焕庭等.华南海岸和南海诸岛地貌与环境[M].北京:科学出版社,1999.

[140]Strogonov B. P. Structure and Function of Plant Cell in Saline Habitats[M]. New York:Halsted Press,1973.

[141]Stebbins G. L. Chromosome Evolution in Higher Plants[M]. London:Edward Aronld,1971.

[142]Nabors M N, Dykes T A. In Biotechnology in International Agricultural Research. International Rice Research Institute. Manila,Philippines,1985:121.

[143]Xing Junwu(邢军武),Song Jinming(宋金明),Liu Duan(柳端),Li Chunyan(李春雁)& Tian Yuchuan(田玉川). The inland factors of the sea encroachment in the coastal area of North China Plain:Fifth International Conference on Natural and Manmade Hazards. 1993:77～78.

[144]赵其国.中国土地资源及其利用区划[J].土壤,1989,3:115～116.

[145]熊毅.土壤,1979,2.

[146]蔡茂德.土壤,1984,5.

[147]席承藩.土壤,1990,5.

[148]张兰亭.土壤学报,1988,4.

[149]刘淑瑶等.土壤学报,1991,2.

[150]俞劲炎等.土壤通报,1982,2.

[151]张世贤.土壤通报,1985,6:242.

[152]范德玉.土壤通报,1980,5.

[153]河北省沧州农学会土壤分会考察组.土壤通报,1982,5.

[154]朱庭芸等.土壤通报,1983,4.

[155]肖笃宁等.国际土壤地理研究的新进展[J].土壤通报,1991,3:97.

[156]俞劲炎等.土壤学进展,1981,5.

[157]单光宗.土壤盐渍地球化学的研究动态与展望[J].土壤学进展,1992,5:18.

[158]单光宗.地理知识,1991,11.

[159]李振声.借一号文件东风总结盐碱地治理经验.中国科学报,2016年2月22日第7版.

[160]罗桂环.《救荒本草》在日本的传播[J].中华医史杂志,1985,1:60～62.

[161]马晓河.中国粮食"收不起、储不起、补不起"困境何解.财新网2017年5月16日.

[162]徐岚等.科尔沁沙地盐生植物群落复合体中主要植物群落的盐分生态[J].应用

生态学报,1991(2)1:22.

[163]周喜丰,龙涛.半个世纪华北就被掏空了.新民晚报,2018年4月23日.

[164]石玉林等.关于我国土地资源利用的几个战略问题[J].科技导报,1988,6:13.

[165]封志明,陈百明.中国未来人口的膳食营养水平[J].中国科学院院刊,1992,1:
23~24.

[166]中华人民共和国国家统计局.关于1991年国民经济和社会发展的统计公报
[J].新华文摘,1992,4:17.

[167]李文娟等.中国粮食产需、区域平衡及对策[J].科技导报,1991,4:35~38.

[168]奥维尔·弗里曼.如何满足未来十年世界粮食需求[J].编译参考,1991,6:32.

[169]单之蔷.从虚拟水的视角看红旗河大调水[J].中国国家地理,2018,5:15.

[170]徐琪.试论三峡工程对农业生态系统的影响[J].应用生态学报,1992,1:77.

[171]殷跃平.澳大利亚水文地质研究新进展[J].水文地质工程地质,1990,6:61.

[172]吴芳芳,孔祥斌,雷鸣,张雪靓,张蚌蚌.基于地下水位下降速度分区的黄淮海平
原土地利用变化特征分析.中国农业大学学报,2016,21(12):96~107.

[173]邢军武.滩涂与中国的海洋发展战略[J].科学新闻周刊.2001,44:19.

[174]邢军武.盐碱环境与盐碱农业[J].地球科学进展,2001,16(2):257~266.

[175]邢军武.盐碱农业——新农业革命的目标、现状与前景[J].世界科技研究与发
展,1999,21(2):78~81.

[176]邢军武.胶州湾碱蓬植物的生态意义和经济价值[J].海洋科学消息,1989.2:
9~10.

[177]邢军武.中国碱蓬属植物修订[J].海洋与湖沼,2018,49(6):1375~1379.

[178]邢军武.垦利碱蓬:碱蓬属一新种[J].海洋科学,2018,42(9):51~54.

[179]邢亦谦,邢军武.中国碱蓬属植物研究中的分类错误[J].海洋科学,2019,43
(5):97~102.

[180]马金双.中国植物分类学的现状与挑战[J].科学通报,2014,59(6):510~521.

[181]孔宪武,朱格麟,简焯坡等.中国藜科植物[J].植物分类学报,1978,16(1):
99~123.

[182]汪劲武.藜科杂谈(上)[J].植物杂志,1992,5:38~40.

[183]朱格麟.藜科植物的起源、分化和地理分布[J].植物分类学报,1995,34(5):
486~504.

[184]张峰,姚燕.盐地碱蓬的染色体核型分析[J].山东科学,2013,26(2):53~55.

[185]王晓炜,马兰菊,郑利雄等.新疆4种猪毛菜属植物核型分析[J].新疆农业大学

学报,2008,31(6):12～16.

[186]王晓炜,常水晶,迪利夏提等.新疆猪毛菜属植物染色体数及核型分析[J].西北植物学报,2008,28(1):65～71.

[187]杨德奎,王学翠,宁志斌.粗壮女娄菜的染色体数目和核型分析[J].山东科学,2006,19(3):32～34.

[188]王海宁,杨艳琼,吴国星等.扭黄茅染色体核型分析[J].中国草地学报,2010,32(1):107～111.

[189]杨志荣,林祁.铁箍散(五味子科)的核型研究[J].植物研究,2007,27(6):661～663,666.

[190]黄向旭,严岳鸿,易绮斐等.香港喜盐草属植物的核型分析[J].热带亚热带植物学报,2010,18(4):391～393.

[191]张学杰,樊守金,李法曾.中国碱蓬资源的开发利用研究状况[J].中国野生植物资源,2003,22(2):1～3.

[192]李洪山,范艳霞.盐地碱蓬籽油的提取及特性分析[J].中国油脂,2010,35(1):74～76.

[193]张学杰,樊守金,李法曾.中国碱蓬资源的开发利用研究状况[J].中国野生植物资源,2003,22(2):1～3.

[194]柳仁民,张坤,崔庆新.碱蓬籽油的超临界 CO_2 流体萃取及其 GC/MS 分析[J].中国油脂,2003,28(2):42～45.

[195]贾洪涛. $Na^+K^+Cl^-$ 对碱蓬营养和毒性的比较研究[J].山东林业科技,2004,5:8～9.

[196]曹晟阳,谢欠影,伊凯等.翅碱蓬耐盐机制研究进展[J].现代农业科技,2018,(5):169～171,174.

[197]宛涛,燕玲,李红,伊卫东.阿拉善荒漠区 10 种特有植物花粉形态观察[J].中国草地,2004,26(3):47～52.

[198]宋百敏,宗美娟,刘月良.碱蓬和盐地碱蓬花粉形态研究及其在分类上的贡献[J].山东林业科技,2002,2:1～4.

[199]袁宗飞,胡适宜.油松成熟花粉的细胞化学及超微结构研究[J].植物学报,1998,40(5):389～394.

[200]宁建长,习以珍,张玉龙.囊萼紫草属与滇紫草属花粉形态比较研究[J].植物分类学报,1995,31(1):52～57.

[201]孙京田,王书运,桂维玲.木樨科植物花粉的扫描电镜研究[J].电子显微学报,

1991,10(1):24~28.

[202]燕玲,宛涛,李红,刘风林,伊卫东.阿拉善荒漠区 12 种特有植物花粉形态观察[J].内蒙古农业大学学报,2003,24(2):19~26.

[203]马行宣,王占华,卢红健,金艳文,周素英,王春利.碱蓬的过敏原性研究[J].滨州医学院学报,1993,16(4):27~28.

[204]程双奇等.螺旋藻的营养评价[J].营养学报,1990,4:415.

[205]梁寅初等.翅碱蓬氨基酸、蛋白质和脂肪酸成分的研究[J].植物学报,1988,30(1):103~106.

[206]中国营养学会.中国营养学会推荐的每日膳食中营养素供给量的说明[J].营养学报,1990,1.

[207]Nevin S. Scrimshaw. 铁缺乏[J].美国科学(Scientific American),1992,2:1.

[208]杨赵平,段黄金,黄文娟.塔里木盆地硬枝碱蓬群落物种组成和生物多样性[J].草业科学,2011,(28)12:2186~2189.

[209]林学政,陈靠山,何培青等.种植盐地碱蓬改良滨海盐渍土对土壤微生物区系的影响[J].生态学报,2006,26(3):801~807.

[210]张学杰,樊守金,李法曾.中国碱蓬资源的开发利用研究状况[J].中国野生植物资源,2003,22(2):1~3.

[211]于海芹,张天柱,魏春雁等.三种碱蓬属植物种子含油量及其脂肪酸组成研究[J].西北植物学报,2005,25(10):2077~2082.

[212]邵秋玲,谢小丁,张方审等.盐地碱蓬人工栽培与品系选育初报[J].中国生态农业学报,2004,12(1):47~49.

[213]朱桂宁,蔡健和,胡春锦等.广西山药炭疽病病原菌的鉴定与 ITs 序列分析[J].植物病理学报,2007,37(6):572~577.

[214]王凯,王景宏,洪立洲等.碱蓬在江苏沿海地区高产栽培技术的研究[J].中国野生植物资源,2009,28(5):63~65.

[215]郑音,姜华,金郁等.辽宁碱蓬红、绿两种表型植株生长量比较及营养成分分析[J].中国野生植物资源,2001,30(6):73~76.

[216]钱兵,顾克余,赫明陶等.盐地碱蓬的生态生物学特性及栽培技术[J].中国野生植物资源,2000,19(6):62~63.

[217]崔春晓,戴美学,夏志洁.盐地碱蓬内生中度嗜盐菌的分离与系统发育多样性分析[J].微生物学通报,2010,37(2):204~210.

[218]钮旭光,韩梅,宋立超等.翅碱蓬内生细菌鉴定及耐盐促生作用研究[J].沈阳农

业大学学报,2011,42(6):698~702.

[219]滕松山,刘艳萍,赵蕾.具 ACC 脱氨酶活性的碱蓬内生细菌的分离、鉴定及其生物学特性[J].微生物学报,2010,50(11):1503~1509.

[220]李娇,张宝龙,赵颖等.内生菌对提高植物抗盐碱性的研究进展[J].生物技术通报,2014,4:14~18.

[221]滕松山,刘艳萍.具 ACC 脱氨酶活性的碱蓬内生细菌的分离、鉴定及其生物学特性[J].微生物学报,2010,50(11):1503~1509.

[222]汪良驹,刘友良.植物细胞中的液泡及其生理功能[J].植物生理学通讯,1998,34(5):394~400.

[223]刘延吉,王靖,田晓艳等.耐盐菌株的筛选及其促生作用研究[J].沈阳农业大学学报,2009,40(3):360~362.

[224]邢军武.海水稻的水是海水吗?中国科学报,2017 年 10 月 13 日第 3 版.

[225]邢亦谦,邢军武.中国碱蓬属植物研究中的分类学错误[J].海洋科学,2019,43(5):97~102.

[226]邢军武.盐碱环境与盐碱农业[J].地球科学进展,2001,16(2):257~266.

[227]邢军武.野生碱蓬的人工栽培技术(授权发明专利),专利号97106197.1.

[228]凌启鸿.盐碱地种稻有关问题的讨论[J].中国稻米,2018,4.

[229]柯文.清宫金鱼与"金鱼徐".科技日报,1991 年 12 月 22 日第 2 版。

[230]宋景芝等译.筛选耐盐植物[J].国外农业科技,1980,7:8.

[231]徐云岭等.标准差比较法在筛选耐盐变异体中的应用初探[J].植物生理学通讯,1990,4:60.

[232]姜华,张琳,修玉萍,李艳,杨策,邵璐.碱蓬红斑病病原菌鉴定及生物学特性研究初报[J].辽宁师范大学学报(自然科学版)2015,(38)1:112~116.

[233]徐云岭等.植物适应盐逆境过程中的能量消耗[J].植物生理学通讯,1990,6:70~73.

[234]周荣仁等.利用组织培养研究植物耐盐机理与筛选耐盐突变体的进展[J].植物生理学通讯,1989,5:11~19.

[235]陈受宜等.水稻抗盐突变体的分子生物学鉴定[J].植物学报,1991,8:569~573.

[236]郭绍祖.盐碱地水稻育秧[J].曲阜师院学报(植物抗盐生理专刊),1984,118.

[237]仲崇斌等.盐地碱蓬基因工程研究进展[J].中国生物工程杂志,2005(增):78~81.

[238]刘友良等.植物耐盐性研究进展[J].植物生理学通讯,1987,4:6.

[239]管洪连.盐蒿作猪饲料[J].中国畜牧杂志,1964,11:26.

[240]王凤双等.黄须菜喂猪[J].天津农业科学,1984:1.

[241]孔宪武,朱格麟,简焯坡等.中国藜科植物[J].植物分类学报,1978,16(1):99~123.

[242]周玲玲,冯元忠,吴玲等.新疆六种盐生植物的解剖学研究[J].石河子大学学报(自然科学版),2002,6(3):217~221.

[243]任昱坤.盐地碱蓬叶的解剖结构与生态环境关系的研究[J].宁夏农学院学报,1995,16(1):36~40.

[244]陆静梅,李建东.角碱蓬解剖学研究[J].东北师范大学(自然科学版),1994,26(3):104~106.

[245]王文和,许玉凤.肥叶碱蓬叶和茎的解剖结构研究[J].植物研究,2005,25(1):45~48.

[246]滕红梅,苏仙绒,崔东亚.运城盐湖4种藜科盐生植物叶的比较解剖研究[J].武汉植物学研究,2009,27(3):250~255.

[247]李芳兰,包维楷.植物叶片形态解剖结构对环境变化的响应与适应[J].植物学通报,2005,22(增刊):118~127.

[248]杨赵平,贾露.塔里木盆地碱蓬属6种植物叶的解剖学研究[J].西部林业科学,2011,(40)2:36~39.

[249]孙稚颖.山东碱蓬属两种植物形态解剖学研究[J].食品与药品,2014,16(1):9~12.

[250]郭建荣,郑聪聪,李艳迪,范海,王宝山.NaCl处理对真盐生植物盐地碱蓬根系特征及活力的影响[J].植物生理学报,2017,53(1):63~70.

[251]丁效东,张士荣,李扬,田长彦,冯固.刺毛碱蓬种子多型性及其对极端盐渍环境的适应[J].西北植物学报,2010,30(11):2293~2299.

[252]栗素芬,邢虎田.对盘果碱蓬和钩刺雾冰藜的调查[J].新疆农垦科技,1991,5:11~12.

[253]徐云岭等.苜蓿愈伤组织盐适应过程中的溶质积累[J].植物生理学报,1992,1:93~99.

[254]李圆圆,郭建荣,杨明峰,王宝山.KCl和NaCl处理对盐生植物碱蓬幼苗生长和水分代谢的影响[J].植物生理与分子生物学学报,2003,29(6):576~580.

[255]彭斌,许伟,邵荣,封功能,石文艳.盐胁迫对不同生境种源盐地碱蓬幼苗生长、

光合色素及渗透调节物质的影响[J]. 海洋湖沼通报,2017,1:63~72.

[256]孙黎,刘士辉,师向东,肖敏,汤照云,朱红伟,陈建中. 10 种藜科盐生植物的抗盐生理生化特征[J]. 干旱区研究,2006,23(2):309~313.

[257]张莹莹,佘慧,刘维仲.对运城盐湖地区盐角草和盐地碱蓬耐盐性的分析[J]. 山西师范大学学报(自然科学版),2012,26(4):66~70.

[258]尹海龙,田长彦.不同盐度环境下盐地碱蓬幼苗光合生理生态特征[J]. 干旱区研究,2014,31(5):850~855.

[259]彭益全,谢橦,周峰等.碱蓬和三角叶滨藜幼苗生长、光合特性对不同盐度的响应[J]. 草业学报,2012,21(6):64~74.

[260]陈少裕.膜脂过氧化对植物细胞的伤害[J]. 植物生理学通讯,1991,2:87.

[261]岳晓翔,陈敏,段迪,王宝山.绿色和紫红色表型盐地碱蓬叶片抗氧化系统比较研究[J]. 山东师范大学学报(自然科学版),2008,23(1):121~124.

[262]张永福,蔺海明,杨自辉等.解冻期覆盖盐渍土地表对土壤盐分和水分的影响[J]. 干旱区研究,2005,22(1):17~23.

[263]邵秋玲,谢小丁,张方审等.盐地碱蓬人工栽培与品系选育初报[J]. 中国生态农业学报,2004,12(1):47~49.

[264]李利,李宏.干旱和盐胁迫对白榆叶片光系统Ⅱ活力的影响[J]. 东北林业大学学报,2011,39(9):31~33.

[265]邢庆振,郁松林,牛亚萍等.盐胁迫对葡萄幼苗光合及叶绿素荧光特性的影响[J]. 干旱地区农业研究,2011,29(3):96~100.

[266]王伟,高捍东,陆小青.盐胁迫对中山杉无性系幼苗光响应曲线的影响[J]. 农业科技开发,2010,24(3):29~32.

[267]时丽冉,曹永胜,郭盼.盐胁迫对蚕豆植株光合性能和渗透调节能力的影响[J]. 杂粮作物,2008,28(5):312~315.

[268]郭书奎,赵可夫. NaCl 胁迫抑制玉米幼苗光合作用的可能机理[J]. 植物生理学报,2001,27(6):461~466.

[269]王彩娟,李志强,王晓琳等.室外盆栽条件下盐胁迫对甜高粱光系统Ⅱ活性的影响[J]. 作物学报,2011,37(11):2085~2093.

[270]周兴光,曹福亮.土壤盐分胁迫对假俭草、结缕草光合作用的影响[J]. 江西农业大学学报,2005,27(3):408~412.

[271]孙宇梅,赵进,周威等.我国盐生植物碱蓬开发的现状与前景[J]. 北京工商大学学报,2005,23(1):1~4.

[272]张守仁.叶绿素荧光动力学参数的意义及讨论[J].植物学报,1999,16(4):444~448.

[273]王海洋,黄涛,宋莎莎.黄河三角洲滨海盐碱地绿化植物资源普查及选择研究[J].山东林业科技,2007,(1):12~15.

[274]刘彧,王宝山.不同自然盐渍生境下盐地碱蓬叶片肉质化研究[J].山东师范大学学报(自然科学版),2006,(2):102~104.

[275]柏新富,朱建军,蒋小满等.盐胁迫下三角叶滨藜根系超滤特性的分析[J].土壤学报,2009,46(6):1121~1126.

[276]梁飞,田长彦,张慧.施氮和刈割对盐角草生长及盐分累积的影响[J].草业学报,2012,21(2):99~105.

[277]高奔,宋杰,刘金萍等.盐胁迫对不同生境盐地碱蓬光合及离子积累的影响[J].植物生态学报,2010,34(6):671~677.

[278]管博,于君宝,陆兆华等.黄河三角洲滨海湿地水盐胁迫对盐地碱蓬幼苗生长和抗氧化酶活性的影响[J].环境科学,2011,32(8):2422~2429.

[279]闫留华,彭建云,陈敏等.潮间带生境下两种表型盐地碱蓬的抗氧化系统比较[J].植物生理学通讯,2008,44(1):109~111.

[280]段德玉,刘小京,李存桢等.N素营养对NaCl胁迫下盐地碱蓬幼苗生长及渗透调节物质变化的影响[J].草业学报,2005,14(1):63~68.

[281]赵福庚,孙诚,刘友良等.ABA和NaCl对碱蓬多胺和脯氨酸代谢的影响[J].植物生理与分子生物学学报,2002,28(2):117~120.

[282]卜庆梅,柏新富,朱建军等.盐胁迫条件下三角滨藜叶片中盐分的积累与分配[J].应用与环境生物学报,2007,13(2):192~195.

[283]邹日,柏富新,朱建军.盐胁迫对三角叶滨藜根选择性和反射系数的影响[J].应用生态学报,2010,21(9):2223~2227.

[284]何晓兰,侯喜林,吴纪中等.三角叶滨藜甜菜碱醛脱氢酶(BADH)基因的克隆及序列分析[J].南京农业大学学报,2004,27(1):15~19.

[285]谭永芹,柏新富,朱建军等.等渗盐分与水分胁迫对三角叶滨藜和玉米光合作用的影响[J].生态学杂志,2010,29(5):881~886.

[286]刁丰秋,章文华,刘友良.盐胁迫对大麦叶片类囊体膜组成和功能的影响[J].植物生理学报,1997,23(2):105~110.

[287]林学政,陈靠山,何培青等.种植盐地碱蓬改良滨海盐渍土对土壤微生物区系的影响[J].生态学报,2006,26(3):801~807.

［288］张学杰,樊守金,李法曾.中国碱蓬资源的开发利用研究状况［J］.中国野生植物资源,2003,22(2):1～3.

［289］于海芹,张天柱,魏春雁等.3 种碱蓬属植物种子含油量及其脂肪酸组成研究［J］.西北植物学报,2005,25(10):2077～2082.

［290］王凯,王景宏,洪立洲等.碱蓬在江苏沿海地区高产栽培技术的研究［J］.中国野生植物资源,2009,28(5):63～65.

［291］郑音,姜华,金郁等.辽宁碱蓬红、绿两种表型植株生长量比较及营养成分分析［J］.中国野生植物资源,2011,30(6):73～76.

［292］张兰兰,程龙,韩占江,陈诚,张秀莉,马涛.硬枝碱蓬种子形态与萌发特性研究［J］.湖北农业科学 2014 ,53(22):5446～5449.

［293］李光天,符文侠,贾锡钧.辽东潮间浅滩的综合特征［J］.地理学报,1986,(41)3:262～273。

［294］李雪玲,罗延亮,李辉,谢欣,马若涵,刘永建,王佩玲,陆宴辉.田埂碱蓬带对棉田多异瓢虫种群发生的调控作用［J］.新疆农业科学,2019,56(1):13～22。

［295］沙爱龙,李继兴,葛建军,司帅,邓利,李建梅,骆春敏,王伟,盛海燕,陶大勇.硬枝碱蓬对卡拉库尔羊生长性能和血液生理生化指标的影响［J］.西北农业学报,2013,22(3):16～22.

［296］凌宇,齐昱,孟凡华,曹俊伟,王申元,周欢敏,张焱如.盐胁迫下双峰驼结肠组织环境适应能力研究［J］.农业生物技术学报,2018, 26(10): 1723～1736。

［297］王红军.半放野状态下赛加羚羊的饲养与管理探究［J］.当代畜牧,2015,4:4～7.

［298］Aghaleh M,Niknam V,Ebrahimzadeh H,etal. Salt stress effects on growth,pigments, proteins and lipid peroxidation in Salicornia persica and S. europaea［J］. Biologia Plantarum,2009,53(2):243～248.

［299］Ashraf M,McNeilly T. Salinity tolerance in Brassica oilseeds［J］. Critical Reviews in Plant Sciences,2004,23(2):157～174.

［300］Chen T H H,Murata N. Glycinebetaine protects plants against abiotic stress：Mechanisms and biotechnological applications［J］. Plant,Cell and Environment,2011,34:1～20.

［301］Covas G,Schnack B. Elvalor Taxonomic. dela Relacion Longitud del Pistilo：Volumen del Grano de Pollen. Darwiniana,1945,7:80～90.

［302］Dhindsa R S,Wandcka M. Drought tolerance in two In Ⅸ;ses;correlated with enzymatic defense against lipid peroxichtion [J]. Exp Bota,1981,32（126）:79~91.

[303]Diaz - López L,GimenoV,LidónV,etal. The tolerance of Jatropha curcas seedlings to NaCl:Anecophysiological analysis[J]. Plant Physiology and Biochemistry,2012,54:34~42.

[304]Du J H, Wu X M, Gao R, Wu J. Effect of salinity on chlorophyll a/b ratio in the leaves of Vicia faba and Koeleria cristata [J]. Qinghai Science and Technology, 2001,8(2):32~33.

[305]Ellman G L. Tissue flihydryl groups[J]. Arch Biocnm Biophys,1959,(82):70~77.

[306]Farquhar G D. Sharkey T D. Stomatal conductance and photosynthesis[J]. Annual Review of Plant Physiology,1982,23:317~345.

[307]Greenway H,Munns R. Mechanisms of salt tolerance in nonhalophytes[J]. Annual Reviews of Plant Physiology,1980,31:149~190.

[308]Hajibagheru,M A,L J L Hall and T J Flowers. The structure of cuticle in relation to cuticular transpiration in leaves of the halophyte *Suaeda* maritima(L.)Dum. [J]. New Phytol, 1983,94:125~131.

[309] Hamdoon A. Mohammed, Mohsen S. Al-Omar, Mohamed S. A. Aly, Mostafa M. Hegazy. Essential oil constituents and biological activities of the halophytic plants, *Suaeda* vermiculata forssk and salsola cyclophylla bakera growing in saudi arabia [J]. Journal of Essential Oil Bearing Plants, 2019, 82 ~ 93. DOI: 10. 1080/ 0972060X. 2019. 1574611.

[310]Hardoim P R,Overbeek L S van,Elsas J D van. Properties of bacterial endophytes and their proposed role in plant growth[J]. Trends in Microbiology,2008,16:463~471.

[311]Jacobson C B,Pasternak J J,Glick B R. Partial purification and characterization of 1-aminocyclopropane-1 carboxylate deaminase from growth promoting rhizobacterium P. puitda G R 12 -2[J]. Can J Microbiol,1994,40:1019~1025.

[312]Flowers T J,Colmer T D. Salinity tolerance in halophytes[J]. New Phytologist,2008, 179:945~963.

[313]Huang W, Li Z G, Qiao H L, Li C Z, Liu X J. Interactive effect of sodium chloride and drought on growth and osmotica of *Suaeda* salsa[J]. Chinese Journal of Eco-Agriculture, 2008,16:173~178.

[314]Khan M A,Ungar I A,Showalter A M. The effect of salinity on the growth,watersta-

tus, and ion content of a leaf succulent perennial halophyte, *Suaeda* fruticose (L.) Forssk[J]. Journal of Arid Environments, 2000, 45:73 ~ 84.

[315] Levan A, Fredga K, Sandberg A A. Nomenclacture for centromericposition on chromosomes[J]. Hereditas, 1964, 52(2):201 ~ 220.

[316] Li W Q, Liu X J, Khan M A, Yamaguchi S. The effect of plant growth regulators, nitric oxide, nitrite and light on the germination of dimorphic seeds of *Suaeda* salsa under saline conditions[J]. Journal of Plant Research, 2005, 118, 207 ~ 214.

[317] Lokhande V H, Nikam T D, Patade V Y, etal. Effects of optimal and supra – optimal salinity stress on antioxidative defence, osmolytes and in vitro growth responses in Sesuviumportulacastrum L. [J]. Plant Cell, Tissue and Organ Culture, 2011, 104:41 ~ 49.

[318] Lomonosova M N, Krasnikov A A. Chromosome numbers of some chenopodiaceae representatives of the Flora of Russia[J]. Journal of Botany, 2006, 91(11):1757 ~ 1759.

[319] Lomonosova M N, Krasnikov S A, Krasnikov A A, et al. Chromosome numbers of some *Chenopodiaceae* species from Russia and Kazakhstan[J]. Journal of Botany, 2005, 90(7): 1132 ~ 1134.

[320] Lu C M, Qiu N W, Wang B S, etal. Salinty treatment shows no effects on photosystem II photochemistry, but increases the resitance of photosystem II to heat stress in halophyte *Suaeda* salsa[J]. Journal of Experimental Botany, 2003, 54:851 ~ 860.

[321] Mayak S, Tirosh T, Glick B R. Plant growth – promoting bacteriaconfer resisitance in tomato plants to salt stress[J]. Plant Physiol Biochem, 2004, 42(6):565 ~ 572.

[322] Mokded R, Siwar F, Jihene J, etal. Phytodesalination of a salt – affected soil with the halophyte Sesuvium portulacastrum L. to arrange in advance the requirements for the successful growth of a glycophytic crop[J]. Bioresource Technology, 2010, 101: 6822 ~ 6828.

[323] Mori S, Yoshiba M, Tadano T. Growth response of *Suaeda* salsa (L.) Pall to graded NaCl concentrations and the role of chlorine in growth stimulation[J]. Soil Science and Plant Nutrition, 2006, 52:610 ~ 617.

[324] Munns R. Comparative physiology of salt and water stress[J]. Plant, Cell and Environment, 2002, 25:239 ~ 250.

[325] Munns R, Termaat A (1986). Whole plant responses to salinity[J]. Australian Jour-

nal of Plant Physiology, 1986, 13: 143 ~ 160.

[326] Parida A K, Das A B. Salt tolerance and salinity effects on plants: a review [J]. Eco-toxicology and Environmental Safety, 2005, 60: 324 ~ 349.

[327] Parida A K, Hari Kishore C M, Jha B. Growth, ionhomeostasis, photosynthesis and photosystem II efficiency of an obligate halophyte, Salicornia brachiate, under increasing salinity [J]. Plant Biology, 2010, 13: 1 ~ 8.

[328] Rabhi M, Castagna A, Remorini D, etal. Photosynthetic responses to salintty in two obligate halophytes: Sesuvium portulacaetrum and Tecticornia indica [J]. South African Journal of Botany, 2012, 79: 39 ~ 47.

[329] Ramos J, López M J. Benlloch M. Effect of NaCl and KCl salts on the growth and solute accumulation of the halophyte Atrip exnummularia [J]. Plant and Soil, 2004, 259: 163 ~ 168.

[330] Santos C, Azevedo H, Caldeira G. In situ and in vitro senescence induced by KCl stress: Nutritional imbalance lipid perloxidation and antioxidant metabolism [J]. Journal of Experimental Botany, 2001, 52: 351 ~ 360.

[331] Santos C, Caldeira G. Comparative responses of Helianthus annuus plants and calli exposed to NaCl: I Growth rate 8nd Osmotie regulation in intact plants and calli [J]. Journal of Plant Physiology, 1999, 155: 769 ~ 777.

[332] Shi G W, Song J, Gao B, Yang Q, Fan H, Zhao K F. The comparation on seedling emergence and salt tolerance of *Suaeda* salsa L. from different habitats [J]. Acta Ecologica Sinica, 2009, 29: 138 ~ 143.

[333] Song J, Shi G W, Xing S, etal. Effects of nitric oxide ang nitrogen on seedling emergence, ionaccumulation, and seedling growth under salinity in the euhalophyte *Suaeda* salsa [J]. Journal of Plant Nutrition and Soil Science, 2009, 172: 544 ~ 549.

[334] Song J, Ding X D, Feng G, Zhang F S. Nutritional and osmotic roles of nitrate in a euhalophyte and xerophyte insaline conditions [J]. New Phytologist, 2006, 171, 357 ~ 366.

[335] Song J, Fan H, Zhao Y Y, Jia Y H, Du X H, Wang B S. Effect of salinity on germination, seedling emergence, seedling growth and ion accumulation of a euhalophyte *Suaeda* salsa in an intertidal zone and on saline inland [J]. Aquatic Botany, 2008, 88: 331 ~ 337.

[336] Song J. Root morphology is related to the phenotypic variation in water logging toler-

ance of two populations of *Suaeda* salsa under salinity[J]. Plant and Soil, 2009, 324: 231~240.

[337]Song J, Chen M, Feng G, Jia Y H, Wang B S, Zhang F S. Effect of salinity on growth, ion accumulation and the roles of ions in osmotic adjustment of two populations of *Suaeda* salsa[J]. Plant and Soil, 2009,314:133~141.

[338]Song J, Shi G W, Xing S, Yin C H, Fan H, Wang B S. Ecophysiological responses of the euhalophyte *Suaeda* salsa to the interactive effects of salinity and nitrate availability. Aquatic Botany, 2009,91:311~317.

[339]Tien T M, Gaskins M H, Hubell D H. Plant growth substances produced by Azospirllumbrasilense and their effect on the growth of pearl millet(Pennisetum americanum L.)[J]. Appl Environ Microbiol,1979,37:1016~1024.

[340]Tester M, Davenport R. Na$^+$ tolerance and Na$^+$ transport in higher plants [J]. Annals of Botany, 2003,91:503~527.

[341]Wagner G. N, Balfry S K, Higgs D A, etal. Dietary fatty acid composition affects the repeat swimming performance of Atlantic salmon in aeawater [J]. Comparative Binchemistry and Physiology – Part A: Molecular & Integrative Physiology,2004,137 (3):567–576.

[342]Wang C Q, Zhao J Q, Chen M, Wang B S. Identification of betacyanin and effects of environmental factors on its accumulation in halophyte *Suaeda* salsa[J]. Journal of Plant Physiology and Molecular Biology, 2006,32:195~201.

[343]Warwick N W M, Halloran G M. Accumulation and excretion of sodium, potassium and chloride from leaves of two accessions of Diplachnefusca(L.) Beauv[J]. New Phytologist, 1992,121:53~61.

[344]Yang C W, Shi D C, Wang D L. Comparative effects of salt and alkali stresses on growth, osmotic adjustment and ionic balance of an alkali-resistant halophyte *Suaeda* glauca(Bge.)[J]. Plant Growth Regulation,2008,56:179~190.

[345]Yuan J F, Feng G, Ma H Y, etal. Effect of nitrate on root development and nitrogen uptake of *Suaeda* physophora under NaCl salinity [J]. Pedosphere, 2010, 20 (4): 536~544.

[346]Zhang Y, Yin H, Li D, etal. Functional analysis of BADH gene promoter from *Suaeda* liaotungensis K [J]. Plant Cell Reports,2008,27:585~592.

[347]Zhang H Y, Zhao K F, Effects of salt and water stresses on osmotic adjustment of

Suaeda salsa seedlings[J]. Acta Botanica Sinica, 1998,40:56~61.

[348]Zhao K F, Fan H, Jiang X Y, Zhou S. Critical day-length and photoinductive cycles for the induction of flowering in halophyte *Suaeda* salsa[J]. Plant Science, 2002, 162:27~31.

[349]Zhao K F, Fan H, Jiang X Y, Song J. Improvement and utilization of saline soil by planting halophytes[J]. Chinese Journal of Applied and Environmental Biology, 2002,8:31~35.

[350]Zheng Q S, Liu L, Liu Z P, etal. Comparison of the response of ion diatribution in the ttissues and cells of ion distribution in the tissues and cells of the succulent plants Aloe vera and Slicornia europaea to saline stress[J]. Journal of Plant Nutrition and Soil Science,2009,172:875~883.

[351]Zhu J K. Regulation of ion homeostasis under salt stress[J]. Current Opinion in Plant Biology, 2003,6:441~445.

附录　碱蓬菜谱举例

一、凉菜

1. 蒜泥碱蓬

用料:鲜嫩碱蓬 500g,大蒜 1 头,酱油、碱蓬油或香油、盐、味精适量。

做法:①碱蓬入沸水氽熟用清水浸去咸味,捞出沥干,切段装盘;②将蒜泥、酱油、味精、盐和香油拌入即可。

2. 碱蓬鱿鱼

用料:碱蓬 250g,鲜鱿鱼(或发好的鱿鱼)200g,牛皮豆干 50g,清汤 250g,盐 8g,蒜泥 10g,白糖 1g,味精 1g,酱油 20g,醋 1g,碱蓬油或香油 25g,熟芝麻 2g。

做法:①碱蓬洗净入沸水稍氽即捞起,浸去咸味,摊开沥水;②鱿鱼入沸水氽熟捞出,切成 4mm 宽、5cm 长的丝(干鱿鱼发好后切丝入沸水氽一下捞出,转入浇有清汤的锅内煮约 25 分钟,再捞出沥水并放洁净纱布内搓揉数下使干爽);③牛皮豆干洗后切 3mm 宽、5cm 长丝备用;④取容器将盐、蒜泥、白糖、味精、酱油、醋和碱蓬油或香油一起调匀,再放入切好的鱿鱼丝、豆干丝及碱蓬,拌匀装盘。

3. 姜汁碱蓬

用料:碱蓬 500g,姜茸 20g,盐 5g,醋 20g,酱油 15g,味精 1g,香油或碱蓬油 15g。

做法:①碱蓬入沸水氽熟水浸去咸味,捞出摊开沥水;②将姜茸、盐、醋、酱油、香油、味精放入容器内调匀,再放入碱蓬中拌匀装盘。

4. 拌碱蓬

用料:碱蓬 300g,盐 2g,酱油 10g,醋 10g,花生油 20g,香油或碱蓬油 5g,辣椒 2g,白糖 1g。

做法:①碱蓬置沸水内氽至断生捞出,水浸去咸后,沥干水分,均匀撒入盐 1g,摊开晾凉备用;②将盐 1g、酱油、醋、碱蓬油或香油加辣椒、白糖等入容器内调匀,再放入碱蓬拌匀即可。

5. 辣碱蓬

用料:碱蓬 300g,酱油 10g,碱蓬油或花生油 10g,盐 2g,白糖 2g,干辣椒一个,味精适量。

做法:①碱蓬洗净,氽后入清水浸去咸味,沥干,撒盐拌匀;②干辣椒放入热油锅中炸一下,将油趁热倒入碱蓬中,再加酱油、白糖、味精拌匀即可。

6. 碱蓬鸡丝

用料:碱蓬250g,香油滑熟的鸡丝150g,烫好的香菜梗25g,黄瓜丝25g,玉兰片丝25g,木耳25g,海参丝25g,蛋皮丝25g,泡好的海米25g,蒜泥30g,泡好的粉皮5g,醋25g,酱油10g,盐10g,碱蓬油或香油10g。

做法:碱蓬氽熟,水浸去咸味,沥干,与上述用料拌匀即可。

7. 海米拌碱蓬

用料:水发海米25g,碱蓬200g,酱油、醋、香油调成汁75g。

做法:碱蓬氽熟后水浸沥干装盘,撒海米于其上,浇汁即成。

8. 螺肉碱蓬

用料:碱蓬200g,鲜海螺肉150g,姜末30g,醋50g,盐、味精、香油适量调匀备用。

做法:①碱蓬氽熟后水浸沥干入盘;②海螺肉洗净从缺口处割半相连,复用刀面拍平,片3mm厚片(大的4~5片,小的3~4片)入沸水烫过捞出、过凉,将螺肉片摆在碱蓬上,浇上姜、醋、盐、味精等制备的调料即成。

9. 芥末碱蓬粉丝

用料:碱蓬200g,泡好的粉丝150g,烫好的香菜50g,韭菜少许,烫熟的芥末5g,醋80g,盐20g,碱蓬油或香油少许。

做法:碱蓬浸入沸水氽至断生,捞出沥干放凉,入盘内将其余各料加入拌匀,最后撒上韭菜。

10. 碱蓬海虹

用料:碱蓬200g,鲜海虹(贻贝)肉150g,酸辣汁(蒜泥加醋)90g,少许香油。

做法:①海虹带壳洗净入冷水锅中煮沸,捞出去外壳,原汤洗净肉,切为7mm厚片;②碱蓬氽后沥干装盘,海虹肉摆碱蓬上,浇酸辣汁加香油即成。

凉拌还可以做辣油碱蓬、糖醋拌碱蓬、碱蓬拌海蜇皮、椒油碱蓬、拍蒜拌碱蓬、虾米碱蓬、苦瓜碱蓬、麻汁碱蓬、碱蓬调腰片等。

二、热菜

1. 海米炒碱蓬

用料:碱蓬500g,海米25g,油、盐、味精适量。

做法:①碱蓬水浸后捞出沥干,海米开水浸泡片刻;②炒锅油热后将碱蓬放入,加海米翻炒,加盐、味精炒匀,起锅装盘即成。

2. 炒碱蓬

用料:氽好浸去咸味的碱蓬500g,香菜少许,精盐6g,食用油50g,酱油1汤匙,淀粉几汤匙,胡椒粉、味精、香油适量。

做法:①碱蓬切4cm长,入热油锅炒,加盐、酱油;②加胡椒粉、味精,淋上水淀粉勾芡,起锅后撒上香菜末,淋少许香油即成。

3. 肉炒碱蓬

用料:猪肉100g,氽好的碱蓬200g,炒油30g,酱油15g,盐、味精、香油少许。

做法:①肉片切丝;②炒锅放炒油,油热放肉丝炒至色白,加调料炒熟,再放入碱蓬、香油炒匀即可。

4. 碱蓬炒虾仁

用料:氽好水浸去咸味沥干的碱蓬300g,虾仁200g,粉团25g,花生油适量,盐25g,葱、青豆、笋丁、料酒、味精、香油少许,汤50g。

做法:①虾仁盛碗内加盐拌匀再加粉团拌匀;②炒锅放花生油,烧热入虾仁,用筷子拨开滑透倒出,锅内加葱片、青豆、笋丁略炒加汤,将其余各料及碱蓬、虾仁放入炒匀,淋香油盛出即可。

5. 碱蓬木蛋肉

用料:氽好去咸味沥干碱蓬300g,生猪肉100g,鸡蛋3个,木耳少许,花生油30g,盐15g,酱油、味精、香油少许。

做法:①肉片切成丝盛盘内,木耳切丝,鸡蛋打入碗内搅匀;②炒锅放花生油少许,将鸡蛋倒入炒碎炒熟后倒出,再入少许花生油,加肉丝炒熟;③加切好的碱蓬,加调料然后倒入炒好的鸡蛋,放木耳加香油炒匀,盛出即可。

6. 碱蓬炒猪肝

用料:生猪肝200g,碱蓬300g,炒油30g,蒜片、笋片、香菜、木耳少许,盐15g,酱油15g,料酒、味精、香油适量,汤50g。

做法:①猪肝切3mm薄片盛盘内,其他材料与碱蓬各盛一盘;②炒锅放清水,水开下猪肝,氽透去沫倒出;③炒锅放炒油,油热下蒜片略炒,加入猪肝、碱蓬及上述调料,加汤炒匀淋香油即可。

7. 碱蓬鱿鱼丝

用料:发好的鱿鱼200g,碱蓬200g,炒油30g,葱、姜末少许,盐15g,酱油15g。

做法:①鱿鱼切细丝,炒锅放水烧开下鱿鱼氽透倒出;②炒锅放炒油,油热放葱、姜末略炒,加盐、酱油、料酒、味精;③下鱿鱼、碱蓬炒熟即成。

8. 碱蓬清汤鱿鱼

用料：碱蓬 500g，鲜鱿鱼（或发好的鱿鱼）200g，盐 20g，酱油、料酒、味精、香菜末、胡椒面少许，汤 250g。

做法：①鱿鱼切 3cm 宽的十字花刀、剁 5cm 长的块盛盘内；②炒锅放水，水开下鱿鱼氽透倒出；③放清汤加调料，开锅后去沫，加鱿鱼、碱蓬，开锅即成。

9. 碱蓬炖豆腐

用料：豆腐一块，碱蓬 500g，海米 30g，花生油 20g，葱、盐、味精适量。

做法：①豆腐切小块；②炒锅放油烧热后入葱、盐，加水，再入海米、豆腐，最后入碱蓬、味精，开锅盛出。

10. 肉片碱蓬

用料：碱蓬 400g，瘦猪肉 100g，猪油、酱油、花椒水、葱末、味精、湿淀粉、汤适量。

做法：猪肉切片，锅内放油烧热，下碱蓬翻炒片刻盛出，锅内再放油烧热，下肉片、葱末炒熟，再下碱蓬、酱油、味精，加汤，加花椒水勾淀粉芡出锅即成。

热菜还可以做鲜蘑菇炒碱蓬、香肠炒碱蓬、葱炒碱蓬、腐竹碱蓬、口蘑火腿碱蓬、肉丝拌碱蓬、香干炒碱蓬、葱油碱蓬、蘑菇豆腐碱蓬、碱蓬炒鸡蛋等。

说明：碱蓬的食用方法很多，这里仅列出了一些参考菜谱，由于口味各异，读者完全可以照自己的喜好制作。